应用型本科规划教材|机器人技术及应用

机器人末端执行器、作业工装及输送设备设计

荆学东　主编

上海科学技术出版社

内容提要

机器人焊接、激光加工和喷涂是工业机器人的典型应用。要完成这些作业，需要在机器人末端法兰安装手爪即末端执行器，还需要工件传输设备，“机器人末端执行器、作业工装及输送设备设计”课程正是为满足此要求而开设。本书包括6章内容。第1章介绍常用的工业机器人通用末端执行器的类型及其设计方法；第2章介绍机器人专用末端执行器的类型及其设计方法；第3章介绍机器人作业工装设计基础知识；第4章介绍机器人作业变位机的类型及其设计方法；第5章介绍机器人作业夹具设计方法；第6章介绍机器人作业输送设备设计方法。

本书可用作应用型本科院校机器人技术相关专业教材，也可供学习和掌握工业机器人工作站开发的工程技术人员参考。

图书在版编目（CIP）数据

机器人末端执行器、作业工装及输送设备设计 / 荆学东主编. -- 上海 : 上海科学技术出版社, 2023.11
应用型本科规划教材. 机器人技术及应用
ISBN 978-7-5478-6319-0

Ⅰ. ①机… Ⅱ. ①荆… Ⅲ. ①工业机器人－高等学校－教材 Ⅳ. ①TP242.2

中国国家版本馆CIP数据核字(2023)第178480号

机器人末端执行器、作业工装及输送设备设计
荆学东　主编

上海世纪出版(集团)有限公司
上 海 科 学 技 术 出 版 社　出版、发行
(上海市闵行区号景路159弄A座9F-10F)
邮政编码 201101　www.sstp.cn
上海盛通时代印刷有限公司印刷
开本 787×1092　1/16　印张 15
字数：380千字
2023年11月第1版　2023年11月第1次印刷
ISBN 978-7-5478-6319-0/TR・85
定价：65.00元

丛书前言

当前,机器人技术、人工智能技术和先进制造系统相结合,促进了智能制造系统的产生和发展,并成为现代制造业发展的必然趋势。在汽车制造业、装备制造业、电子制造业等智能制造系统中,以工业机器人为中心的机器人工作站成为连接制造系统中各个制造单元的关键环节。机器人工作站的开发和使用需要高水平应用型人才,机器人工程专业正是为了满足此类人才培养需求而开设,它属于典型的新工科专业之一,是为了适应以新技术、新产业、新业态和新模式为特征的新型制造业的发展需求而设立的。本套丛书就是为培养高水平应用型机器人工程专业人才而组织撰写。

工业机器人的应用,就是根据焊接、喷涂、装配、码垛等作业需求,通过选择作业机器人、配置机器人作业外围设备、开发机器人工作站控制系统,完成机器人工作站的开发。机器人工程专业毕竟是新兴专业,其专业内涵已经不是传统的机械工程专业或自动化专业所能够覆盖,也不是在这两个专业原有课程体系的基础上增加机器人技术课程就能够体现。应用型机器人工程专业的课程体系需要以开发机器人工作站为目标进行重新构建。在这个新的课程体系中,除了高等数学、线性代数、大学物理等学科基础课外,核心专业基础课和专业课程还包括:电气控制技术及PLC应用,机电一体化系统设计,机器人焊接、激光加工与喷涂工艺及设备,机器人末端执行器、作业工装及输送设备设计,工业机器人技术及应用。这5门课程的内容,体现了机械工程、控制科学与工程、信息技术的交叉融合。

开发机器人工作站需要把机器人与外围设备相集成,目前应用最多的技术是PLC技术,因此,开设“电气控制技术及PLC应用”课程成为必然。此外,工业机器人工作站是典型的机电一体化系统,它也包括电气控制系统、检测系统和机械系统,因此,开设“机电一体化系统设计”这门课,也是为开发机器人工作站提供基本的方法和技术手段。另外,要完成机器人工作站开发,设计人员需要掌握与机器人作业相关的工艺,典型的工艺包括焊接工艺、喷涂工艺、装配工艺等,设计人员也需要熟悉与这些作业有关的设备,因此,“机器人焊接、激光加工与喷涂工艺及设备”课程就是为这一目的而开设的。此外,工业机器人要完成焊接、装配、喷涂等作业,需要在机器人末端法兰安装手爪即末端执行器,还需要工件传输设备,“机器人末端执行器、作业工装及输送设备设计”课程正是为满足此要求而开设。要完成机器人工作站的开发,需要掌握工业机器人组成、轨迹规划、编程语言及控制策略,也包括机器人工作站的组成,“工业机器人技术及应用”课程的开设正可以实现该目的。

本丛书5分册教材,分别与上述5门课程对应撰写。其内容涵盖了机器人工作站开发所涉及的作业工艺、工装夹具、末端执行器，也包括了机器人工作站开发所涉及的电气控制技术、检测技术和机械设计技术的应用方法，构成了机器人工程专业的核心教材体系；每分册教材都体现了应用型教材的特点，即以应用为导向，以典型实例引导读者理解和掌握机器人工作站的设计目标、设计方法和设计流程。丛书中每一分册教材涵盖的内容都较为全面，便于授课教师根据学时进行取舍，也便于读者自学。

本丛书针对机器人工程专业撰写，既考虑了以机械为主的机器人工程专业的需求，也考虑到以自动化为主的机器人工程专业的需求。同时，本套丛书也可供机械工程专业以及自动化专业人员系统学习机器人工作站开发技术学习、参考。

丛书编写组

前 言

工业机器人生产厂家提供的工业机器人通常只包括机器人本体和控制系统，需要根据作业对象设计或者配置末端执行器；而作业对象需要改变位置和姿态，一般需要配变位机；对于机器人连续作业，还需要配转位机构和输送机构。因此，为了完成机器人工作站的开发，需要学习和掌握与上述功能相关的知识。

本书大致内容如下：第 1 章介绍工业机器人通用末端执行器的类型及其应用，以及机器人夹持式和吸附式末端执行器的设计方法。第 2 章介绍机器人焊接作业、激光加工作业、喷涂作业所需要的专用末端执行器的类型及其选配方法。第 3 章介绍机器人作业工装设计基础知识，具体内容包括：尺寸链及其在结构设计中的应用；夹具公差配合与技术条件制定；零部件尺寸的合理选择与标注；机器人作业工装功能；机器人作业工装类型；机器人作业工装常用的驱动方式；机器人作业工装设计基本要求；机器人作业工装设计的基本原则及设计流程；机器人作业工装设计工具，等等。第 4 章介绍机器人作业变位机的作用、常用变位机类型以及常用变位机的设计方法。第 5 章介绍机器人作业夹具设计，具体内容包括夹具的功能、常用的定位方法、常用的夹紧结构、定心夹紧机构、柔性夹具、夹具设计方法，同时也给出了机器人焊接夹具案例。第 6 章介绍机器人作业输送设备设计方法，具体内容包括槽轮转位机构、不完全齿轮转位机构、分度凸轮机构转位机构、蜗杆蜗轮转位机构的设计方法，以及带式输送机和链式输送机的设计方法。

当前市场上系统介绍工业机器人末端执行器、工业机器人作业工装、夹具和输送装备的教材较少，已有的图书侧重于介绍机器人通用末端执行器和焊接工装、夹具；结合工业机器人作业应用所需要的输送设备介绍更少。在当前教学学时有限的情况下，上述状况难以满足机器人工程专业学生系统学习工业机器人技术及应用的需求。

本书作为机器人工程专业教材，不仅介绍了工业机器人通用末端执行器设计和专用末端执行器的选型方法，也介绍了机器人作业工装和夹具的类型及其设计方法；作为生产线，为了保证作业的连续性，机器人作业工件的输送成为不可或缺的功能，因而，本书还系统介绍了机器人作业中常用的输送设备类型及其设计方法。这些内容也是完成机器人工作站开发不可或缺的部分。同时，本书作为应用型教材，首先考虑如何面向应用，特别是充分考虑了机械工程学科和自动化学科等不同背景的学生，在学习机器人末端执行器设计、作业工装、夹具设计，以及输送设备设计等方面所面临的需求差异，对上述任务相关的基本理论做了必要的取舍；其次为了便于组织教学和自学，考虑到章节和内容安排的逻辑性，教材编写努力遵循由浅入深、循序渐进的原则。

本书编写分工如下：第1、2、4、6章由上海应用技术大学荆学东教授编写；第3、5章由上海应用技术大学周琼编写。感谢上海徕狄机器人科技有限公司于进杰为本书提供了部分机器人工作站实例；感谢库卡机器人(上海)有限公司和ABB(中国)有限公司为本书提供了机器人技术参数和部分图片。

本书适合高等院校机器人工程专业、自动化专业以及机械工程专业的本科生和研究生，学习和掌握工业机器人末端执行器，机器人作业工装、夹具、变位机、转位机构以及输送机构的设计方法，同时也可供学习和掌握工业机器人工作站开发的工程技术人员参考。

编者

目 录

第1章

工业机器人通用末端执行器设计

◎ **学习成果达成要求**

1. 了解工业机器人通用末端执行器的类型。
2. 掌握工业机器人通用末端执行器的设计方法。

一般通用工业机器人不提供末端执行器,但它在末端手腕上一般配备法兰,用于安装末端执行器。末端执行器一般由用户根据其不同的作业任务要求设计或选配。由于目前的机器人一般不具备自动识别作业对象位姿的能力,为了保证作业对象与机器人具有准确的相对位置,需要根据作业任务要求配备工装和夹具,这也需要由开发人员设计或选配。本章主要介绍机器人通用末端执行器的类型、结构和设计方法。

1.1 机器人末端执行器的类型

工业机器人末端执行器就是机器人的手部,它是装在工业机器人手腕上,用于直接抓握工件或者执行作业的部分。末端执行器分为通用末端执行器和专用末端执行器两种类型。其中一种类似人手的是通用末端执行器;另一种是进行专业性作业的工具,如焊枪、喷枪、激光枪等专用末端执行器。

通用末端执行器是指机器人直接用于抓取和握紧(吸附)工件和物品的手爪,包括气动手爪、液压手爪、电动手爪、多指灵巧手和吸附式手爪,如图1-1~图1-5所示。

(a) 气动两指手爪

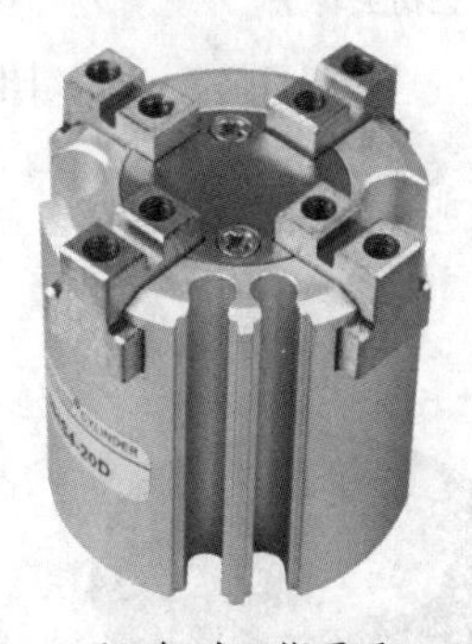

(b) 气动三指手爪

图1-1 气动手爪

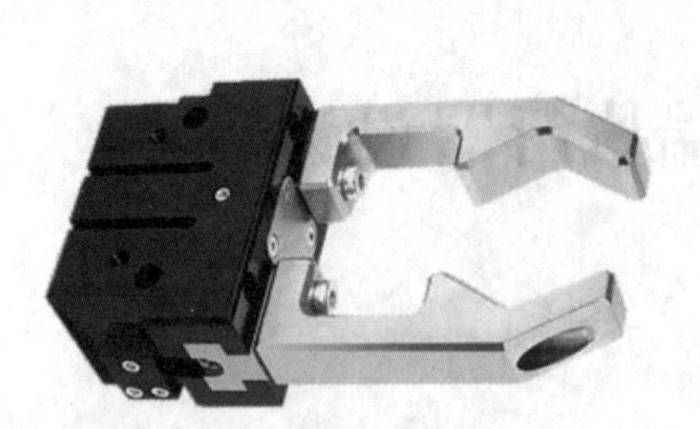
(a) 液压两指手爪

(b) 液压三指手爪

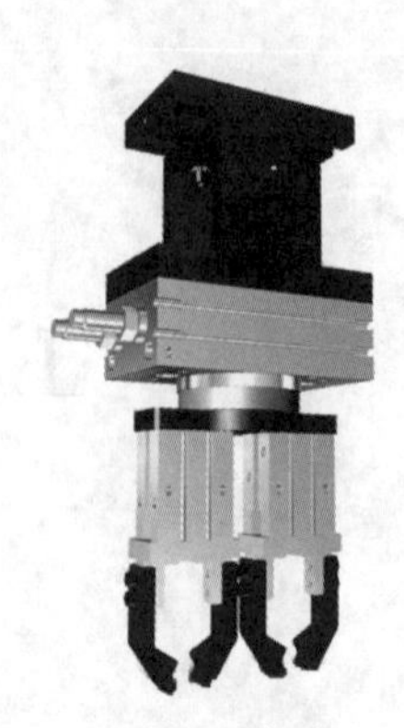
(c) 液压四指手爪

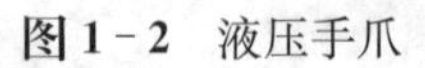
图 1-2　液压手爪

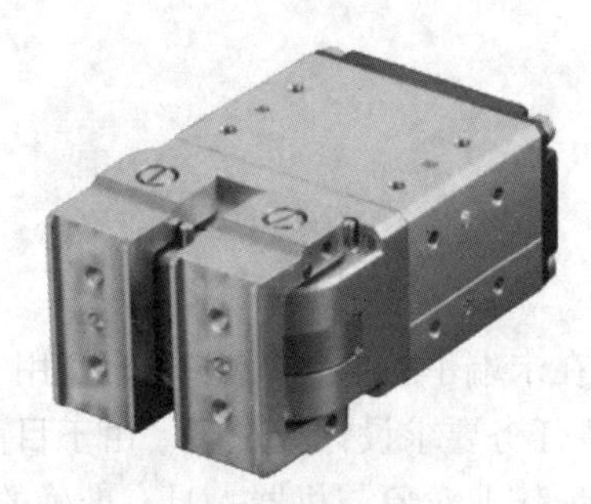
(a) 电动两指手爪

(b) 电动三指手爪

图 1-3　电动手爪

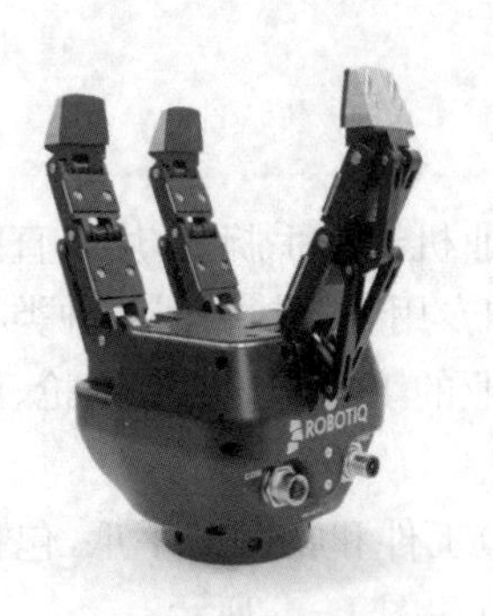

(a) 三指灵巧手

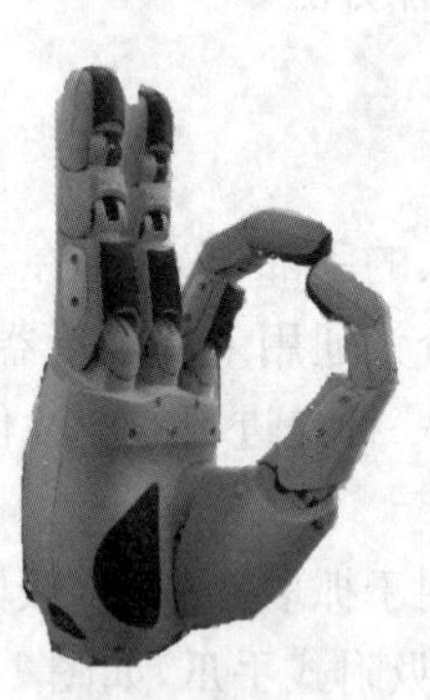
(b) 四指灵巧手

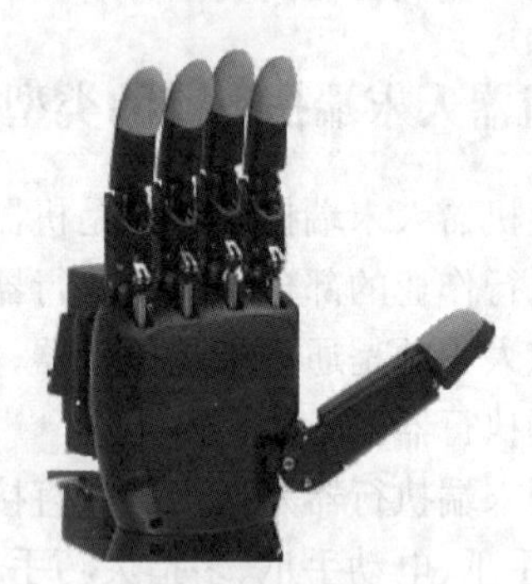
(c) 五指灵巧手

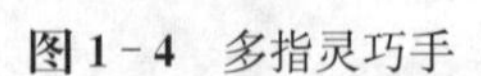
图 1-4　多指灵巧手

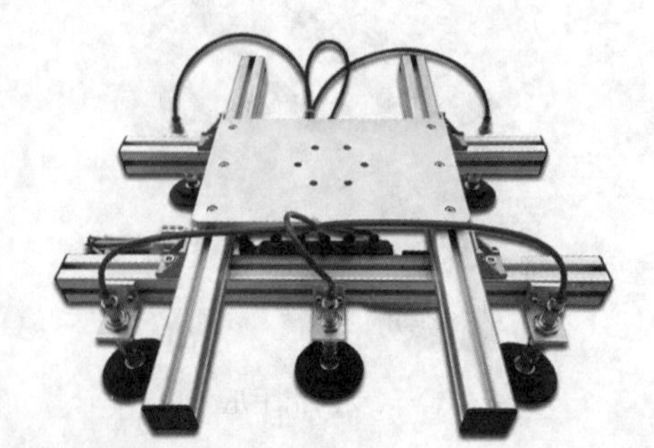

图 1-5　吸附式手爪

通用末端执行器按照末端执行器的结构，可分为夹持式末端执行器和吸附式末端执行器。

夹持式末端执行器，按照手指的运动分类，可以分为平移型和回转型；按照夹持方式分类，可以分为外夹式和内撑式；若按照机械结构特性来进行分类，可以分为电动(电磁)式、液压式、气动式以及它们的组合。

吸附式末端执行器根据产生吸附力的方式不同，分为气吸附式和磁吸附式两种。按形成负压的方法，气吸附式末端执行器可分为挤压排气式、气流负压式和真空排气式。磁吸附式末端执行器可分为电磁式和永磁式两种。

机器人专用末端执行器是指专门为机器人焊接作业、喷涂作业、激光加工等作业配置的机器人用焊枪、机器人用喷枪、机器人用激光枪等专用工具，如图1-6所示。这些类型的末端执行器不需要用户设计，只要根据作业工艺要求、机器人末端法兰尺寸以及作业范围就可以从标准产品中选定。

(a) 机器人用焊枪

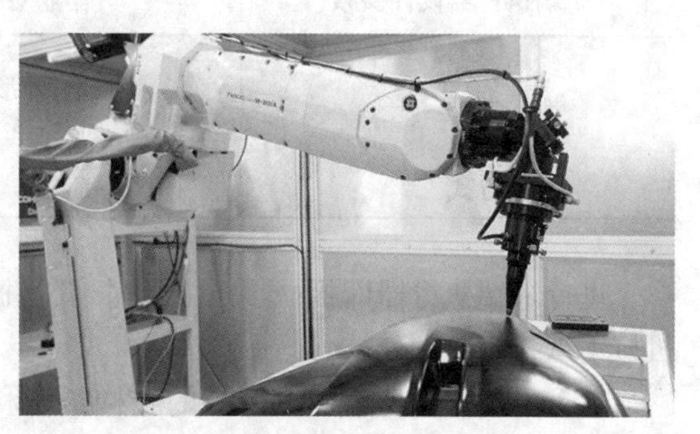

(b) 机器人用激光切割枪

(c) 机器人用喷枪

图1-6 机器人专用末端执行器

1.2 机器人夹持式和吸附式末端执行器的设计方法

机器人夹持式和吸附式末端执行器的设计，需要考虑以下几个方面的要求：

(1) 夹持力和夹持精度要求。机器人末端执行器是根据机器人的作业要求来设计的，应具有足够的夹持力，并保证适当的夹持精度，手爪应能顺应被夹持工件的形状，对被夹持工件形成所要求的约束。

(2) 机器人末端执行器的重量要求。机器人末端执行器的重量和抓取物体的重量是机器人容许负荷力的主要部分，因此，要求机器人末端执行器体积小、重量轻、结构紧凑，以减轻手臂的负荷。

（3）与机器人末端连杆的连接。通用工业机器人在末端手腕上配备有法兰，用于连接末端执行器，因此，末端执行器的连接结构应按照末端法兰连接尺寸进行设计。

（4）维修维护和控制要求。机器人末端执行器要便于安装和维护，易于实现计算机控制。目前工业机器人执行机构的主流是电气式，其次是液压式和气压式，在设计末端执行器的控制系统时，在其驱动接口中增加电-液或电-气变换环节。

（5）自由度和结构要求。机器人夹持式和吸附式末端执行器的大小、形状、结构和运动自由度等参数，主要是根据作业对象的大小、形状、位置、姿态、重量、硬度和表面质量等因素来综合考虑的。末端执行器的要素、物件特征和操作参数见表 1－1。

表 1－1　末端执行器的要素、物件特征和操作参数

末端执行器设计要素	作业对象特征	操作参数
结构形式 抓取方式 抓取力 驱动方式	质量、外形、大小、 重心位置、材质、 表面状态、强度	操作空间环境 操作精度 操作速度、加速度 夹持时间

进行末端执行器即机械手爪设计时，其机械传动方式和结构可以参考本章末的附录“常用机械手爪结构”。

1.2.1　夹持式末端执行器的结构类型和夹持力计算

夹持式末端执行器是工业机器人作业中最常用的一种末端执行器，它一般由手指、驱动机构、传动机构、连接与支承元件等组成，如图 1－7 所示。它能通过手指的张开与闭合实现对物体的夹持。根据手指的动作特点，它可分为回转型和平移型两大类。

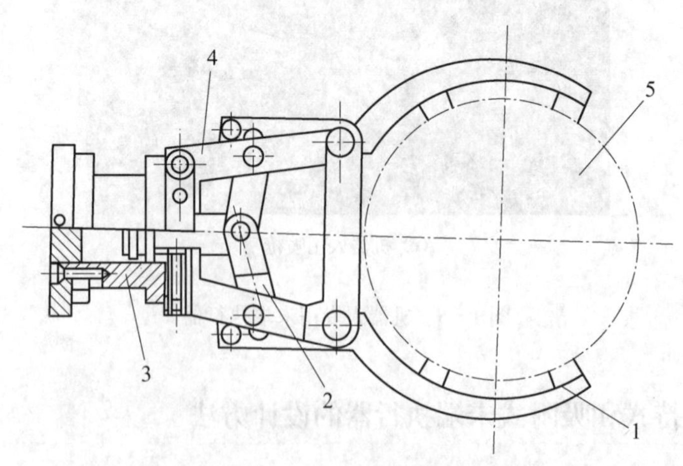

1—手指；2—传动机构；3—驱动机构；4—支架；5—工件

图 1－7　夹持式末端执行器的结构

1.2.1.1　回转型夹持式末端执行器

回转型夹持式末端执行器的手指是一对杠杆，它同斜楔、滑槽、连杆、齿轮、蜗轮蜗杆或螺杆等机构，组成复合式杠杆的传动机构。手指绕其支点的运动为圆弧运动，对抓取物品夹持力

的大小由驱动机构施加的力来决定。

1）斜楔杠杆式

图1-8所示为单作用斜楔式回转型末端执行器结构简图。斜楔向下运动，克服弹簧张力，使杠杆手指装着滚子的一端向外撑开，从而夹紧工件；斜楔向上移动，则在弹簧张力作用下使手指松开工件。手指与斜楔通过滚子接触，可以减小摩擦力。

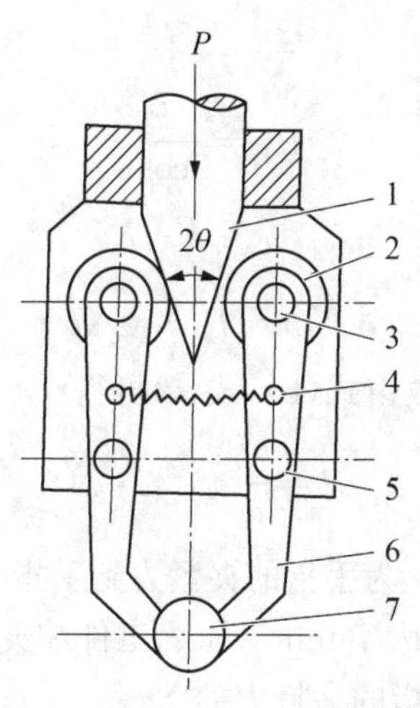

1—斜楔驱动杆；2—滚子；3—圆柱销；4—拉簧；5—铰销；6—手指；7—工件

图1-8　斜楔杠杆式末端执行器

2）滑槽杠杆式

图1-9a所示为滑槽杠杆式末端执行器，其杠杆形手指的一端开有长滑槽。驱动杆3上的圆柱销2套在滑槽内，当驱动连杆同圆柱销一起做往复运动时，可拨动两个手指各绕其支点做相对回转运动，从而实现手指的夹紧与松开动作。

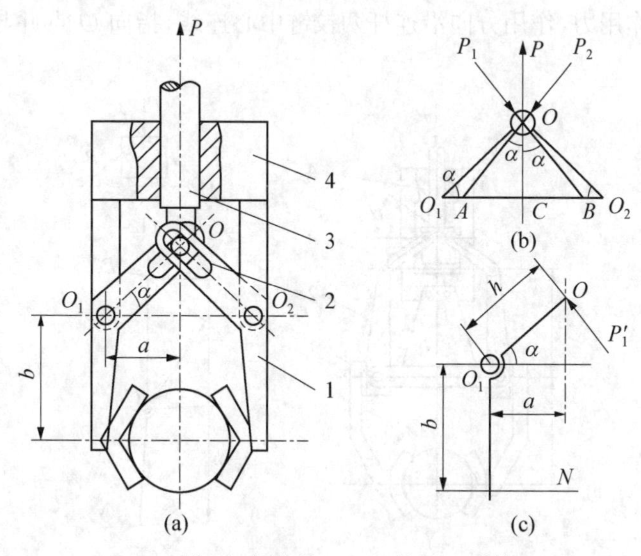

1—手指；2—圆柱销；3—驱动杆；4—壳体

图1-9　滑槽杠杆式末端执行器

如图 1-9b 所示，驱动杆向上的张力为 P，并通过销轴中心 O 点，两手指的滑槽对圆柱销的反作用力分别为 P_1 和 P_2，其力的方向垂直于滑槽的中心线 OO_1 和 OO_2，并指向 O 点，P_1 和 P_2 的延长线分别交 O_1O_2 于 A、B。

由 $\sum F_x = 0$ 可得

$$P_1 = P_2 \tag{a}$$

由 $\sum F_y = 0$ 可得

$$P_1 = \frac{P}{2\cos\alpha} \tag{b}$$

由 $\sum M_{O_1}(F) = 0$ 可得(图 1-9c)

$$P'_1 h = P_1 h = Nb \tag{c}$$

由图 1-9 可知 $h = a\cos\alpha$，故由式(b)、式(c)可得

$$P = \frac{2b}{a}\cos^2\alpha \cdot N \tag{1-1}$$

式中，P 为驱动杆的驱动力(N)；b 为手指的夹紧力到手指的回转支点 O_1 的距离(mm)；a 为手指的回转支点到对称中心线的距离(mm)；α 为工件被夹紧时，手指的滑槽方向与两回转支点连线 O_1O_2 的夹角(°)；N 为手指的夹持力(N)。

由式(1-1)可知：当驱动力 P 一定时，α 角增大，则手指的夹紧力 N 也增大，但 α 角过大，会导致驱动杆的行程过大，也使手指滑槽长度增大，从而致使手指的整体结构加大，因此，一般取 $\alpha = 30° \sim 40°$。

滑槽杠杆式手爪具有结构简单、动作灵活、手指开闭角度大等特点。

3) 双支点连杆杠杆式

图 1-10a 所示为双支点连杆杠杆式末端执行器，驱动杆 4 的末端与连杆 3 铰接，当驱动杆 4 做往复直线运动时，通过连杆 3 推动两连杆手指各绕其支点做回转运动。P_1 和 P_2 为两连杆对驱动杆的反作用力，作用方向沿连杆两铰链中心连线，指向 O 点并与水平方向成 α 角，如图 1-10b 所示。

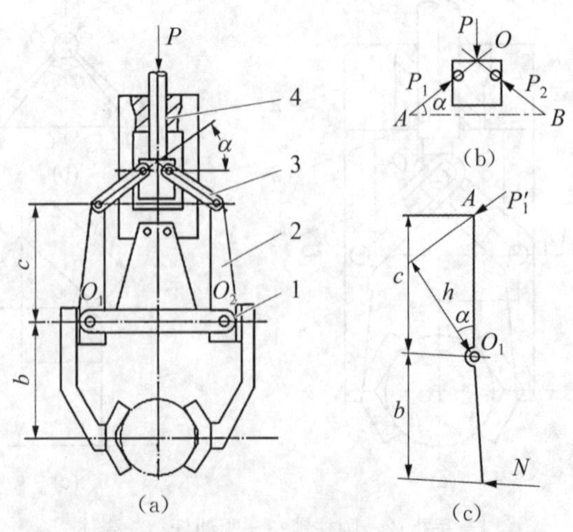

1—调整垫片；2—手指；3—连杆；4—驱动杆

图 1-10 双支点连杆杠杆式末端执行器

由 $\sum F_x=0$ 可得

$$P_1=P_2 \tag{a}$$

由 $\sum F_y=0$ 可得

$$P_1=\frac{P}{2\sin\alpha} \tag{b}$$

由 $\sum M_{O_1}(F)=0$ 可得(图1-10c)

$$P'_1 h=P_1 h=Nb \tag{c}$$

由图1-10可知 $h=c\cos\alpha$，故由式(b)、式(c)可得

$$P=\frac{2b}{c}\tan\alpha\cdot N \tag{1-2}$$

式中，P 为驱动杆的驱动力(N)；b 为手指的夹紧力 N 到手指的回转支点 O_1 的距离(mm)；c 为手指2的两个回转支点的距离(mm)；α 为工件被夹紧时，手指的滑槽方向与两回转支点连线 O_1O_2 的夹角(°)；N 为手指的夹持力(N)。

由式(1-2)可知：当结构尺寸 b、c 和驱动力 P 一定时，手指的夹持力 N 与 α 角的正切成反比，当 α 角较小时，可得到较大的夹持力。当 $\alpha=0$ 时，手指闭合到最小的位置，即为自锁位置，这时如果撤去驱动力，工件也不会自行脱落。若驱动杆再向下移动，则手指反而会松开，为避免这种情况出现，可以为不同尺寸规格的工件配不同的手指，当工件尺寸变化较小时，也可采取更换调整垫片1的办法，使手指在夹紧工件后保持 $\alpha>0$。

4）弹簧杠杆式

图1-11所示为弹簧杠杆式末端执行器的结构。它靠压缩弹簧3把工件夹紧，不需要外加驱动力，结构简单。弹簧手指在抓取工件前，两手指在弹簧力的作用下而闭合，并靠在定位销2上；当手指碰到工件时，工件对手指1产生的反作用力 P_1 和 P_2 将手指撑开，然后靠弹簧力将工件夹紧。为了使手指容易被撑开，必须使 P_1 和 P_2 的作用线方向偏离手指回转轴心一定距离 H。当工件传送到指定位置后，弹簧手指本身不会自动地松开工件，需要外力夹紧工件后，手爪返回过程中使手指再次撑开脱离工件。由于弹簧作用力有限，所以这种手爪只适用于抓取轻小工件，如螺钉、小棒料和小轴套等。

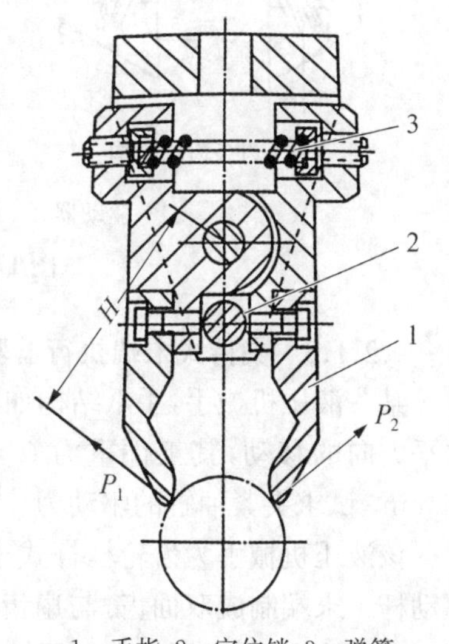

1—手指；2—定位销；3—弹簧

图1-11　弹簧杠杆式末端执行器

1.2.1.2　平移型夹持式末端执行器

平移型夹持式末端执行器是通过手指做直线往复运动或平面移动来实现张开或闭合动作，手指完成的是平行开闭运动，抓取工件时夹持力的大小由驱动机构施加的力来决定。这种末端执行器常用于夹持具有平行平面的工件，但其结构较复杂，没有回转型末端执行器应用广泛。

1）直线往复移动机构

机器人手爪常用的直线往复机构主要采用斜楔传动、齿条传动、螺旋传动等，如图 1-12 所示。它们可以采用两指，也可以采用三指或多指型的；既可自动定心，也可非自动定心。

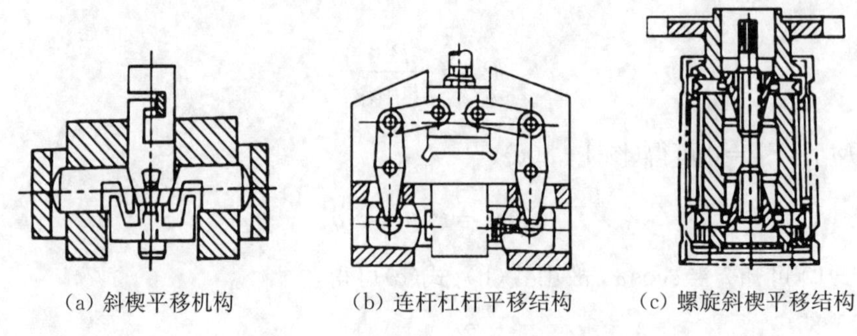

(a) 斜楔平移机构　(b) 连杆杠杆平移结构　(c) 螺旋斜楔平移结构

图 1-12　直线往复移动式末端执行器

2）平面平行移动机构

图 1-13 所示为三种平面平行移动式末端执行器的简图，它们采用了平行四边形的铰链四杆机构，以实现手指平移。

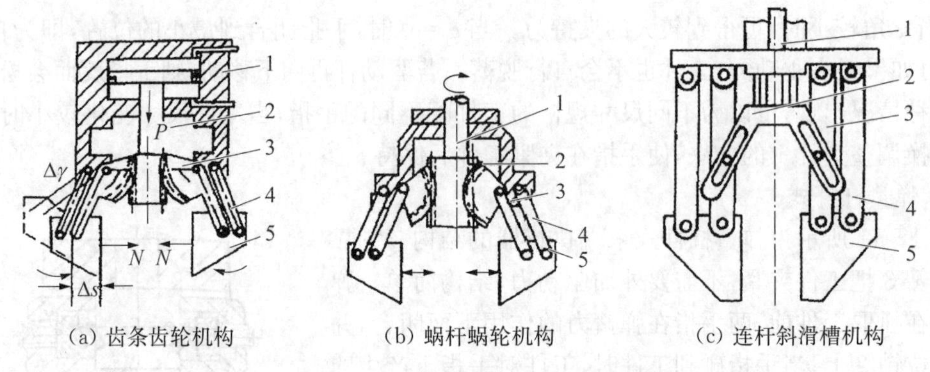

(a) 齿条齿轮机构　(b) 蜗杆蜗轮机构　(c) 连杆斜滑槽机构

1—驱动器；2—驱动元件；3—驱动摇杆；4—从动摇杆；5—手指

图 1-13　平面平行移动式末端执行器

1.2.1.3　夹持式末端执行器驱动力计算实例

某一液压机械手，手爪结构如图 1-14 所示。要求工件做水平方向的移动，其工件重力 $G=100$ N，$b=50$ mm，$R=36$ mm，试求夹紧油缸的驱动力。

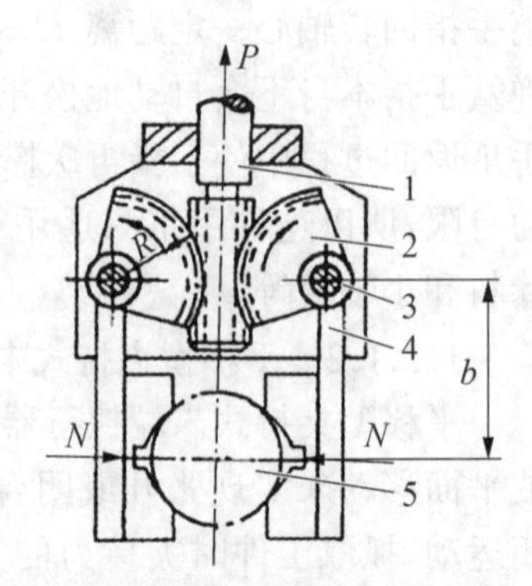

1—驱动杆；2—扇齿轮；3—连接件；4—手指；5—工件

图 1-14　齿轮杠杆式末端执行器

该液压机械手为齿轮杠杆式末端执行器，其执行过程是：驱动杆 1 末端制成双面齿，与扇齿轮 2 相啮合，而扇齿轮 2 与手指 4 固连在一起，可绕支点回转。驱动力推动齿条直线往复运动，以带动扇齿轮回转，从而使手指松开或闭合。

（1）手指对工件的夹紧力：

$$N \geqslant K_1 K_2 K_3 G \tag{1-3}$$

式中，K_1 为安全系数，通常取 1.2～2.0。K_2 为工况系数，考虑惯性力的影响,可近似估算 $K_2=1+a/g$,其中 a 为重力方向的最大上升加速度;若 $a=g$,则 $K_2=2$。K_3 为方位系数,根据手指与工件位置不同进行选择,取 $K_3=0.5$。G 为被抓取工件的重力(N)。

由式(1-3)可得 $N\geqslant 1.5\times 2\times 0.5\times 100=150(\mathrm{N})$

(2) 液压驱动力:

$$P_1=\frac{2b}{R}\cdot N \tag{1-4}$$

由式(1-4)可得 $P_1=\dfrac{2\times 50}{36}\times 150\approx 417(\mathrm{N})$

(3) 实际驱动力:因传力机构为齿轮齿条传动,所以取传动效率 $\eta=0.94$,则实际驱动力为

$$P_2=\frac{P_1}{\eta}=\frac{417}{0.94}\approx 444(\mathrm{N})$$

1.2.2 吸附式末端执行器的结构类型和吸附力计算

吸附式末端执行器靠负压或磁力吸住工件,与夹持式相比,具有结构简单、重量轻、吸附力分布均匀等优点。根据产生吸附力的方式不同,其可分为气吸附和磁吸附两种。表1-2为两种吸附方式的对比。吸附式末端执行器适用于抓取尺寸大而薄、刚性差的金属或木质板材、纸张、玻璃、微小物体和弧形壳体等零件,使用范围广泛。

表1-2 气吸附式与磁吸附式的对比

吸附形式	吸附力	吸附速度	优点	应用	局限性
气吸附式	单位面积的吸附力有限	达到所需要的压力后才能吸附工件	结构简单,重量轻,使用方便可靠	用于板材、薄壁零件、陶瓷制品、塑料、玻璃器皿、纸张等	工件表面和吸盘接触处不允许有其他杂质,否则吸不住工件。要求物体表面较平整光滑、无孔或凹槽
磁吸附式	单位面积有较大的吸附力	可以快速吸附工件	吸附力较大,对被吸物件表面的光整度要求不高	用于磁性材料的吸附(如钢、铁、镍、钴等)	吸盘上有剩磁,会吸附铁质碎屑,导致划伤工件表面或影响吸盘吸附力;对于钢、铁等磁性材料的物件,在723℃以上失去磁性,所以高温时不可使用

1.2.2.1 气吸附式末端执行器

1) 气吸附式末端执行器结构类型

气吸附是利用吸盘内的压力和大气压之间的压力差而吸附工件,可以做成单吸盘、双吸盘、多吸盘或特殊形状的吸盘。按形成负压的方法可分为真空吸附、气流负压吸附、挤压排气吸附等几种类型。

(1) 真空吸附末端执行器。图 1-15 所示为真空吸附式末端执行器结构示意图。其真空的产生是利用真空泵，真空度较高。这种手爪的主要零件为碟形吸盘 1，通过固定环 2 安装在支承杆 4 上，支承杆由螺母 6 固定在基板 5 上。取料时，碟形吸盘与物体表面接触，吸盘在边缘既起到密封作用，又起到缓冲作用，然后真空抽气，吸盘内腔形成真空，吸取工件。放料时，管路接通大气，失去真空，物体放下。

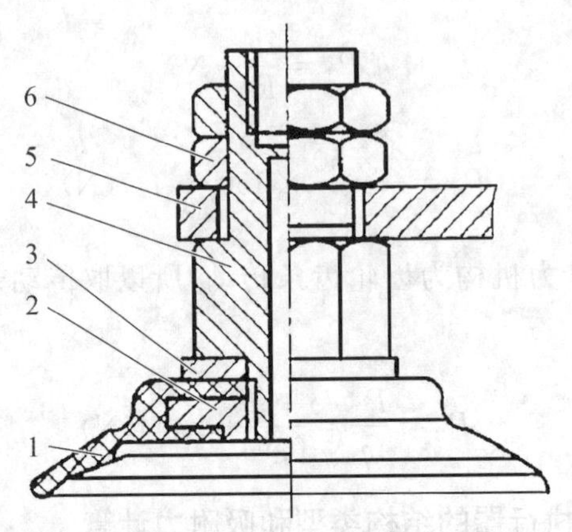

1—吸盘；2—固定环；3—垫片；4—支承杆；5—基板；6—螺母

图 1-15 真空吸附式末端执行器

(2) 气流负压吸附末端执行器。图 1-16 所示为气流负压吸附式末端执行器结构示意图。气流负压吸附利用流体力学的原理，当需要取物时，压缩空气高速流经喷嘴 8 时，其出口处的气压低于吸盘腔内的气压，于是腔内的气体被高速气流带走而形成负压，实现吸附工件的功能；当需要释放时，切断压缩空气即可。这种末端执行器需要压缩空气，故成本较低。

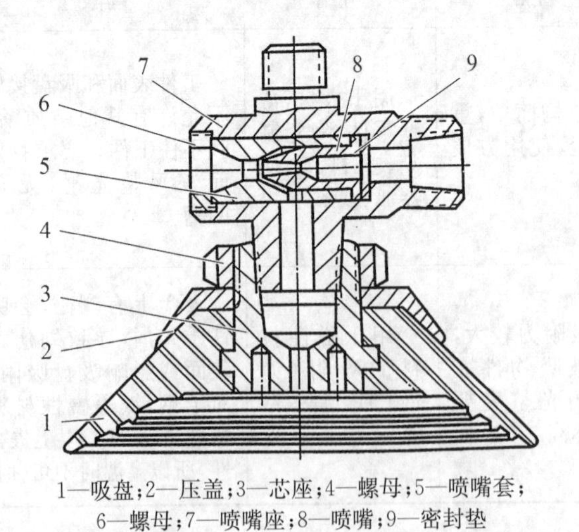

1—吸盘；2—压盖；3—芯座；4—螺母；5—喷嘴套；
6—螺母；7—喷嘴座；8—喷嘴；9—密封垫

图 1-16 气流负压吸附式末端执行器

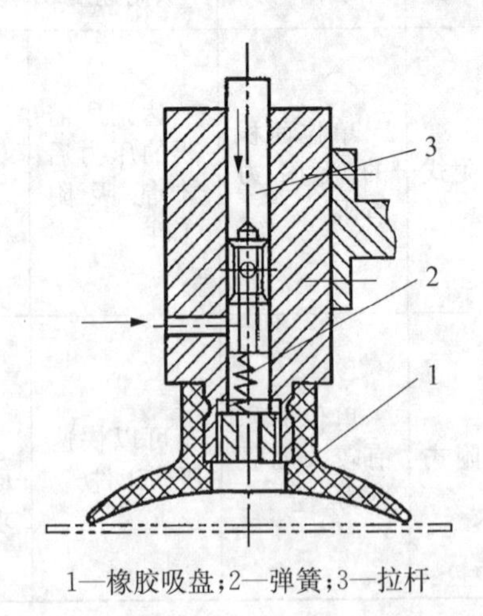

1—橡胶吸盘；2—弹簧；3—拉杆

图 1-17 挤压排气吸附式末端执行器

(3) 挤压排气吸附末端执行器。这种末端执行器如图 1-17 所示。其工作原理为：取料时吸盘压紧物体，橡胶吸盘变形，挤出腔内多余的空气，取料手上升，靠橡胶吸盘的恢复力形成负压，将物体吸住；释放时，压下拉杆 3，使吸盘腔与大气相连通而失去负压。该末端执行器具有结构简单、重量轻、成本低等优点，其缺点是吸附力小、吸附状态不易长期保持，多用于弯曲尺寸不大、薄而轻的工件。

2）气吸附式末端执行器的设计分析

（1）气吸附式吸盘的选用要求。

① 应具有足够的吸力。由于吸力的大小与吸盘直径大小、气压强弱、气流量、工件形状和表面粗糙度有关，为了保证吸力一定，可在气路中增设减压阀，以便调节吸力大小。

② 根据物体的材质及表面特性，确定吸盘的材料、形状、数量等。

③ 选用多个吸盘时，应合理布局，确保工件在传送过程中的平衡及平稳。

（2）吸盘的结构形式。吸盘是直接吸附工件的，它由耐油橡胶或软性塑料制成碗状、杯状或制成与工件相类似的形状。目前常见的橡胶吸盘有以下几种：

① 吸盘内部为不带皱纹的光滑曲面，其结构简单，制造容易，吸力小，如图 1－18 所示。

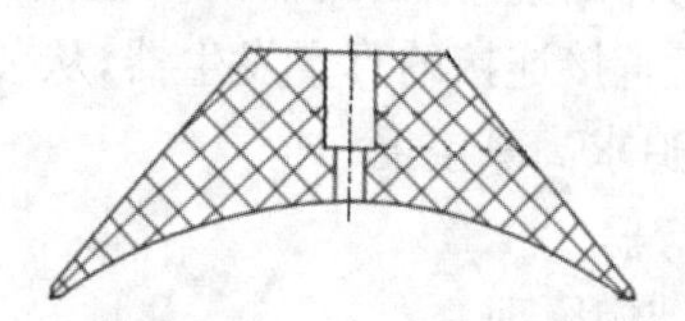

图 1－18 光滑的碗状吸盘

② 吸盘内带皱纹的，并在边缘处压有 3～5 个同心凸台，以保证吸盘吸附的可靠性而且吸力大，如图 1－19 所示。

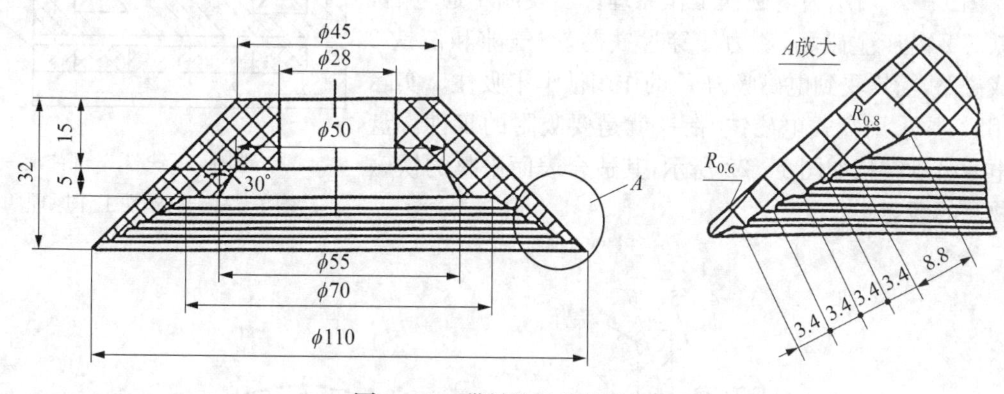

图 1－19 带皱纹的碗状吸盘

③ 吸盘内部带有加强筋，可提高吸盘的强度和寿命，如图 1－20 所示。

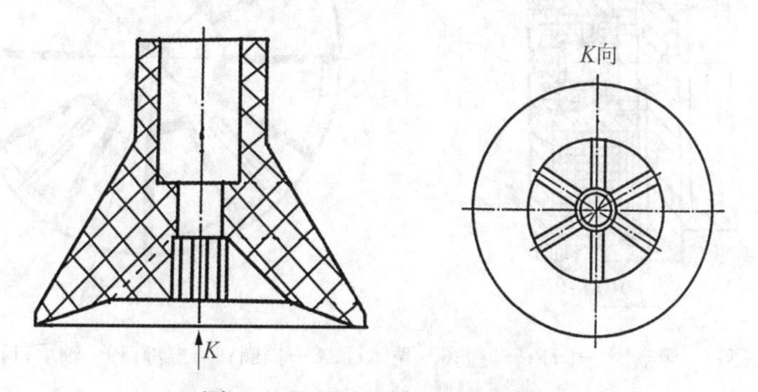

图 1－20 带加强筋的碗状吸盘

3）气吸附式吸盘吸附力的计算

吸盘是橡胶或塑料制成的，它的边缘要柔软，以保持它紧密贴附在被吸物体表面而形成密封的内腔。当吸盘内抽成负压时，吸盘外部的大气压力将把吸盘紧紧地压在被吸物体上。吸盘的吸力是由吸盘皮碗的内、外压差造成的，吸盘的吸附力为

$$F=\frac{S}{K_1K_2K_3}\Delta p \tag{1-5}$$

式中，F 为吸盘吸附力（N）。S 为吸盘负压腔在工件表面上的吸附面积（mm^2）。K_1 为安全系数，一般取 $K_1=1.2\sim2$。K_2 为工况系数，一般取 $K_2=1\sim3$。K_3 为姿态系数：当吸附表面处于水平位置时，$K_3=1$；当吸附表面处于垂直位置时，$K_3=1/f$，f 为吸盘与被吸物体的摩擦系数，橡胶吸盘吸附金属材料时，$f=0.5\sim0.8$。Δp 为吸盘内外压力差（MPa）。

吸盘的吸力要大于被吸附物体的重力，其所需的吸盘面积 S，可用一个或数个吸盘实现。因系统的负压气源多来自与吸盘直接连接的真空发生器，从节能的角度考虑，一般通过增大吸盘尺寸来提高吸附力 F，而不是追求高真空度。

1.2.2.2　磁吸附式末端执行器

1）磁吸附式末端执行器的结构原理

磁吸附式末端执行器是利用电磁铁通电后产生的电磁吸力吸住工件，因此只能对导磁性物体起作用，对某些不允许有剩磁的零件要禁止使用。

图 1-21 所示为电磁铁工作原理。当线圈 1 通电后，在铁芯 2 内产生磁场，磁力线穿过铁芯，空气隙和衔铁 3 形成磁路，衔铁受到电磁吸力 F 的作用被牢牢吸住。实际使用时，常采用盘式电磁铁，衔铁就是要吸附的工件。盘式电磁吸盘结构如图 1-22 所示，其适合表面平整的铁磁性物品的搬运。

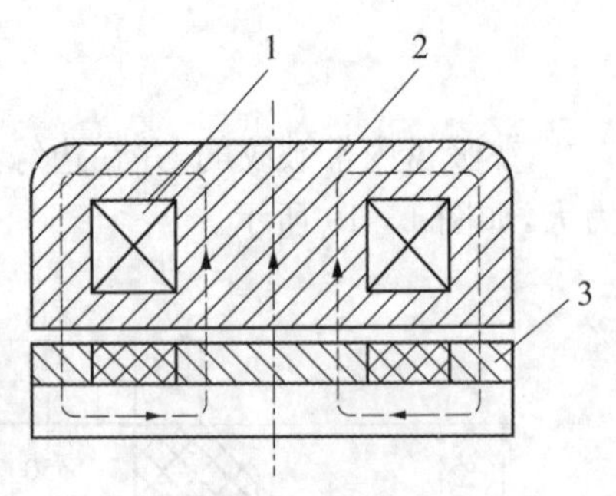

1—线圈；2—铁芯；3—衔铁

图 1-21　电磁铁工作原理

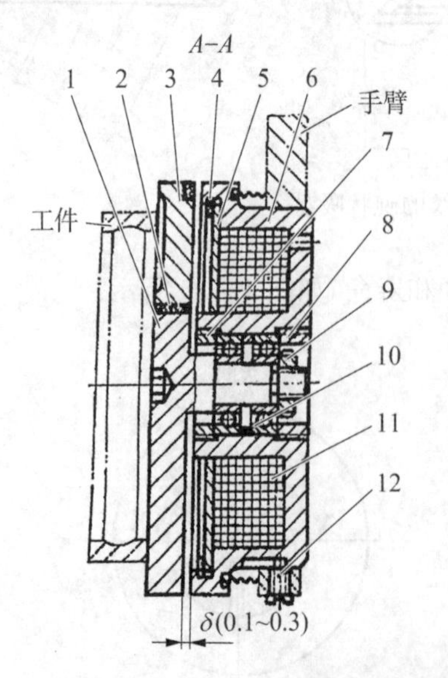

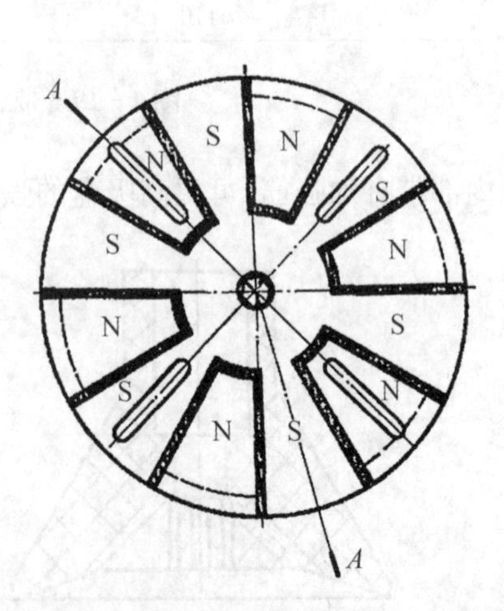

1—铁芯；2—隔磁环；3—吸盘；4—卡环；5—盖；6—壳体；7、8—挡圈；9—螺母；10—轴承；11—线圈；12—螺钉

图 1-22　盘式电磁吸盘结构

图1-23所示吸盘的磁性吸附部分为内装磁粉的口袋。在励磁前将口袋压紧在异形物品的表面上，然后使电磁线圈通电。电磁铁励磁后，口袋中的磁粉就变成有固定形状的块状物。这种吸盘可适用于不同形状的表面吸附。

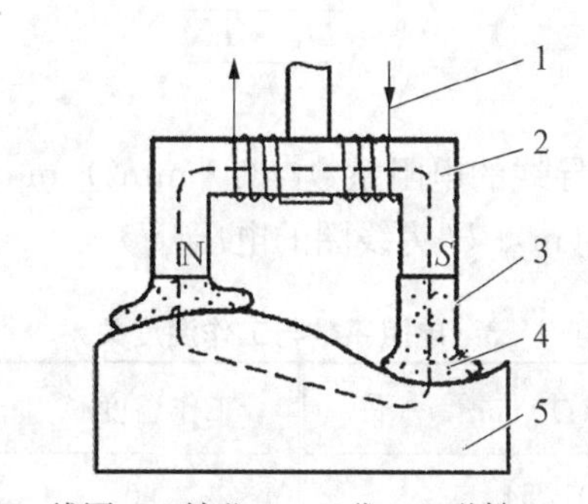

1—线圈；2—铁芯；3—口袋；4—磁粉；5—工件

图1-23 磁吸附式吸盘

2）磁吸附式末端执行器的设计分析

为了使末端执行器能够平稳地搬运工件，通常选多个磁吸盘，吸盘内的磁力由电磁铁提供，在设计过程中要考虑以下方面：

(1) 电源设计。即需要确定线圈两端的电压。建议使用直流电源，因为直流电流可以保证磁吸附力稳定，没有交变。根据磁吸附力的大小，可选用5～12 V直流电源，电压越大，反应速度越快。

(2) 绕线组材料的选取。如果设计要求线圈绕组净质量小，则可选择漆包铝线。一般情况下，选择漆包铜线，因为铜的电阻率低。

(3) 线圈设计。考虑线圈绕组的发热，导线横截面积 S 尽量取小，但 S 过小会导致磁吸力变化速度慢，所以要选用横截面积合适的导线作为绕组。

3）磁吸附电磁吸力的计算

(1) 电磁吸盘的吸力 F：

$$F=K_1K_2K_3G \tag{1-6}$$

式中，F 为电磁铁的吸力(N)；K_1 为安全系数，可取 $K_1=1.5\sim3$；K_2 为工况系数；K_3 为方位系数(可参考气吸附式吸盘系数的选取原则)；G 为工件重量(N)。

(2) 磁感应强度 B：

$$B=1.6\times10^{-3}\sqrt{\frac{F}{S}} \tag{1-7}$$

式中，B 为空气隙中的磁感应强度，又称磁通密度(T)；S 为空气隙的横截面积，即铁芯的横截面积(m^2)。

(3) 线圈磁势 IN：

$$IN=\frac{2B\delta}{\mu_0(1-\alpha)} \tag{1-8}$$

式中，IN 为线圈磁势(安匝)；δ 为磁通经过的气隙全长(m)；μ_0 为真空磁导率，$\mu_0 = 4\pi \times 10^{-7}$ H/m；α 为消耗系数，可取 $\alpha = 0.15 \sim 0.3$。

(4) 导线直径 d：

$$d = \sqrt{\frac{4\rho D_m \cdot IN}{U}} \tag{1-9}$$

式中，d 为导线直径(mm)；ρ 为导线的电阻系数[$(\Omega \cdot mm^2)/m$]，与工作温度有关，可以查阅表 1-3；D_m 为线圈的平均直径(m)；U 为线圈的电压(V)。

表 1-3 电阻系数与工作温度关系

工作温度/℃	电阻系数/[$(\Omega \cdot mm^2)/m$]	工作温度/℃	电阻系数/[$(\Omega \cdot mm^2)/m$]
20	0.017 54	90	0.022 36
35	0.018 54	105	0.023 39
40	0.019 91	120	0.024 48

线圈平均直径 D_m 的确定方法如下：

$$D_m = D_1 + B_k \tag{1-10}$$

式中，D_1 为线圈的内径(m)；B_k 为线圈的宽度(m)。线圈的宽度与线圈的允许温度 T、填充系数 f_k 和散热系数 μ_m 等有关，满足

$$B_k = \frac{1}{1\,000}\sqrt[3]{\frac{\rho \cdot IN^2}{20\mu_m \cdot f_k \cdot T \cdot \beta^2}} \tag{1-11}$$

式中，μ_m 为散热系数[$W/(m^2 \cdot ℃)$]，一般取为 0.001～0.001 2，高温取大值，低温取小值；f_k 为填充系数，一般取 $f_k = 0.45$；T 为线圈的允许温度；β 为线圈的高度 l_k 与其宽度之比值(即 $\beta = l_k/B_k$)，对于盘式直流电磁铁取 $\beta = 2 \sim 4$，螺管式直流电磁铁取 $\beta = 7 \sim 8$。

由上述公式求得的导线直径，应圆整成标准直径值。线圈尺寸关系如图 1-24 所示。

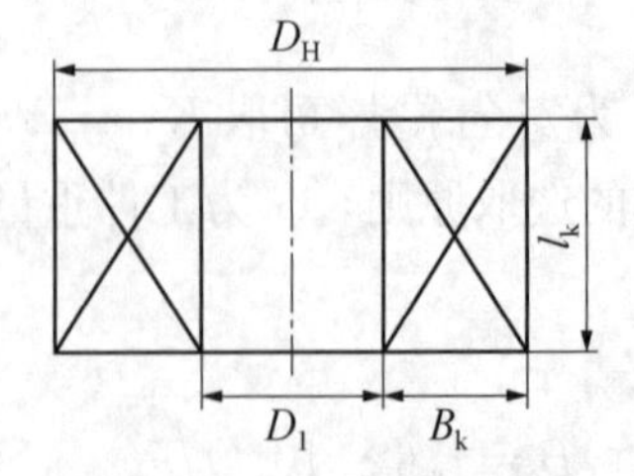

图 1-24 线圈尺寸关系

(5) 线圈匝数 N：

$$N = \frac{1.28 \cdot IN}{jd^2} \tag{1-12}$$

式中，N 为线圈匝数(匝)；j 为允许电流密度(A/mm^2)，长期工作的电磁铁吸盘取 $j = 2 \sim 4$。

（6）线圈温升核算：

$$\left.\begin{aligned} T &= \frac{U^2}{R\mu_{\mathrm{m}} S_1} \\ R &= \rho \frac{\pi D_{\mathrm{CP}}}{q} \cdot W \\ S_1 &= \pi(D_{\mathrm{H}} + \eta_{\mathrm{m}} D_1) l_{\mathrm{k}} \end{aligned}\right\} \tag{1-13}$$

式中，R 为线圈的电阻(Ω)；q 为导线截面积(mm^2)；D_{CP} 为线圈的平均直径(m)；S_1 为散热表面积(cm^2)；η_{m} 为由线圈结构而定的系数，对于绕在铁芯上的线圈，取 $\eta_{\mathrm{m}}=2.4$；U 为线圈的电压(V)，应以额定电压的 1.1 或 1.05 倍代入式(1-13)；其他参数同前。

初步确定线圈尺寸和匝数后，即可确定电磁铁的结构尺寸，然后可以绘制电磁吸盘的结构图，之后进一步验算各参数，如线圈磁势计算、磁路计算、电磁吸力计算和线圈温升计算等。

图 1-22 所示电磁吸盘结构的电磁铁线圈的五种尺寸见表 1-4，其线圈电源为 24 V 直流电，电磁吸力为 500～1 000 N，可参考选用。

表 1-4 电磁铁线圈尺寸

工作外径/mm	线圈/mm			
	外径	内径	高度	线径
60～100	100	50	24	0.62
70～140	125	55	20	0.77
80～160	135	61	25	0.77
90～180	165	85	30	0.77
100～120	185	80	30	0.72

1.2.3 夹持式和吸附式末端执行器的设计方法

夹持式和吸附式末端执行器的设计，要针对工件的形状、尺寸、刚性和重量等特点，采用如图 1-25 所示设计流程进行。

1）夹持式末端执行器的类型和结构

可以参考图 1-7～图 1-14；夹持力的计算可以参考式(1-1)～式(1-4)；零件结构设计可以利用 AutoCAD、Solidworks、UG、Pro/E 等三维设计软件，参考上述简图以及《机械设计手册》自行确定；强度校核可以依据材料力学或工程力学中的“梁”或者“杆”的弯曲或者组合变形，参照《机械设计手册》中的强度理论进行，也可以利用 ANSYS 有限元软件，对零件进行应力分析后再进行。

2）吸附式末端执行器设计

可以参考图 1-15～图 1-20 所示结构进行；夹持力的计算可以参考式(1-5)～式(1-13)。

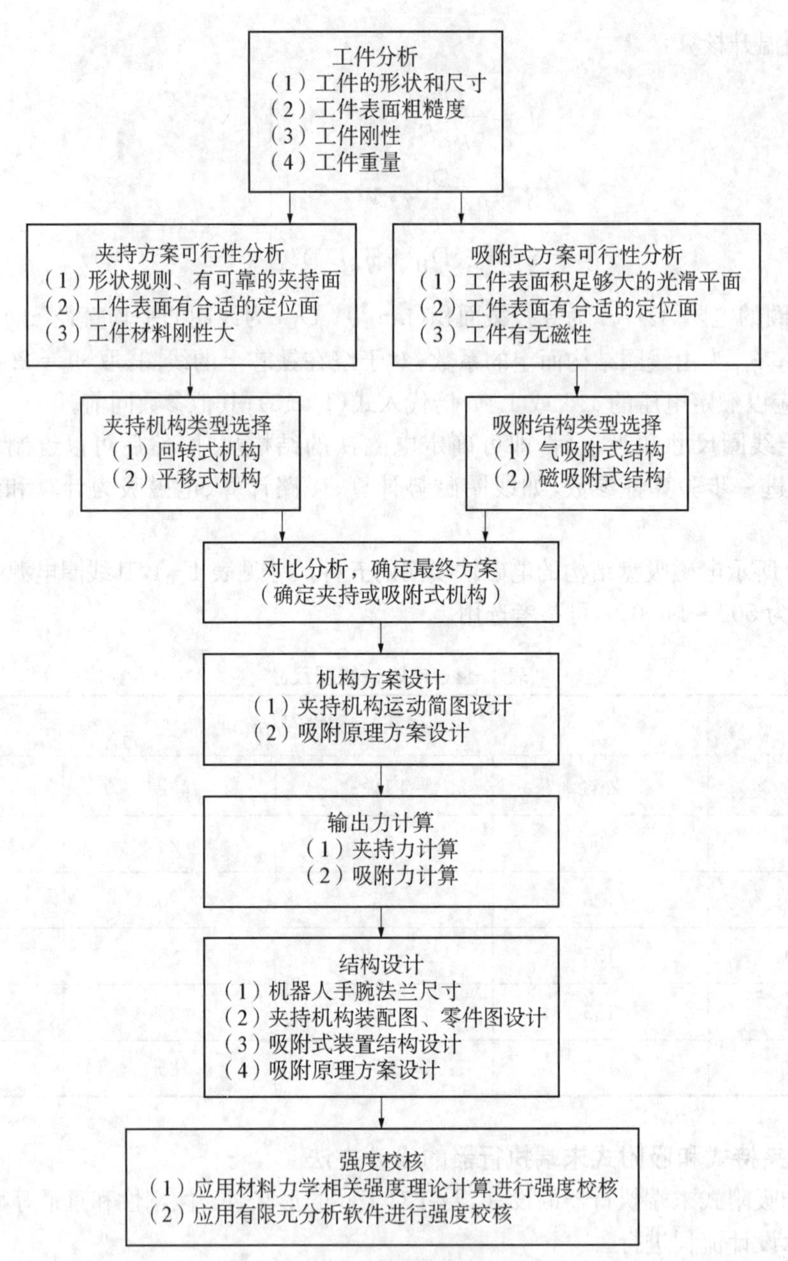

图1-25 末端执行器设计流程图

参考文献

[1]闻邦椿,等.机械设计手册[M].6版.北京:机械工业出版社,2018.

思考与练习

1. 试设计一个如图1-26所示由直线电机驱动齿条、再驱动双齿轮的手爪,该手爪采用平行四边形机构。手爪额定负载5kg,抓取工件最大轮廓尺寸200mm。

图1-26　直线电机驱动的电动手爪

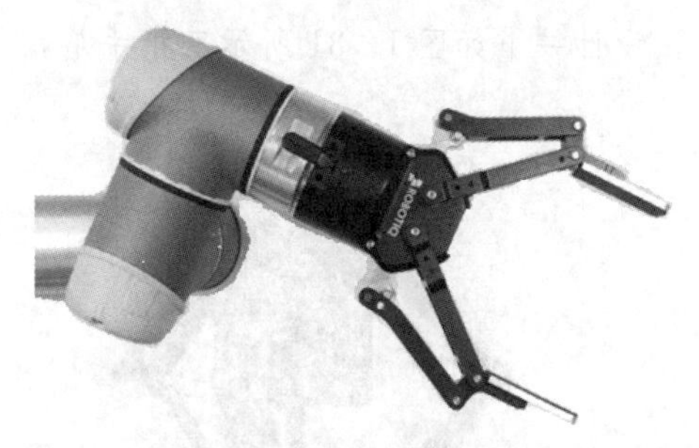

图1-27　由直流伺服电机驱动的电动手爪

2. 设计一个安装在机器人末端法兰上的电动手爪，如图1-27所示；拟采用图1-13平面平行移动式末端执行器中的蜗杆蜗轮机构驱动的四边形机构实现抓取运动，额定抓取重量20 N，工件最大轮廓尺寸200 mm。该机构由直流伺服电机驱动，通过蜗轮蜗杆机构，带动两个四杆机构，实现手爪开合。

3. 设计一个如图1-28所示由气缸驱动的两个四杆机构，实现手爪开合，额定抓取力10 N，工件最大轮廓尺寸150 mm。

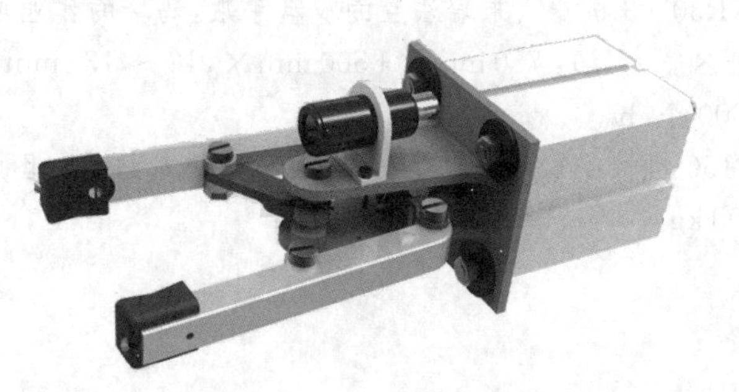

图1-28　气缸驱动手爪

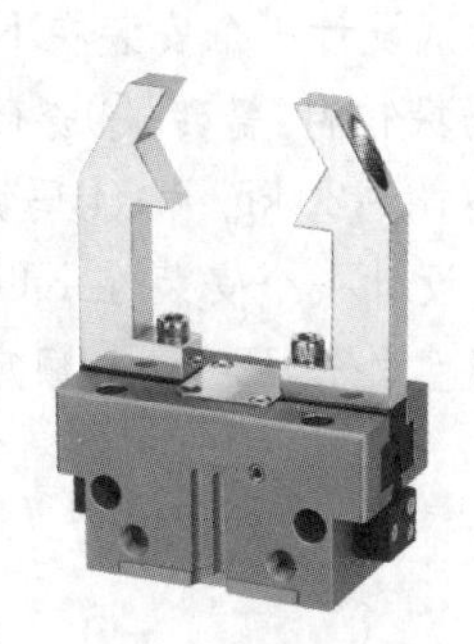

图1-29　两指气动手爪

4. 设计一个两指气动手爪，如图1-29所示。设计要求：夹持力150 N；单指行程20 mm；手爪长度400 mm；重复定位精度0.03 mm；夹爪滑块采用坚固T形槽。

5. 试设计一个如图1-30所示由液压缸驱动的两个滑块摇杆机构，实现手爪开合，额定抓取力1 000 N，工件最大轮廓尺寸500 mm。

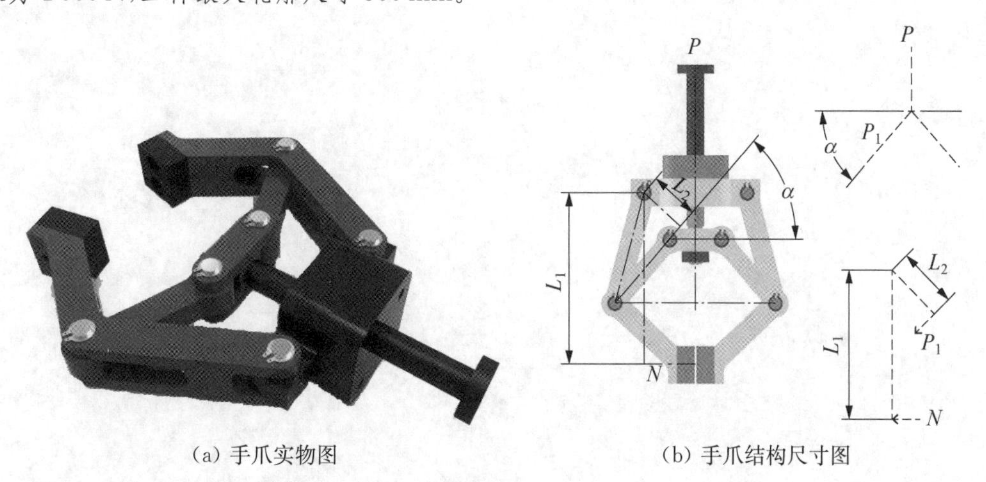

(a) 手爪实物图　　(b) 手爪结构尺寸图

图1-30　液压缸驱动手爪

6. 试设计一个如图 1-31 所示三指手爪，额定抓取力 15 N，拟用伺服电机驱动。

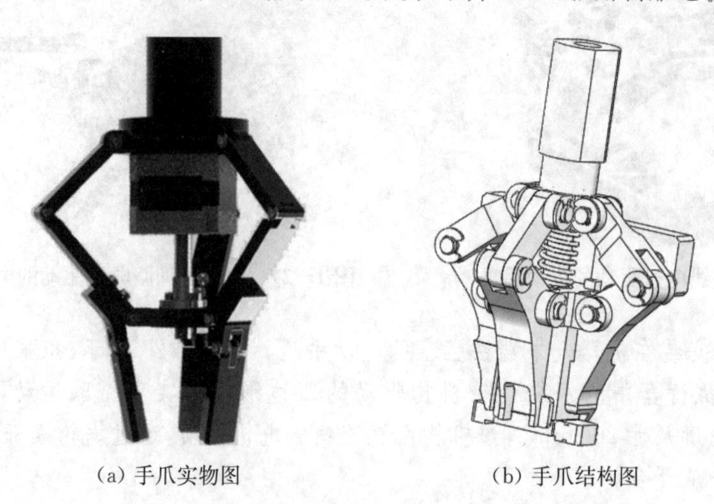

(a) 手爪实物图　　(b) 手爪结构图

图 1-31 三指手爪

7. 试设计一个安装在 KUKA KR30-3 机器人末端法兰的吸盘手爪，码垛的作业要求如下：①码垛材料：瓷砖；②瓷砖规格(长×宽×厚)：750 mm×1 500 mm×(10～13) mm；③瓷砖质量：18～20 kg/片；④码垛能力：600 个/h。

8. 设计一个安装在 KUKA KR150 机械手末端法兰上的电磁吸盘，吸盘结构如图 1-22 所示，吸盘外径 120 mm，额定负载 100 kg。

第2章

工业机器人专用末端执行器的选配

◎ **学习成果达成要求**

1. 了解机器人专用末端执行器的类型。
2. 掌握机器人专用末端执行器的选择方法。

对于机器人焊接、机器人激光加工、机器人喷涂作业，需要根据作业类型和机器人的作业需求配置专用的焊枪、激光头和喷枪。本章主要介绍机器人焊接作业、激光加工作业、喷涂作业所需要的专用末端执行器的类型及其选配方法。这些专用的末端执行器，需要安装在机器人末端手腕的法兰上，才能完成相关的作业。

2.1 机器人焊枪的选配

常用的机器人焊接包括熔化极活性气体保护电弧焊(metal active gas arc welding, MAG)、熔化极惰性气体保护焊(metal inert gas welding, MIG)、点焊(spot welding)和非熔化极惰性气体保护电弧焊(tungsten inert gas, TIG)。机器人要完成焊接作业，需要配置专用的焊枪，如图2-1所示。

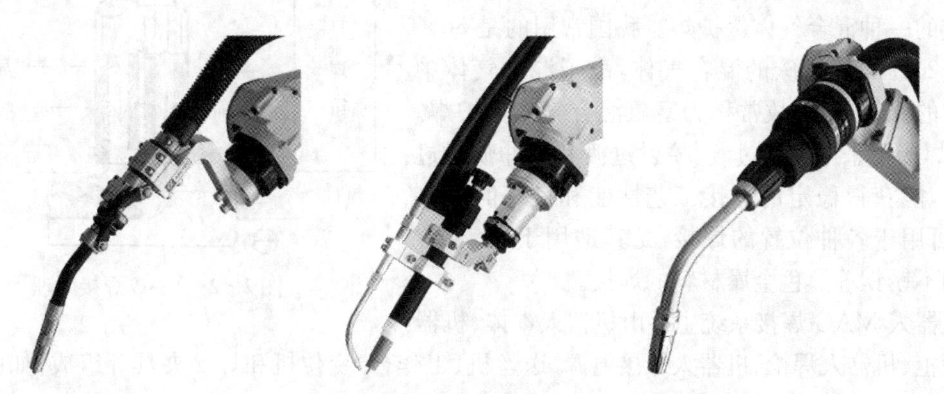

图2-1 机器人用焊枪

焊枪是利用焊机的高电流、高电压产生的热量聚集在焊枪终端使焊丝熔化；熔化的焊丝渗透到需焊接的部位，冷却后被焊接的物体牢固地连接成一体。焊枪可以按照送丝方式、安装方式和冷却方式进行分类，见表2-1。

表 2-1 机器人焊接用焊枪类型

分类方式		特　点
送丝方式	拉丝式焊枪	送丝速度均匀稳定,活动范围大。但是由于送丝机构和焊丝都装在焊枪上,所以焊枪的结构比较复杂,且比较笨重,只能使用直径 0.5～0.8 mm 的细焊丝进行焊接
	推丝式焊枪	结构简单、操作灵活,但焊丝经过软管时受较大的摩擦阻力,只能采用 ϕ1 mm 以上的焊丝进行焊接。推丝式焊枪按形状不同,又分为鹅颈式焊枪和手枪式焊枪两种
安装方式	内置式焊枪	直接安装在焊接机器人的第六轴上,第六轴为中空设计,焊枪的送丝管与保护气体管直接穿入。而外置式机器人焊枪是通过安装支架安装,送丝管与气体管外置
	外置式焊枪	安装方式通用,可安装在不专用的机器人上,而内置式焊枪只能安装在专用的焊接机器人上,即焊接机器人的第六轴为中空设计。其次内置式焊枪在做轨迹示教时,不会像外置式焊枪那样因为外置送丝与送气管路干涉机器人的运行轨迹
冷却方式	空冷式焊枪	当焊接电流小于 300 A 时,可选择空冷式焊枪;机器人焊接时电流所产生的热量对焊枪头的影响,通过焊枪周围空气的对流即可冷却,不会因过热对焊嘴造成损坏
	水冷式焊枪	当焊接电流大于 300 A 时,由于较大的电流所产生的热量较多,可采用水冷式焊枪,它通过循环水系统对焊枪进行快速降温

2.1.1 机器人 MAG 焊枪选配

MAG 焊接是熔化极活性气体保护电弧焊的简称,其焊接原理如图 2-2 所示,它是在氩气中加入少量的氧化性气体(氧气、二氧化碳或其混合气体)混合而成的一种混合气体保护焊。我国常用的是 80% 氩气+20%二氧化碳的混合气体,由于混合气体中氩气占的比例较大,故常称为富氩混合气体保护焊。MAG 焊接可采用短路过渡、喷射过渡和脉冲喷射过渡进行,能获得稳定的焊接工艺性能和良好的焊接接头,可用于各种位置的焊接,尤其适用于碳钢、合金钢和不锈钢等黑色金属材料的焊接。

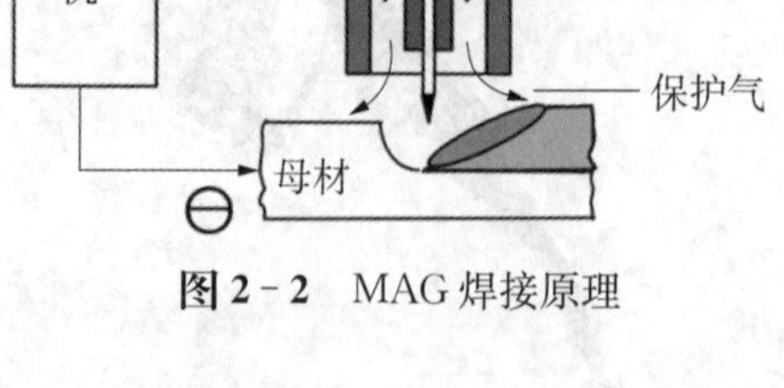

图 2-2 MAG 焊接原理

机器人 MAG 焊接系统主要由机器人本体、机器人控制柜、机器人焊枪、机器人焊接电源、送丝机、工作台/变位机和焊接夹具等组成,如图 2-3 所示。

MAG 焊枪及其与机器人的连接方式如图 2-4 所示。

典型的机器人 MAG 焊枪结构如图 2-5 所示。

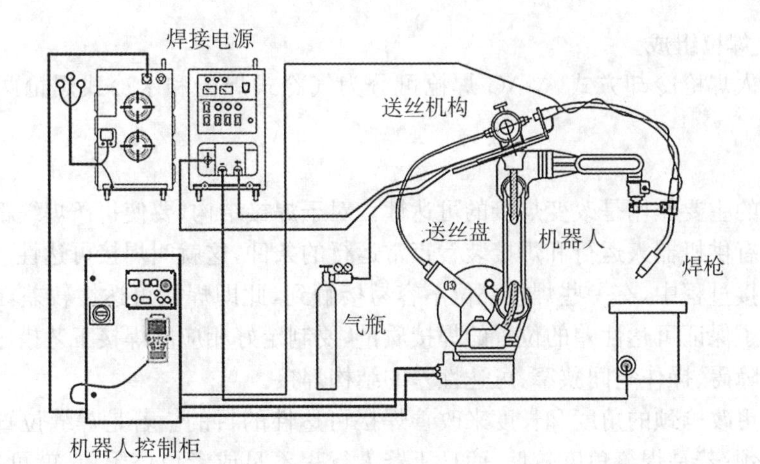

图2-3 机器人MAG焊接系统组成

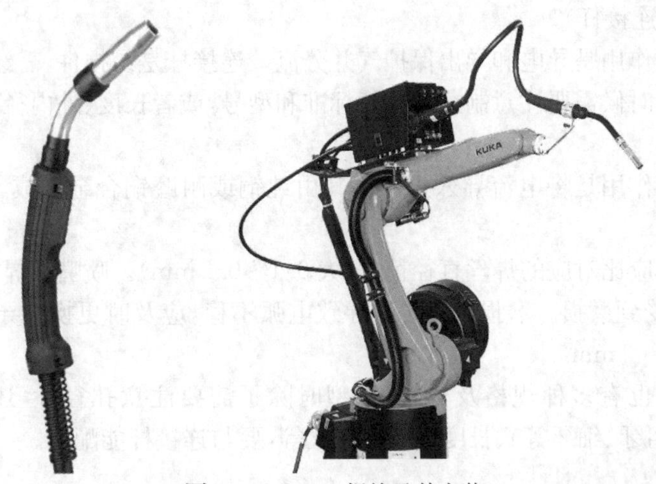

图2-4 MAG焊枪及其安装

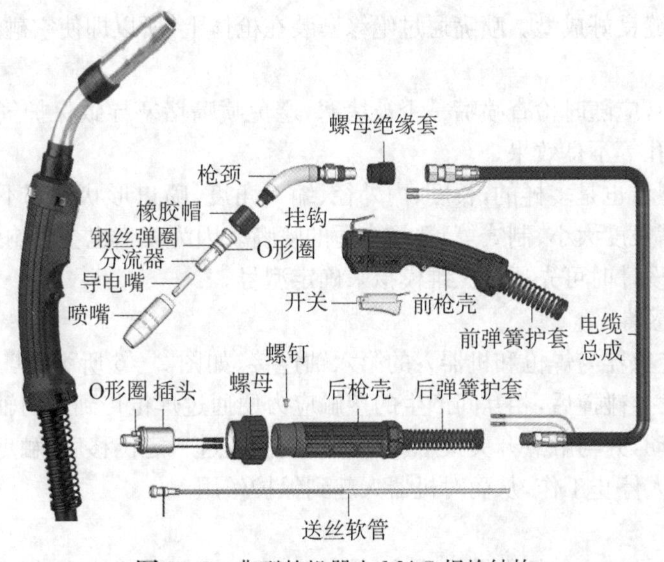

图2-5 典型的机器人MAG焊枪结构

2.1.1.1 焊枪组成

按照机器人焊枪冷却方式，MAG 焊枪可分为气冷式焊枪和水冷式焊枪两类，焊枪组成包括：

1）枪颈

焊枪枪颈的主要作用是改变焊接的可达性。对于焊接结构，要使每条焊缝都能施焊，必须保证焊缝周围有供机器人运行和焊接装置正常运行的条件，这就叫焊接可达性。

在实际焊接过程中，有一些焊接部位不容易接触到，此即焊接可达性较差，给焊接带来不便和困难。为了保证可达性差的位置的焊接质量，要制定好相应的焊接工艺措施，充分利用辅助工具完成多障碍、操作空间狭窄、可达性差的结构焊接。

可以通过更改枪颈的角度和长度来改善焊接可达性的目的。若是焊缝位置较深，可以采用长一点的枪颈；若是焊缝角度较偏，而且机器人行程不足或者位姿限位，就可以采用角度较大的枪颈来弥补机器人行程或位姿。

2）导电嘴座(连接杆)

连接杆的主要作用是导电和导出保护气并分流。连接杆是易损件，需经常更换，大约一个月换一次。更换的时候需要注意制式连接杆标准和型号，或者长度、外内径及螺纹规格等。

3）导电嘴

导电嘴的主要作用是将电流导入焊丝。其由纯铜或耐磨铜合金制成，常用的有紫铜、黄铜、铬锆铜等。

导电嘴的孔径应比对应的焊丝直径稍大(大 0.1～0.2 mm)。喷嘴在焊接过程中不断与焊丝摩擦，因此容易受到磨损。磨损过大时会导致电弧不稳，应及时更换。导电嘴安装后，其前端应缩至喷嘴内 2～3 mm。

导电嘴的型号也有多种规格及样式，选型时除了需要注意孔径外，还需注意螺纹规格(M6、M8、M10，粗牙、细牙等)、长度、外径、制式等，要与连接杆能配合。

4）喷嘴

喷嘴的主要作用是保护气体通过喷嘴流出，确保能形成一良好的保护气罩，覆盖在熔池及电弧上面，使得焊缝良好成型。喷嘴通过绝缘套装在枪体上，所以即使它碰到焊件也不会造成打弧。

在使用过程中，应随时检查喷嘴是否被堵塞，避免喷嘴堵塞导致保护气体喷出不足，造成焊缝产生气泡、气孔等不良效果。

喷嘴的样式型号也是多样的，长度、内外径、缩口角度、喷口形状等都不一致，应根据情况(焊缝位置、导电嘴长度大小、制式等)选择合适的喷嘴。因为喷嘴也会影响到焊接可达性以及焊接质量，因此在设计时可先通过三维模拟来确定型号。

5）防碰撞传感器

焊枪防碰撞传感器与焊枪和机器人的第六轴连接，如图 2-6 所示，其工作原理是当自动焊枪枪头与工件发生碰撞后，相互间产生的接触应力便通过焊枪传到导向轴，进而挤压弹簧收缩，带动楔形块运动，并与触点开关接触。当焊枪碰撞超过一定位移后，触点开关接触导通，发出电信号，使机器人停止工作，从而对机器人起到保护作用。

6）焊枪总成

焊枪的总成就是指从包括中继线开始到气体喷嘴的一切零部件，一把 MIG/MAG 焊枪包括从焊枪与管接头螺母和气管的连接，以及各种电缆，如管线包、水冷焊枪进水口和出水口、电

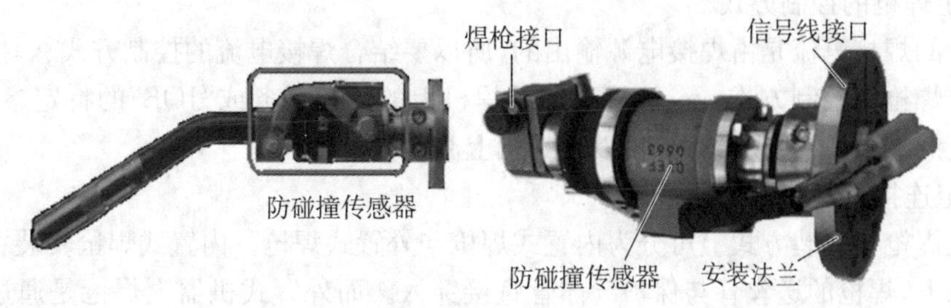

图2-6 焊枪防碰撞示意图

源线、气管和内部电线。

按照制式标准的不同,焊枪分为松下式、欧式、OTC式等结构,其主要区别在于电缆总成接口不同。典型的MAG焊枪总成如图2-7所示。

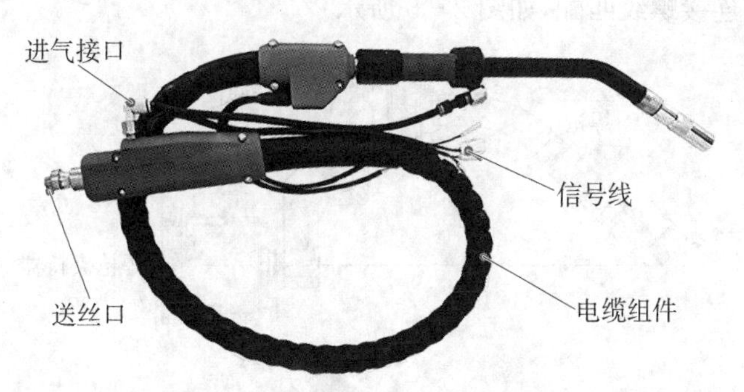

图2-7 典型的MAG焊枪总成

2.1.1.2 焊枪选配操作步骤

1) 确定主要焊接工艺参数

根据MAG焊接工艺要求,焊接工艺参数包括焊接电流、焊接电压、焊接速度、保护气体类型及流量、焊丝干伸长度等。焊枪焊接电流是根据焊缝的焊接工艺确定的,焊枪焊接电流应和焊接电源电流匹配、不小于焊接电源的输出电流。MAG焊枪应该始终匹配电源的最大功率范围。

2) 确定焊接机器人型号

根据焊枪的型号、焊枪和连接件的连接尺寸和重量,确定机器人末端法兰以及机器末端工作负载;再依据焊枪的运动范围确定焊接机器人的型号。

3) 确定焊接的暂载率

"暂载率"是指焊机的使用率,例如以10 min为一单位,10 min内实际焊接的时间为7 min,暂载率(使用率)即为70%。焊机的出厂设定、焊接的保护气体及焊枪的导电材料,都会影响实际焊接的暂载率。

4) 确定焊枪冷却方式

机器人焊枪的散热方式普遍分为空气冷却和液体冷却两种。空气冷却是利用环境温度及焊枪自身材料散热性进行冷却,适用于薄、中板或暂载率不高的焊接工艺。液体冷却是利用冷却液或纯净水对焊枪进行冷却,适用于厚板、堆焊等长时间的焊接工艺。

机器人焊接,当焊机的焊接电流小于300 A时,可选择空冷式焊枪;当焊接电流大于300 A时,可采用水冷式焊枪。

5）确定焊枪的控制方式

焊枪中的焊接电流是由焊接电源输出的，所以要结合焊接电流的控制方式、焊接参数的显示要求确定焊枪的控制方式。一般可以调整焊机上的焊接任务或“JOB”的特定参数，在电源上设置特定的参数，这些预设参数可以在焊枪上激活。

6）确定连接方式

机器人焊枪在安装方式上可分为内置式焊枪与外置式焊枪。内置式焊枪安装在焊接机器人的第六轴上，焊枪的送丝管与保护气体管直接穿入。而外置式机器人焊枪是通过安装支架安装，送丝与气管外置。外置式焊枪安装方式通用，可安装在不专用的机器人上，而内置式焊枪只能安装在专用的焊接机器人上，即焊接机器人的第六轴为中空设计。连接方式可分为以下几种。

（1）与机器人末端法兰的连接方式。焊枪接杆上的定位孔和连接螺纹，需与机器人末端法兰上的定位孔和连接螺纹匹配，如图 2－8 所示。

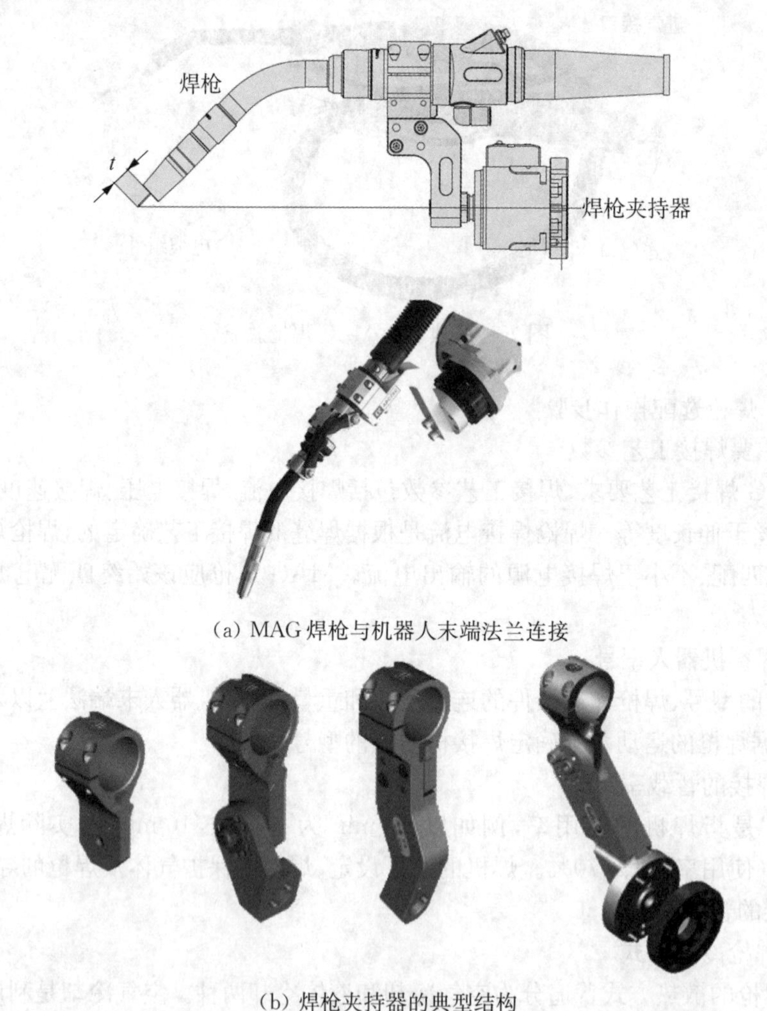

（a）MAG 焊枪与机器人末端法兰连接

（b）焊枪夹持器的典型结构

图 2－8　MAG 焊枪与机器人法兰的连接方式

（2）与焊接电源的连接方式。机器人 MAG 焊接用焊枪需与焊接电源配套使用，其电气接口应符合焊机电源的连接要求。

（3）与送丝机构的连接方式。机器人 MAG 焊接用焊枪需与送丝机构配套使用，其电气接口应符合送丝机构送丝要求。

（4）与保护气体的连接方式。机器人 MAG 焊接用焊枪需与保护气体输送装置配套使用，其保护气体连接接口应与气体输送装置输出接口相同。

7）进行负载验算

（1）末端负载验算。焊枪总成确定后，需要进行如下验算，以确保机器人末端负载小于机器人的额定负载：

$$G_{焊枪、连接件}+P_{惯性力}+P_{气体反冲力}<P_{load} \tag{2-1}$$

式中，P_{load} 为机器人末端额定负载，可以依据机器人使用手册确定。$G_{焊枪、连接件}$ 为机器人焊枪总成重量。$P_{惯性力}$ 为焊枪产生的惯性力，$P_{惯性力}=ma$；其中，m 为焊枪的质量，a 为焊枪最大加速度。$P_{气体反冲力}$ 为保护气体产生的反冲力。

（2）焊枪及附属装置负载验算。焊枪及附属装置安装在机器人的连杆上，需要验算其负载是否满足工业机器人使用手册规定的负载大小和位置要求。

8）检验运动范围

一般工业机器人厂家都提供离线编程和仿真平台，把焊枪模拟装配到机器人末端法兰上，然后利用三维仿真技术，模拟焊枪的运动，并确定焊枪的运动范围，从而可以验证焊枪运动是否在机器人的工作空间内，也可以验证焊枪的运动范围是否满足所有焊缝的位姿要求。

2.1.2 机器人 MIG 焊枪选配

MIG 焊接原理如图 2-9 所示，它采用可熔化的焊丝作为电极，以连续送进的焊丝与被焊工件之间燃烧的电弧作为热源来熔化焊丝与母材金属。焊接过程中，保护气体——氩气通过焊枪喷嘴连续输送到焊接区，使电弧、熔池及其附近的母材金属免受周围空气的有害作用。焊丝不断熔化应以熔滴形式过渡到焊池中，与熔化的母材金属熔合、冷凝后形成焊缝金属。

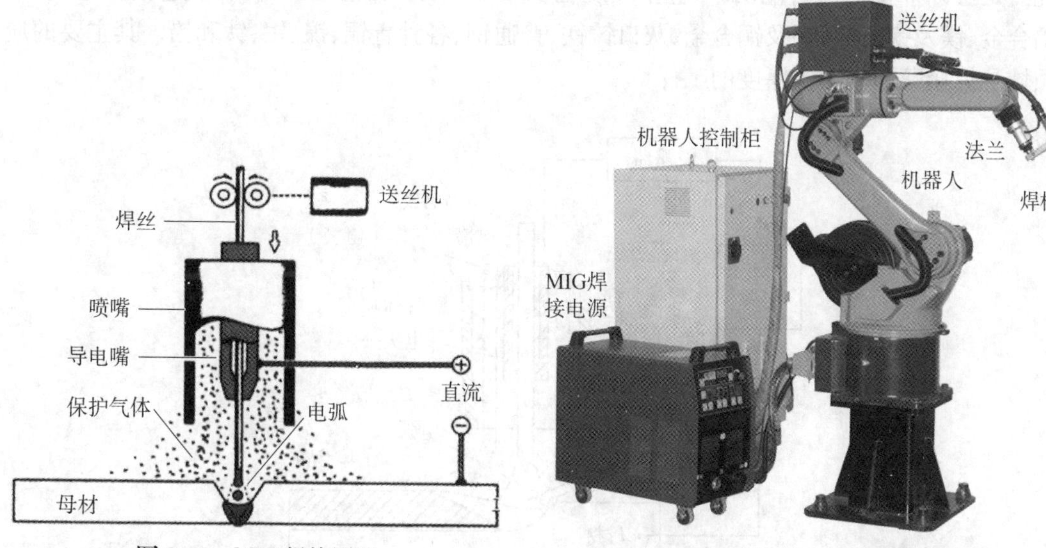

图 2-9 MIG 焊接原理　　**图 2-10** 机器人 MIG 焊接系统

机器人 MIG 焊接系统包括焊接机器人、焊接电源、焊枪、保护气体输送装置、焊丝输送装置等，如图 2-10 所示。

MIG 焊枪结构如图 2-11 所示。

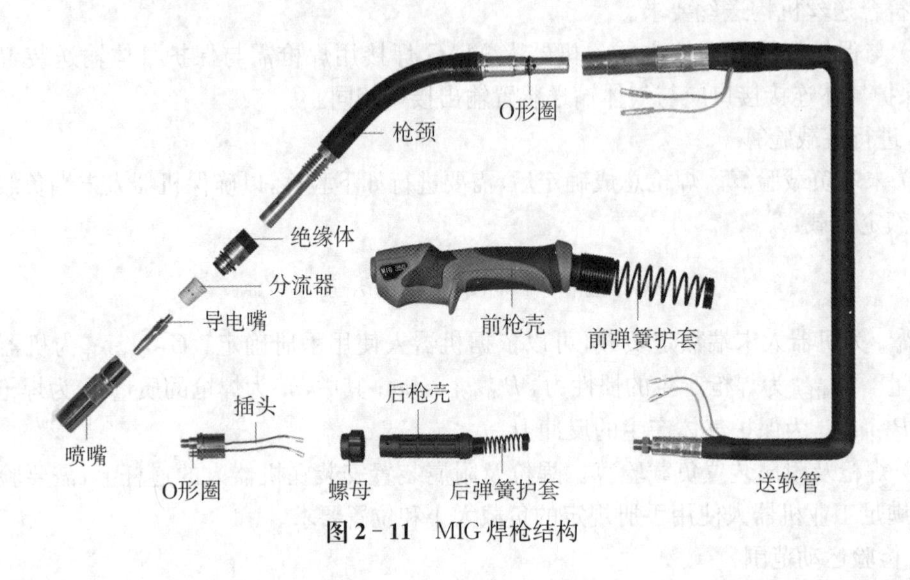

图 2-11 MIG 焊枪结构

MIG 焊枪选择原则：MIG 和 MAG 的区别主要在保护气体，且焊接设备相似，但前者一般用氩气保护，适合焊接有色金属；后者在氩气里一般掺二氧化碳活性气体，适合焊接高强钢和高合金钢。因此，机器人 MIG 焊枪的选择可以参照 MAG 焊枪的选择方法进行。

2.1.3 机器人 TIG 焊枪选配

TIG 焊接原理如图 2-12 所示，它是用纯钨或活化钨作为不熔化电极的惰性气体保护电弧焊，利用钨极和工件之间的电弧作为热源熔化添加过来的焊丝从而形成焊缝。焊接过程中钨极不熔化，只起电极的作用。同时由焊炬的喷嘴送进氩气或氦气作保护。TIG 焊接法的主要优点是可以焊接的材料范围广，包括厚度在 0.2 mm 及其以上的工件，材质包括合金钢、铝及铝合金、镁及镁合金、铜及铜合金、灰口铸铁、普通钢、各种青铜、镍、银、钛和铅。其主要的应用领域是焊接薄的和中等厚度的工件。

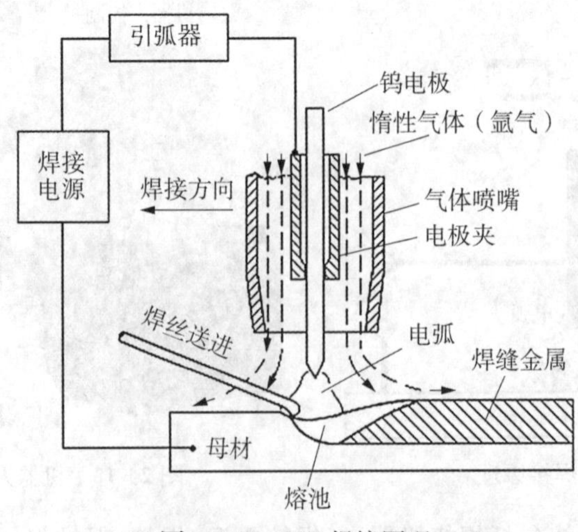

图 2-12 TIG 焊接原理

机器人 TIG 焊接系统包括焊接机器人、焊接电源、焊枪、保护气体输送装置、焊丝输送装置等，如图 2 - 13 所示。

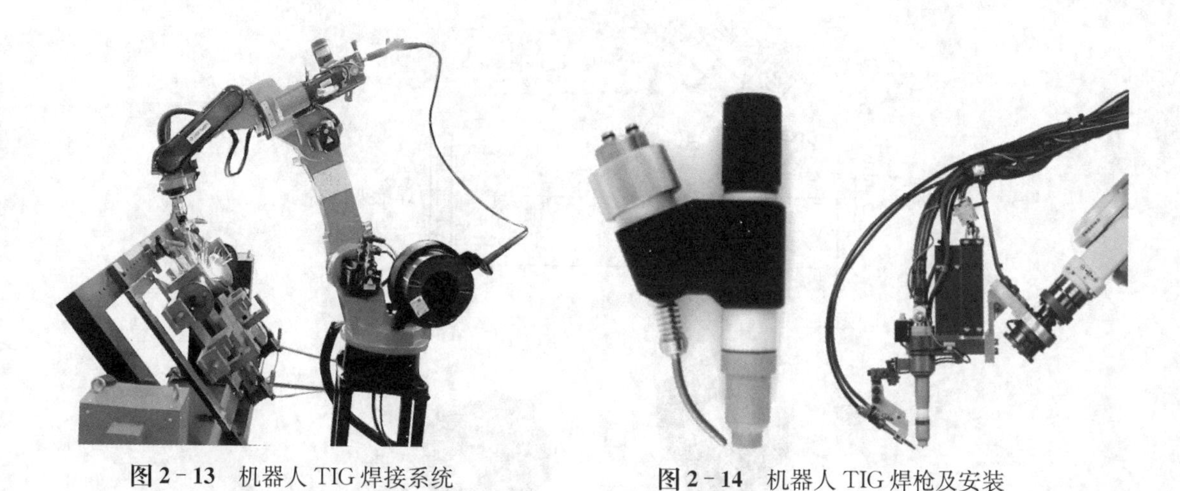

图 2 - 13 机器人 TIG 焊接系统　　**图 2 - 14** 机器人 TIG 焊枪及安装

机器人 TIG 焊枪及其与机器人的连接方式如图 2 - 14 所示。

TIG 焊枪结构如图 2 - 15 所示，主要由枪体、喷嘴、电极夹持体、弹性夹头、电缆、气体输入管、冷却水管和焊枪开关组成。

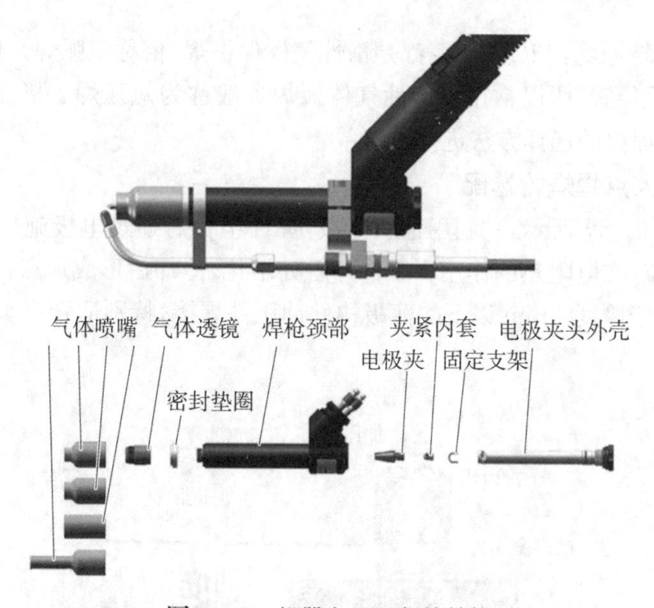

图 2 - 15 机器人 TIG 焊枪结构

TIG 焊枪及其与法兰连接方式如图 2 - 16 所示。

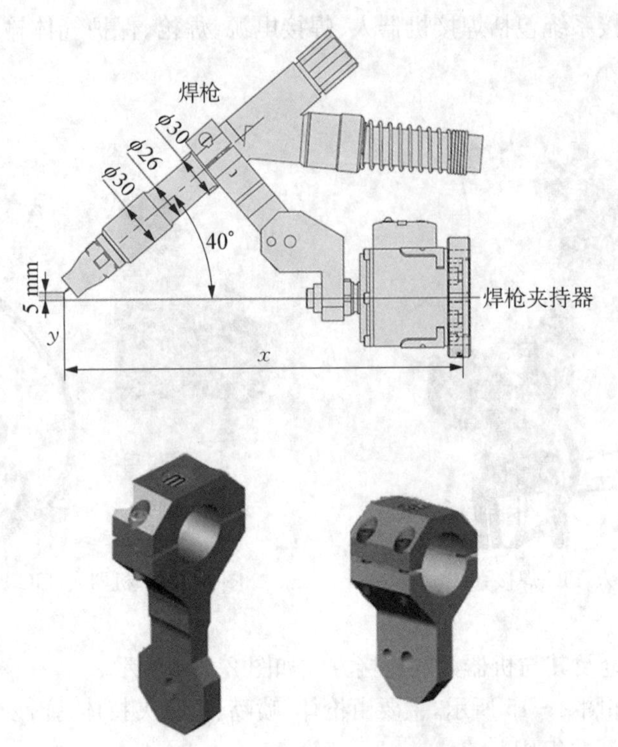

图 2-16　TIG 焊枪及其与法兰连接方式

TIG 焊枪的选择原则：TIG、MIG 都是惰性气体保护焊，俗称氩弧焊。惰性气体可以是氩或者氦，但是氩气更便宜，所以常用。惰性气体弧焊一般称为氩弧焊。机器人 TIG 焊枪的选择可以参照 MAG 焊枪的选择方法进行。

2.1.4　机器人点焊焊枪选配

点焊原理如图 2-17 所示，它利用柱状电极，焊件组合后通过电极施加压力，使工件紧密接触，随后接通电流，在电阻热的作用下工件接触处熔化，冷却后形成焊点，常被称为点焊或电阻焊。点焊主要用于厚度 4 mm 以下的薄板构件冲压件焊接，特别适合汽车车身和车厢、飞机机身的焊接。

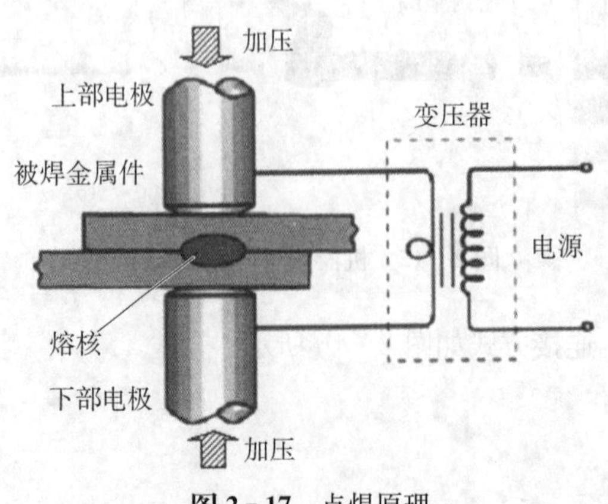

图 2-17　点焊原理

机器人点焊系统包括焊接机器人、焊接电源、焊枪、保护气体输送装置、焊丝输送装置等，如图 2 - 18 所示。

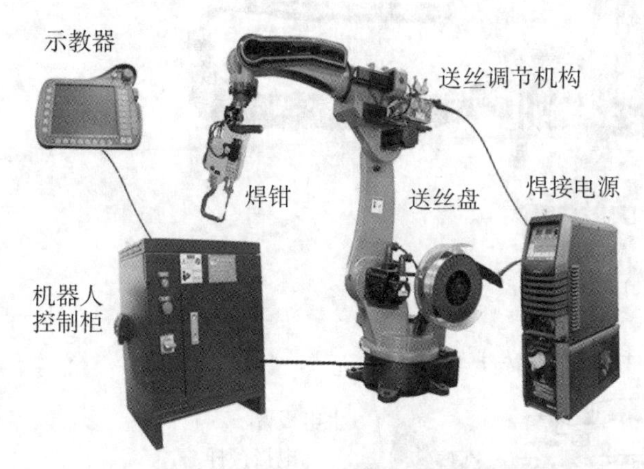

图 2 - 18 机器人点焊系统组成

图 2 - 19 机器人点焊焊枪及其安装方式

点焊焊钳及其与机器人的连接方式如图 2 - 19 所示。

根据焊臂的动作类型，机器人电阻点焊焊钳包括“X 型焊钳”和“C 型焊钳”两种，如图 2 - 20 所示。其中，“X 型焊钳”焊臂可以像剪刀一样地张开、闭合，该类焊钳适用于尺寸大且焊接位喉深大的工件焊接(图 2 - 20a、b)C 型悬挂焊机静止的焊臂似 L 状，另一焊臂垂直于 L 形焊臂的短边，两条焊臂构成的包围圈在没有闭合时像字母“C”(图 2 - 20c、d)。

(a) X 型焊钳

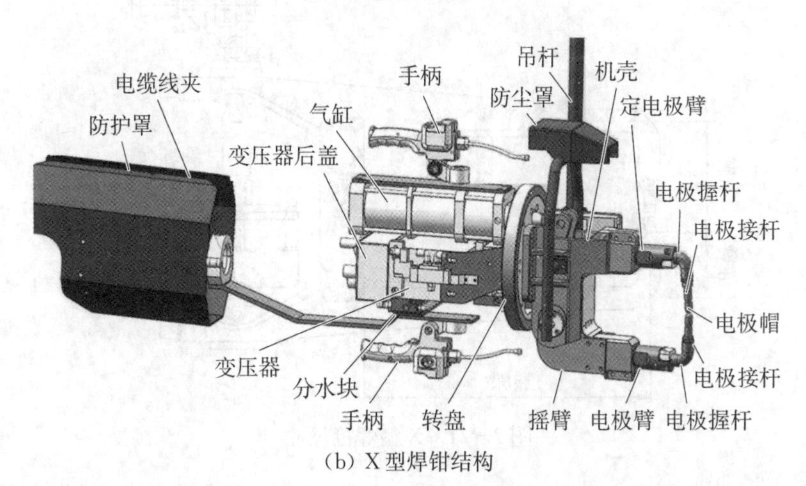

(b) X 型焊钳结构

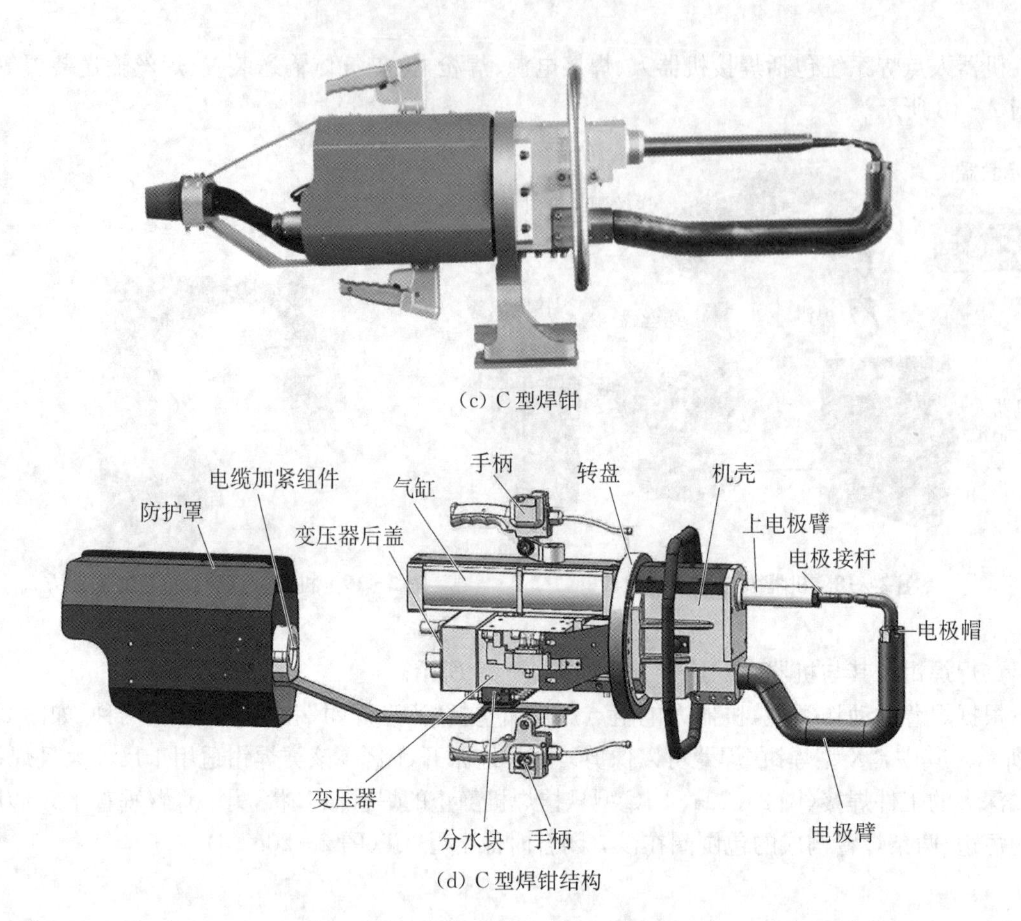

(c) C 型焊钳

(d) C 型焊钳结构

图 2-20 机器人电阻点焊焊钳

焊钳选择方法如下：

1）焊钳结构类型选择

X 型焊钳主要用来焊接平面，电流呈弧形。这是由于 X 型焊钳喉深较长，可以深入的焊接区域更长，如图 2-21 所示。X 型焊钳又分为单行程和双行程，可以采用气动或由伺服电机驱动方式。

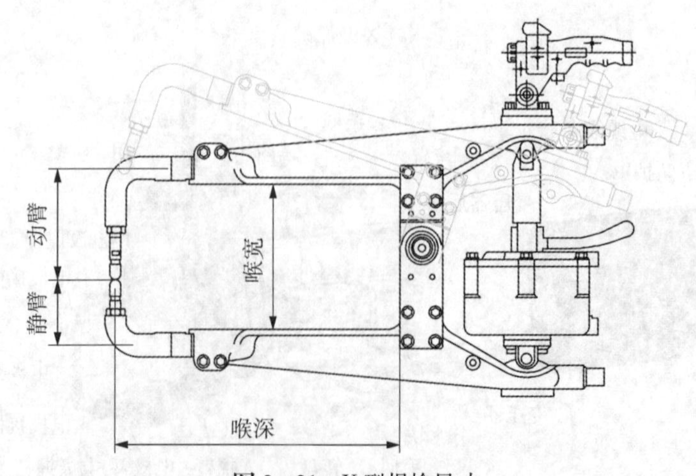

图 2-21 X 型焊枪尺寸

C 型焊钳主要是应用于垂直焊接。点焊位置是垂直或者接近垂直的区域，如图 2-22 所示，C 型焊钳的喉宽对加工部件的大小有要求，也有单行程和双行程之分，可以采用气动或由伺服电机驱动方式。

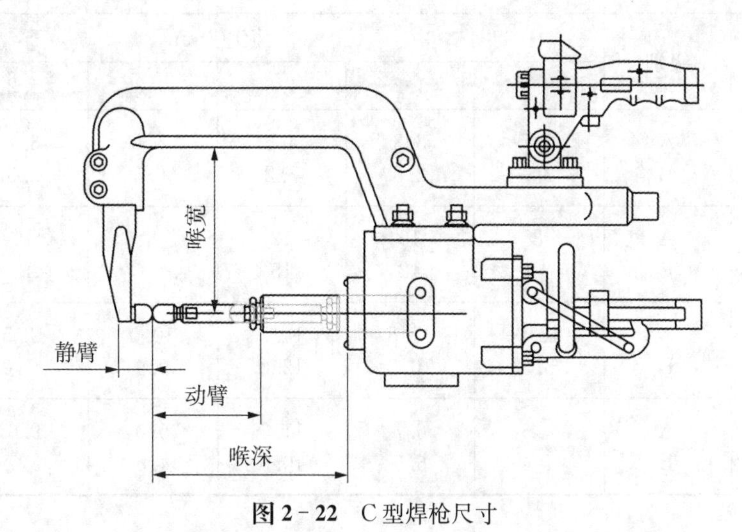

图 2-22 C 型焊枪尺寸

在选择点焊的时候，根据焊点的平面以及垂直情况，可以确定是选用 X 型还是 C 型的焊钳。

2) 焊接电源选择

根据工件的尺寸和焊缝类型及空间分布情况，决定选什么焊接电源。点焊要素包括焊接电流、通电时间、电极压力、电极形状。这四个要素相互关联相互影响。选择焊接电源时，也需要考虑到焊接板材的情况。

点焊焊点的距离与焊接件厚度的关系见表 2-2。

表 2-2 点焊接头最小搭边宽度和焊点的最小点距 单位：mm

最薄板件厚度	单排焊点最小搭边宽度	双排焊点最小搭边宽度	焊点的最小点距
0.5	11	22	9
0.8	11	22	22
1.0	12	24	18
1.2	14	28	20
1.5	16	32	27
2.0	18	36	35
2.3	20	40	40
3.2	22	42	50

如果点焊焊点密，则焊接成本升高，加工时间太长；焊点过疏，则可能造成焊接接头强度不足。再将板材材料考虑后，焊接参数的选择可以依据表 2-3 进行。

表 2-3 焊接参数

镀层种类		电镀锌			热浸镀锌		
镀层厚/μm		2～3	2～3	2～3	10～15	15～20	20～25
焊接条件	级别	板厚/mm					
		0.8	1.2	1.6	0.8	1.2	1.6
电极压力/kN	A B	2.7 2.0	3.3 2.5	4.5 3.2	2.7 1.7	3.7 2.5	4.5 3.5
焊接时间/周	A B	8 10	10 12	12 15	8 10	10 12	12 15
电流/kA	A B	10.0 8.5	11.5 10.5	14.5 12.0	10.0 9.9	12.5 11.0	15.0 12.0
抗剪强度	A B	4.6 4.4	6.7 6.5	11.5 10.5	5.0 4.8	9.0 8.7	13 12

3) 焊钳的选择

(1) 根据工件的材质和板厚，确定焊钳电极的最大短路电流和最大加压力。

(2) 根据工件的形状和焊点在工件上的位置，确定焊钳钳体的喉深、喉宽、电极握杆、最大行程、工作行程等。

(3) 综合工件上所有焊点的位置分布情况，确定选择何种焊钳，通常有四种焊钳比较普遍，即C型单行程焊钳、C型双行程焊钳、X型单行程焊钳、X型双行程焊钳。

(4) 在满足以上条件的情况下，尽可能地减小焊钳的重量。对悬挂点焊来说，可以减轻操作者的劳动强度，可以选择低负载的机器人，提高生产效率。

(5) 驱动方式：焊钳有伺服电机驱动和气动两种驱动方式。气动是指利用压缩空气驱动加压气缸活塞，然后由活塞的连杆驱动传动机构，以带动两电极臂闭合或张开。伺服电机驱动是利用伺服电机驱动传动机构，以带动两电极臂闭合或张开。

与气动焊钳相比，伺服焊钳控制精度高，动作路径可以控制到最短化，缩短生产节拍，在最短的焊接循环时间建立一致性的电极间压力；同时，由于在焊接循环中省去了预压时间，该焊钳比气动加压快，提高了生产率。

4) 负载验算

(1) 末端负载验算。焊枪总成确定后，相关载荷可以确定如下：P_{load} 为机器人末端额定负载，可以依据机器人使用手册确定。$G_{\text{焊枪、连接件}}$ 为机器人焊枪总成重量。$P_{\text{惯性力}}$ 为焊枪产生的惯性力，$P_{\text{惯性力}}=ma$；其中，m 为焊枪的质量，a 为焊枪最大加速度。$P_{\text{气体反冲力}}$ 为保护气体产生的反冲力。末端负载验算可以按照式(2-1)进行。

(2) 焊枪及附属装置负载验算。焊枪及附属装置安装在机器人的连杆上，需要验算其负载是否满足工业机器人使用手册规定的负载大小和位置要求。

5) 运动范围检验

一般工业机器人厂家都提供离线编程和仿真平台，把焊枪模拟装配到机器人末端法兰上，然后利用三维仿真技术，模拟焊枪的运动，并确定焊枪的运动范围，从而可以验证焊枪运动是否在机器人的工作空间内，也可以验证焊枪的运动范围是否满足工件焊接的要求。

2.2 机器人激光加工激光头的选配

机器人激光加工包括激光焊接、激光熔覆、激光切割，这些作业需要配备激光焊枪和激光头，如图 2-23 所示。

(a) 激光焊枪

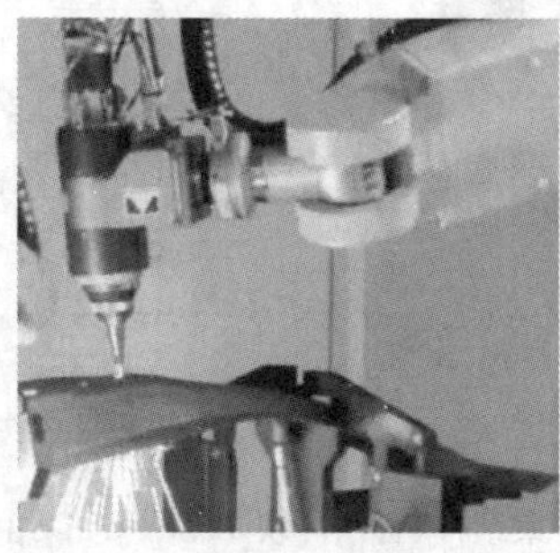

(b) 激光切割头

(c) 激光熔覆头

图 2-23 激光焊枪和激光头

2.2.1 机器人激光焊枪选配

激光焊接属于熔融焊，以激光束作为焊接热源，其焊接原理如图 2-24 所示。它是通过特定的方法激励活性介质，使其在谐振腔中往返振荡，进而转化成受激辐射光束，当光束与工件相互接触时，其能量则被工件吸收，当温度高达材料的熔点时即可进行焊接。

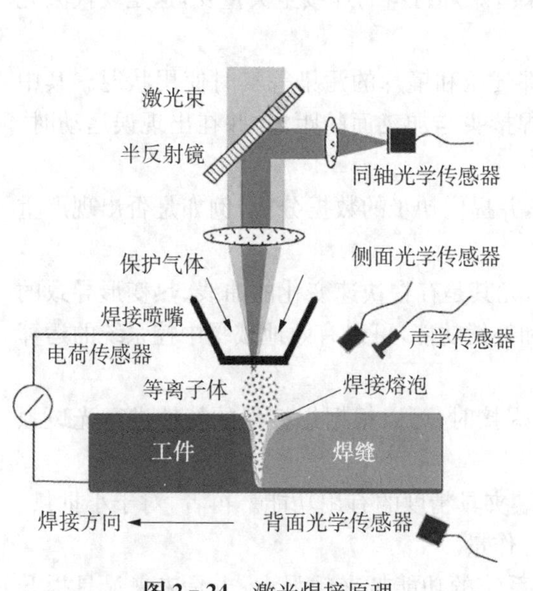

图 2-24 激光焊接原理

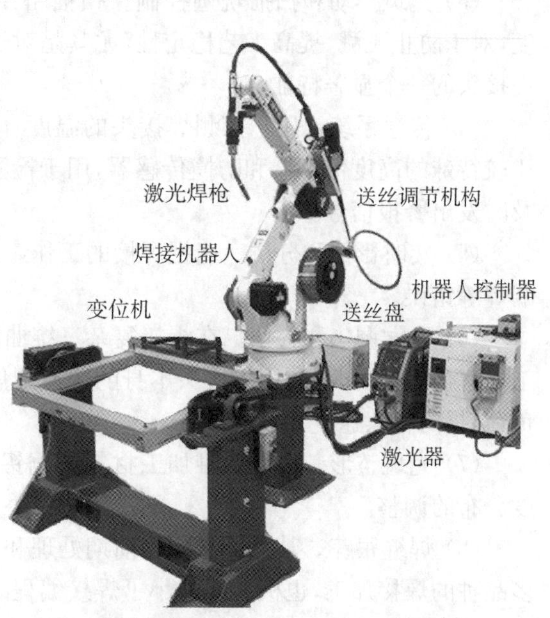

图 2-25 机器人激光焊接系统组成

机器人激光焊接系统组成如图 2-25 所示。

典型的机器人激光焊枪结构如图 2-26 所示，按照每个功能模块相对重要性的顺序，这些结构作用和组成如下：

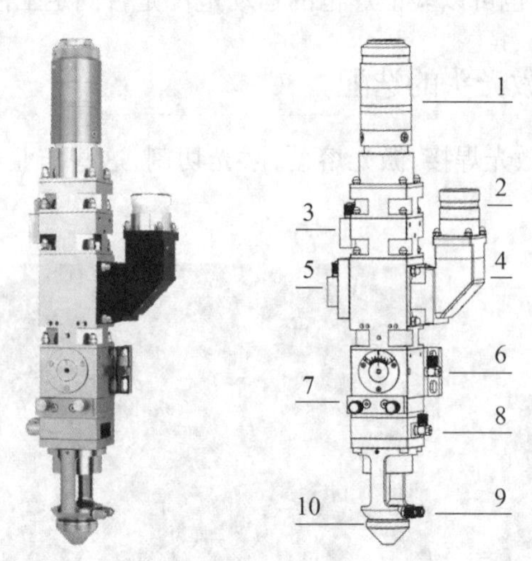

1—QBH 接口；2—CCD 接口；3—扩束组件(含水冷块 1)；4—CCD 组件；5—分光镜组件(含水冷块 2)；
6—调焦组件(含水冷安装块)；7—保护镜组件；8—横吹气帘组件；9—同轴喷嘴；10—喷嘴

图 2-26 典型的机器人激光焊枪结构

(1) 光学准直和聚焦。将光纤激光器输出的激光束，经过准直后聚焦到工作面上。由于高功率激光的发热问题，激光焊接头必须具备焦点的热补偿能力。

(2) 窗口保护。在焊接过程中产生大量烟雾等污染物，合理的气门设计和具备防污染性能的窗口片，可以降低产线的停工时间，并有效地控制配件更换的成本。

(3) 光斑摆动和扫描轨迹控制。扫描路径可编程能力和每分钟大于 10 000 转的摆动速度，对于防止飞溅、提高工艺稳定性，尤其是对于某些难焊材料的焊接至关重要，这是现代激光焊接头的一个显著特征。

(4) 传感系统。用于探测焊接头的温度、内部气压和镜片的污染等实时使用状况。其中比较特殊的高度传感器和防撞传感器，用于检测焊接头与加工面的距离，并在出现误运动时，及时发出警报信号。

(5) 实时影像和分析。捕捉焊接的工作影像，并提供初步的数据分析，例如是否出现严重漏焊等错误。

(6) 光学调焦和补偿。在焊接复杂三维曲面，尤其是存在快速变化的曲线、热变形导致的工件起伏等情况时，利用焊接头本身的快速调焦和补偿功能，可以有效地减缓中控系统的运算负荷，提高补偿速度和效率。

(7) 光斑整形。在遇到难加工材料如铜铝的焊接时，可以根据焊接件的特性进行光斑强度分布的调整。

(8) 焊缝跟踪。其无疑是减轻前期处理和工装夹具精度的有用功能。再者，对于小批量、多品种的焊接加工，也极大地减小了焊接编程的工作量。

(9) 控制中心。基于微芯片和处理器的中控系统的功能越来越强大，也是未来最具提升价值的领域。

(10) 通信接口。高速通信接口适应多拓扑网络结构。

根据上述要求，列出高功率激光焊接头选型条件，见表 2-4。

表2-4 高功率激光焊接头选型条件

性能	参数/等级	参数说明	重要性
通光口径	30/50/80 mm	通光口径与准备采用的激光功率密切相关,通常10 kW的光纤激光器要采用80 mm以上的通光口径	★★★★★
窗口保护	气刀/前置吹气室	具备高速气刀或前置吹气室的焊接头,具有更好的窗口保护功能	★★★★★
焦距/自动调焦	125～450 mm	焦距可调或者具备自动调焦功能	★★★★
焦距热稳定功能	满负荷工作时,焦点移动<2%	为高功率焊接头的特征之一	★★★★
光斑摆动/扫描轨迹	>10^4 r/min	高速摆动与轨迹校正是最实用的附加功能	★★★
影像/分析	30～50帧/秒	不仅是摄像,更具备影像分析能力,能够弄清楚成像焊缝的实时形态	★★★
焊缝跟踪	响应速度	激光焊接的工件预处理较好,焊缝跟踪不如其他焊接方式那么有效	★★
光斑整形	平顶/环形光斑	对于某些难焊材料有些作用	★★
高速通信接口	eCAN/WiFi等	便于大规模组网	★
微处理器	ARM/DSP/FPGA	智慧型焊接头的未来	★

激光焊枪的选择可以根据功率密度、激光脉冲波形、离焦量、焊接速度、保护气体类型,参照MAG焊枪的选择方法进行。

2.2.2 机器人激光熔覆头选配

激光熔覆原理如图2-27所示,是指以不同的添料方式在被熔覆基体表面上放置被选择的涂层材料,经激光辐照使之和基体表面一薄层同时熔化,并快速凝固后形成稀释度极低、与基体成冶金结合的表面涂层,从而显著改善基层表面的耐磨、耐蚀、耐热、抗氧化及电气特性的工艺方法。

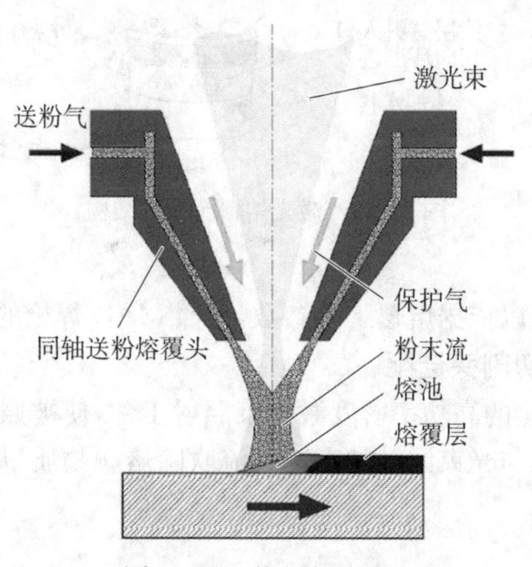

图2-27 激光熔覆原理

机器人激光熔覆系统组成如图 2-28 所示，包括机器人、激光头、激光光源、送丝机构、冷却系统和工作台等。

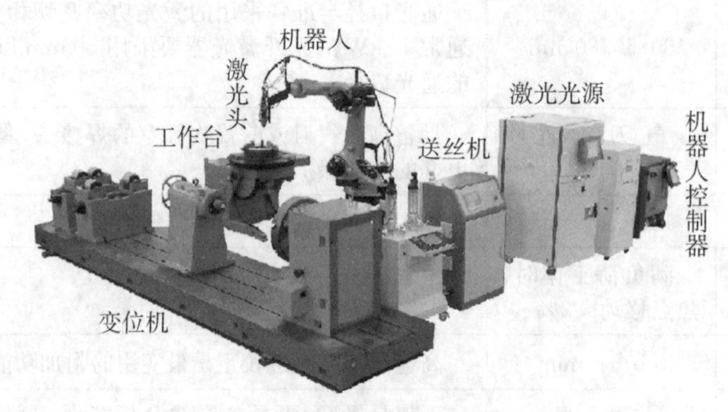

图 2-28 机器人激光熔覆系统组成

激光熔覆头及其结构组成如图 2-29 所示。

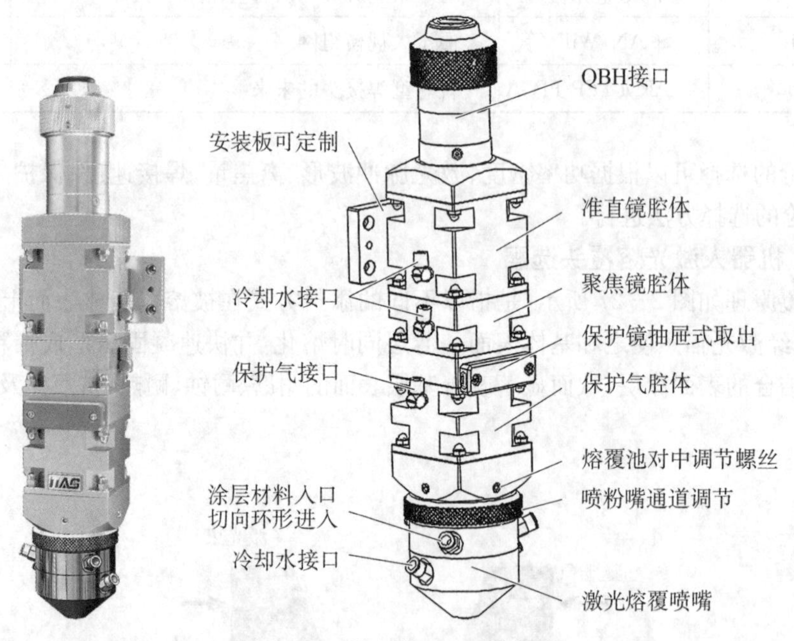

图 2-29 激光熔覆头及其结构

激光熔覆头的选择，可以依据熔覆工艺参数，参照 MAG 焊枪的选择方法进行。

2.2.3 机器人激光切割头选配

激光切割是利用经聚焦的高功率密度激光束照射工件，使被照射的材料迅速熔化、汽化、烧蚀或达到燃点，同时借助与光束同轴的高速气流吹除熔融物质，从而达到切断材料的目的，其原理如图 2-30 所示。

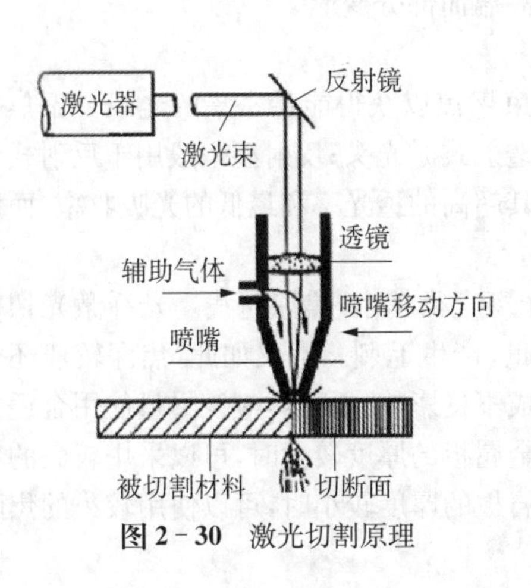

图2-30 激光切割原理

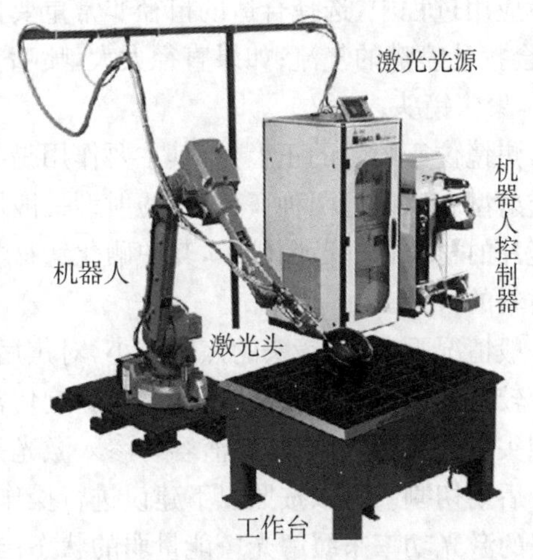

图2-31 激光切割机器人系统组成

激光切割机器人系统组成如图2-31所示。激光切割头的结构如图2-32所示。

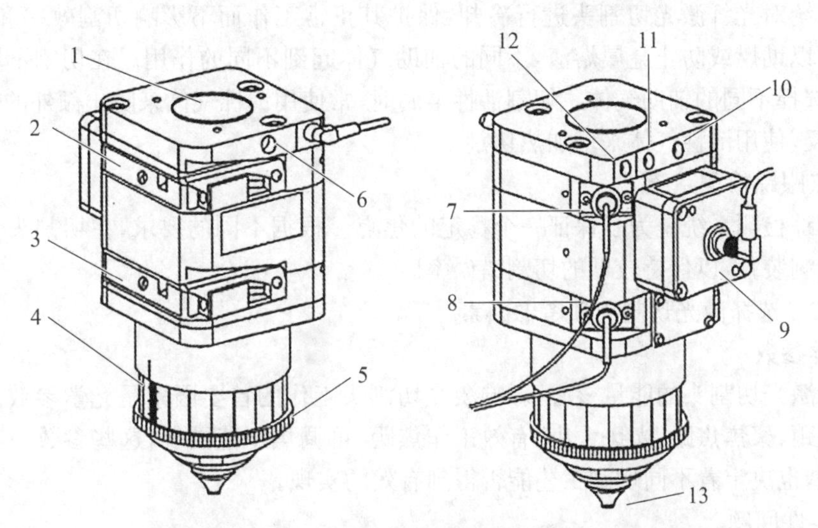

1—光路导入孔；2—7.5 in 镜片抽屉；3—5 in 镜片抽屉；4—调焦刻度；5—调焦螺纹；6—冷却水(入/出)；
7—7.5 in 镜片抽屉开关；8—5 in 镜片抽屉开关；9—前置放大器；10—陶瓷体冷却保护气(入)；
11—切割辅助气体(入)；12—冷却水(入/出)；13—喷嘴

图2-32 激光切割头的结构

1 in(英寸)≈2.54 cm

2.2.3.1 激光切割头各部分作用

1）喷嘴

喷嘴应与光纤激光切割头同轴；选择喷嘴时，其直径必须大于聚焦光束，即激光束在通过喷嘴时不能击中墙壁。

喷嘴尺寸同时对激光束的聚焦要求也不同。大口径喷嘴对激光束的聚焦要求不高，而直径较小的喷嘴对聚焦光束的要求较高，需要保证激光束的准直度和直径能与喷嘴直径匹配。

在实际应用过程中，选择合适的口径非常重要，因为辅助气体的出口也在喷嘴部分。如果直径太小，会扰乱喷嘴的气流；如果直径太大，喷嘴会因高温而部分变形。

2）聚焦镜头

聚焦镜位于喷嘴的正上方，其主要作用是将光束聚焦以获得能量密集的光斑。聚焦镜可分为透射型和反射型两种。其中，透射型一般用于透射式激光头；反射型一般用于反射式激光头。镜片的材料选择范围较广，其中硒化锌材料因其超高的透光率和最低的光吸收率，而成为镜片材料的首选。

一般情况下，对焦镜头的焦距越小，对焦后的光斑直径越小，焦深越浅。光纤激光切割机在加工较厚的钣金时，焦深较浅会严重影响切割质量，产生毛刺。不仅如此，焦深较浅还会缩短切割头与金属板的距离，熔渣容易渗入激光头造成不良影响。所以，应该尽量使用合适的焦距进行后期切割。可以按照以下建议进行操作：当金属板的厚度较大时，可以采用较大的焦距和增强的激光功率来缓解光斑能量弱的状态；当金属板的厚度较小时，可以使用较小的焦距来实现高速切割。

3）辅助系统

辅助系统包括水冷系统、辅助气体和保护气帘。

水冷系统对光纤激光切割头进行冷却，保护其正常工作而不影响切割效率和切割质量。辅助气体可以助燃或防止金属熔渣，不同的辅助气体起到不同的作用。在切割不同的金属片材时，需要选择不同的辅助气体。切割活性金属时，常使用惰性气体来防止额外的热量影响切割效果；相反，使用活性气体来增加热切割。

4）焦点跟踪检测系统

焦点跟踪检测系统是为了保证一个稳定的焦点。根据不同的要求，在切割头上安装了不同的功能检测装置，以保持较低的切割错误率。

2.2.3.2 选择激光切割头须考虑因素

1）光学参数

激光是激光切割头的能量核心，影响激光切割头工作的首要因素是光学参数。光学参数包括准直焦距、聚焦焦距、光斑大小、有效工作焦距、可调焦距范围等，这些参数与激光切割工艺息息相关，也决定着不同切割工艺能否得到有效的实现。

2）兼容性问题

激光切割头需要与多种设备配合才能完成切割的工作，例如激光切割机、冷水机、激光器等，生产厂家的实力决定了激光切割头的兼容性高低。兼容性好的激光切割头工作协同能力强，不会影响其他设备的性能发挥。

3）功率与散热问题

激光切割头的功率决定了能切割多厚的板材，而散热决定了切割时间。因此在批量的生产中，尤其要注意功率与散热的性能。

激光切割头的选择，可以依据熔覆工艺参数参照 MAG 焊枪选择方法进行。

2.3 机器人喷涂喷枪的选配

机器人喷涂喷枪包括空气喷枪、静电喷枪、无气喷枪和胶枪四种，前三种如图 2-33 所示。

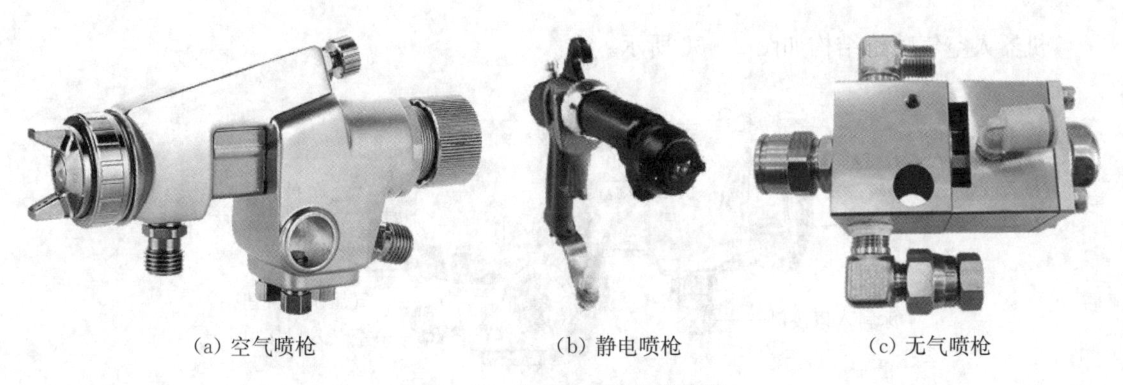
(a) 空气喷枪　　(b) 静电喷枪　　(c) 无气喷枪

图 2-33　机器人喷涂喷枪类型

2.3.1　机器人空气喷枪选配

如图 2-34 所示,空气喷涂是靠压缩空气气流从空气帽的中心孔喷出时在涂料出口处形成的负压,使涂料自动流出并在压缩空气的冲击混合下液-气相急骤扩散,涂料被微粒化并充分雾化,然后在气流推动下射向工件表面而沉积成膜的涂漆方法。

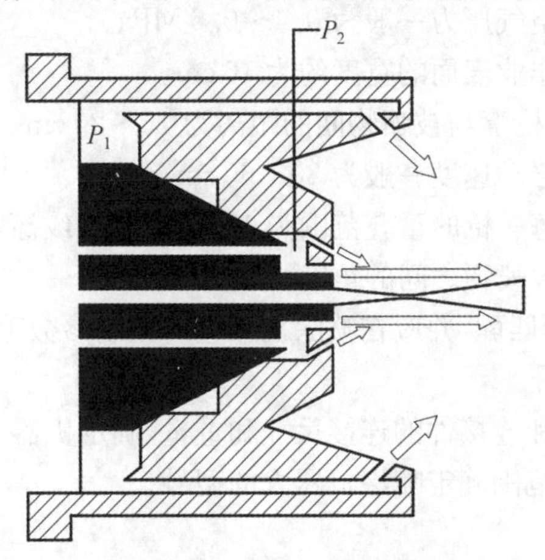

图 2-34　空气喷涂原理

机器人喷涂属于自动喷涂的一种类型。典型的空气喷涂机器人工作站主要由喷涂机器人、机器人控制系统、供漆系统、自动喷枪/旋杯、喷房、防爆吹扫系统等组成,如图 3-35 所示。

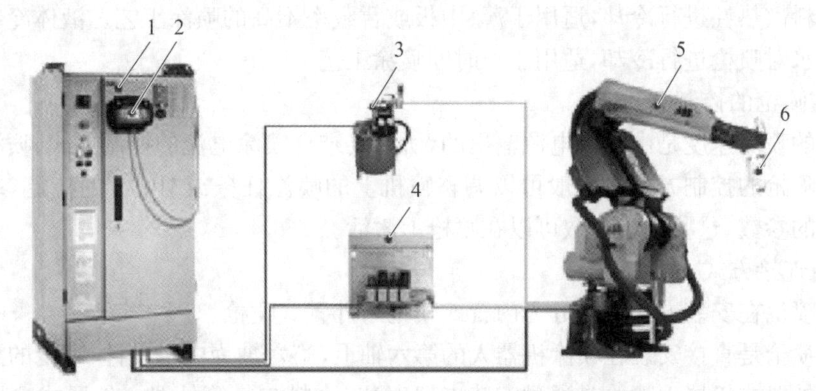

1—控制柜;2—示教器;3—供漆系统;4—防爆吹扫系统;5—涂装机器人;6—自动喷枪/旋杯

图 2-35　机器人空气喷涂系统组成

机器人空气喷枪结构如图 2-36 所示。

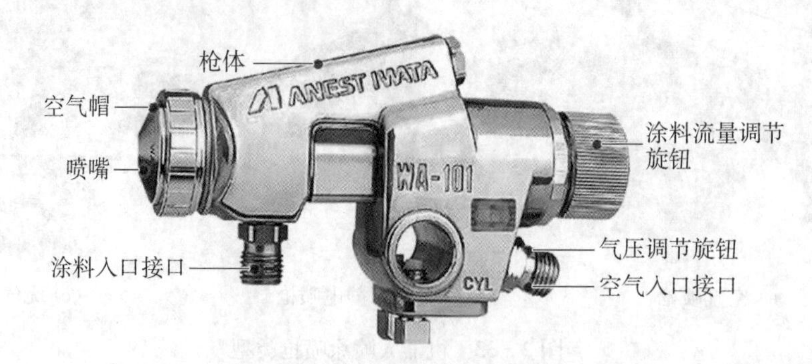

图 2-36 机器人空气喷枪结构

机器人空气喷枪要根据喷涂工艺参数、涂层材料、喷涂面积、雾化形状，与喷涂机器人末端法兰连接方式、与喷涂机的连接方式等条件进行确定。

1）确定主要喷涂工艺参数

(1) 空气压力：喷涂的空气压力一般为 0.4～0.6 MPa。

(2) 喷幅宽度：喷涂在作业表面的宽度约为 10 cm。

(3) 喷涂距离：喷涂时，枪嘴与被喷物间的距离为 15～20 cm。

(4) 移动速度：喷枪的移动速度一般为 30～60 cm/s。

(5) 重叠范围：喷涂时每一枪的重叠范围为 1/2～1/3(裂纹漆除外)。

(6) 喷涂角度：枪嘴与被喷物之间的角度一般为 90°。

上述参数应与喷涂机相匹配，并应在喷涂机相应的控制参数范围内。

2）确定喷涂机器人型号

根据喷枪的型号、喷枪和连接件的连接尺寸和重量，确定机器人末端法兰以及机器末端工作负载；再依据喷枪的运动范围确定喷涂机器人的型号。

3）确定喷涂的暂载率

"暂载率"即喷机的使用率。喷涂设备的出厂设定、喷涂的保护气体及喷涂材料，都会影响实际喷涂作业的暂载率。

4）确定喷枪冷却方式

机器人喷枪的散热方式普遍分为空气冷却和液体冷却两种。空气冷却是利用环境温度及喷枪自身材料散热性进行冷却，适用于薄、中板或暂载率不高的喷涂工艺。液体冷却是利用冷却液或纯净水对喷枪进行冷却，适用于长时间喷涂工艺。

5）确定喷枪的控制方式

喷枪中的喷涂速度是由喷涂电源输出的，所以要结合喷涂电流的控制方式、喷涂参数的显示要求确定喷枪的控制方式。一般可以调整喷机上的喷涂任务或"JOB"的特定参数，在电源上设置特定的参数，这些预设参数可以在喷枪上激活。

6）确定连接方式

机器人喷枪在安装方式上可分为内置式喷枪与外置式喷枪。

内置式喷枪是直接安装在喷涂机器人的第六轴上，第六轴为中空设计，喷枪的涂料入口直接穿入。而外置式机器人喷枪是通过安装支架安装，涂料与气管外置。外置式喷枪安装方式通用，可安装在不专用的机器人上，而内置式喷枪只能安装在专用的喷涂机器人上，即喷涂机器人的第六轴为中空设计。

(1) 与机器人末端法兰的连接方式。喷枪接杆上的定位孔和连接螺纹需与机器人末端法兰上的定位孔和连接螺纹匹配,如图 2-37 所示。

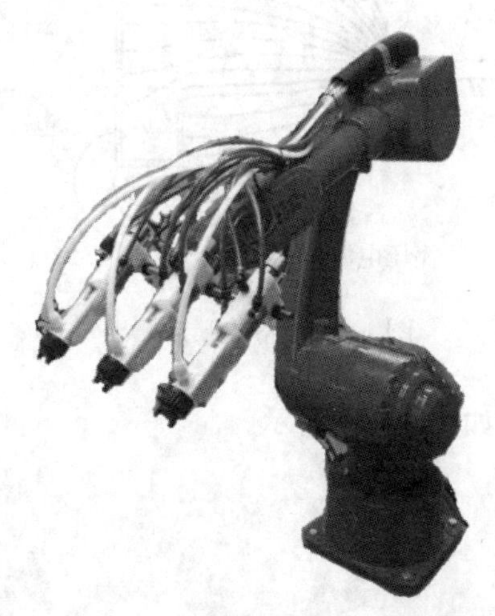

图 2-37 空气喷枪与机器人法兰连接方式

(2) 与喷涂机的连接方式。机器人空气喷枪需与喷涂机配套使用,其电气接口应符合喷涂机的连接要求。

(3) 与压缩空气的连接方式。机器人空气喷枪需与压缩空气送装置配套使用,其压缩空气连接接口应与气体输送装置输出接口相同。

7) 负载验算

(1) 末端负载验算。喷枪总成确定后,需要进行如下验算,以确保机器人末端负载小于机器人额定负载:

$$G_{\text{喷枪、连接件}} + P_{\text{惯性力}} + P_{\text{气体反冲力}} < P_{\text{load}} \quad (2-2)$$

式中,P_{load} 为机器人末端额定负载,可以依据机器人使用手册确定。$G_{\text{喷枪、连接件}}$ 为机器人焊枪总成重量。$P_{\text{惯性力}}$ 为焊枪产生的惯性力,$P_{\text{惯性力}}=ma$;其中,m 为喷枪的质量,a 为喷枪最加速度。$P_{\text{气体反冲力}}$ 为保护气体产生的反冲力。

(2) 喷枪及附属装置负载验算。喷枪及附属装置安装在机器人的连杆上,需要验算其负载是否满足工业机器人使用手册规定的负载大小和位置要求。

8) 运动范围检验

一般工业机器人厂家都提供的离线编程和仿真平台,把喷枪模拟装配到机器人末端法兰上,然后利用三维仿真技术,模拟喷枪的运动,以验证喷枪运动是否在机器人的工作空间内,也可以验证喷枪的运动范围是否满足喷涂表面的要求。

2.3.2 机器人静电喷枪选配

如图 2-38 所示,静电喷涂是指利用电晕放电原理,将高压静电发生器产生的负高压电缆引到喷枪,使油漆带上负电。带负电的油漆被压缩空气作用而雾化成很细的雾粒后,在压缩空气的冲力和静电场的电力共同作用下,被吸附到带正电(接地)的工件上,在工件表面形成均匀的漆膜,以达到喷涂目的。

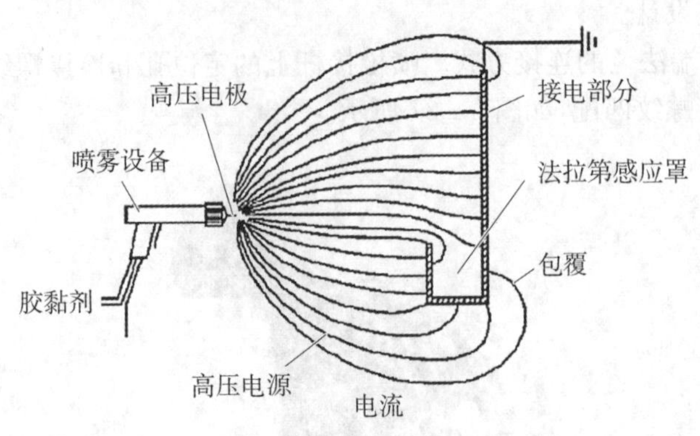

图 2-38 静电喷涂原理

机器人静电喷涂系统组成如图 2-39 所示。

图 2-39 机器人静电喷涂系统组成

自动喷枪的典型结构如图 2-40 所示，包括喷嘴、喷枪护套、背压块、电晕环（内置）、粉管和喷枪基座等。

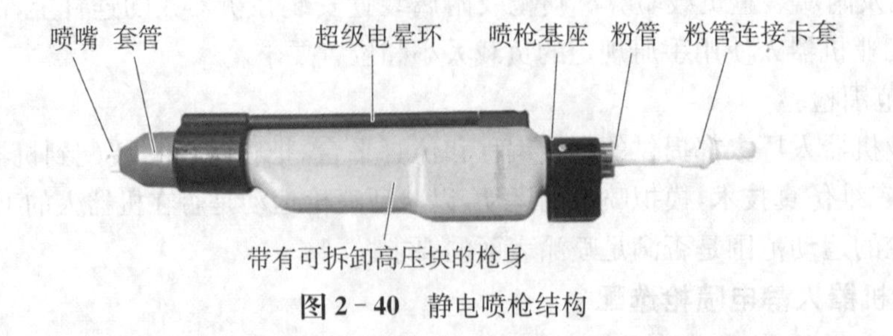

图 2-40 静电喷枪结构

1）确定主要喷涂工艺参数

（1）静电高压为 60～90 kV。电压过高容易造成粉末反弹和边缘麻点，电压过低则上粉率低。

(2) 静电电流为10～20 μA。电流过高容易产生放电击穿粉末涂层;电流过低上粉率低。

(3) 流速压力为0.30～0.55 MPa。流速压力越高则粉末的沉积速度越快,有利于快速获得预定厚度的涂层,但过高就会增加粉末用量和喷枪的磨损速度。

(4) 雾化压力为0.30～0.45 MPa。适当增大雾化压力能够保持粉末涂层的厚度均匀,但过高会使送粉部件快速磨损。适当降低雾化压力能够提高粉末的覆盖能力,但过低容易使送粉部件堵塞。

(5) 清枪压力为0.5 MPa。清枪压力过高会加速枪头磨损,过低容易造成枪头堵塞。

(6) 供粉桶流化压力0.04～0.10 MPa。供粉桶流化压力过高会降低粉末密度使生产效率下降,过低容易出现供粉不足或者粉末结团。

(7) 喷枪口至工件的距离150～300 mm。喷枪口至工件的距离过近容易产生放电击穿粉末涂层,过远会增加粉末用量和降低生产效率。

(8) 输送链速度4.5～5.5 m/min。输送链速度过快会引起粉末涂层厚度不够,过慢则降低生产效率。

2) 喷涂机器人喷涂时的静电高压

喷涂机器人静电喷涂的原理是以接地的工件为阳极,涂料雾化器或电栅为阴极,在负高压电的作用下,两极间形成一个高压静电场。内加电雾化器直接通过旋杯使涂料带上负电荷,外加电雾化器通过外部电极电离空气粒子,从而使涂料颗粒带上负电荷,工件表面在电场的作用下带上了相同电位的正电荷。

根据“同性相斥,异性相吸”的原理,涂料粒子受到电场力的作用而吸附到被喷涂产品的表面。电压直接影响涂装的静电效应、涂料的利用率和涂膜的均匀性等。当喷涂的枪距一定时,升高电压会加强静电场的电场力,增大工件表面的电力线密度,提高涂料的上漆率,膜厚也会增加。

但是,喷涂机器人在精度喷涂时的电压不是越高越好,电压过高会导致被喷涂产品的边缘部位出现流漆、发花等漆膜缺陷;电压过低会影响涂料的雾化效果,涂料粒子的直径相对较大,涂料的利用率也会降低。喷涂水性涂料时,电压通常设置在60～70 kV(喷涂工件边角部位时电压一般设置在50～60 kV);喷涂油性涂料的电压通常设置在65～70 kV(喷涂产品的边角部位时电压一般设置在60～65 kV)。

3) 喷涂机器人喷涂移动速率

喷涂移动速率是喷涂机器人喷涂的重要参数之一,直接影响涂装效率和质量。当被涂物在喷涂过程中处于动态时,喷枪相对于被涂物的移动速率要做模拟修正。喷涂移动速率与膜厚成反比,移动速率越快,上漆率就越低;反之则越高。

在满足喷涂节拍的前提下,优先选用较低的喷涂速率,喷涂移动速率过高会降低涂料的传输效率,造成涂料的消耗量过高,影响膜厚。一般情况下,喷涂机器人采用静电旋杯喷涂时,喷涂移动速率小于600 mm/s,对于空气喷涂而言,喷涂移动速率一般小于900 mm/s。现在的发展趋势是,在达到最佳雾化及喷涂效果的基础上,适当提高喷涂机器人的喷涂移动速率。

4) 喷涂机器人的喷涂流量

喷涂机器人的喷涂流量是单位时间内定量泵(齿轮泵)输送给每个旋杯的涂料量,是生产中调整频繁的参数。流量是决定漆膜厚度的直接因素,提高流量会增大吐出量,从而增大膜厚。流量过大时会产生一些雾化不良的问题(如漆点、流挂、气泡等漆膜缺陷),影响工件外观;

反之，随流量降低，吐出量会减少，漆膜会变薄。作为中涂的涂料一般控制流量在300～400 ml/min，免中涂的底涂和色漆流量一般控制在150～250 ml/min，金属色漆的流量一般控制在100～180 ml/min，双组分清漆流量一般控制在350～450 ml/min。

5）喷涂机器人旋杯转速

喷涂机器人旋杯转速是涂料雾化的一个关键参数，直接决定涂料的雾化效果。旋杯高速旋转时，产生的离心力使涂料沿着旋杯的边沿雾化得很细。转速越高，漆雾就越细，漆膜的平滑度就越好，外观质量也就越好；转速越低，雾化效果就越差，漆膜平整度也越差而变得粗糙，外观质量就差。

喷涂雾化过细不仅会导致漆雾损失而涂膜变薄，而且会使雾化的涂料反弹，造成喷涂机器人手臂及雾化器表面污染严重，最终影响喷涂品质和涂料的利用率。为达到最佳的喷涂效率，应将旋杯转速设置在合适的范围内（正常雾化质量的低值）。一般水性金属涂料的旋杯转速控制在$(30～40)\times 10^3$ r/min，双组分涂料的旋杯转速控制在$(40～45)\times 10^3$ r/min。

6）喷涂成型空气

喷涂成型空气又称整形空气或扇幅空气。成型空气从分布于旋杯后侧成型空气罩内的小孔中喷出，按结构形式分为双成型空气孔和单成型空气孔，主要作用是限制漆雾扇面的大小。成型空气的压力越高，喷幅就越小，漆雾颗粒在工件上的反弹力就越大；压力越低，喷幅就越大，漆雾粒子在工件上的反弹力就越小。在相同流量下，成型空气压力直接影响漆膜的重叠率。一般控制成型空气的压力在30～40 dbar（1 dbar$=10^4$ Pa）。

静电喷涂机器人喷涂质量的好坏跟对它的喷涂工艺参数把控调节是分不开的。喷涂机器人在进行静电喷涂时，一定要了解以上几项喷涂工艺参数的控制。

7）负载验算

（1）末端负载验算。静电喷枪总成确定后，可以先确定以下载荷：P_{load}为机器人末端额定负载，可以依据机器人使用手册确定。$G_{喷枪、连接件}$为机器人焊枪总成重量。$P_{惯性力}$为喷枪产生的惯性力，$P_{惯性力}=ma$；其中，m为喷枪的质量；a为喷枪最大加速度。$P_{气体反冲力}$为保护气体产生的反冲力。之后，可以按照式(2-2)进行验算，以确保机器人末端负载小于机器人额定负载。

（2）喷枪及附属装置负载验算。喷枪及附属装置安装在机器人的连杆上，需要验算其负载是否满足工业机器人使用手册规定的负载大小和位置要求。

8）运动范围检验

一般工业机器人厂家都提供离线编程和仿真平台，把喷枪模拟装配到机器人末端法兰上，然后利用三维仿真技术，模拟喷枪的运动，并确定喷枪的运动范围，从而可以验证喷枪运动是否在机器人的工作空间内，也可以验证喷枪的运动范围是否满足喷涂表面的要求。

2.3.3 机器人无气喷枪选配

高压无气喷涂也称无气喷涂，是指使用高压柱塞泵，直接将油漆加压，形成高压力的油漆，喷出枪口形成雾化气流作用于物体表面的一种喷涂方式，其原理如图2-41所示。

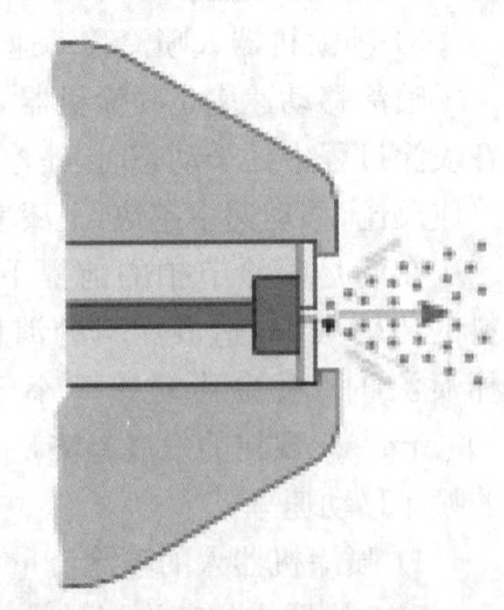

图2-41 高压无气喷涂原理

典型的机器人高压无气喷涂系统组成如图2-42所示。

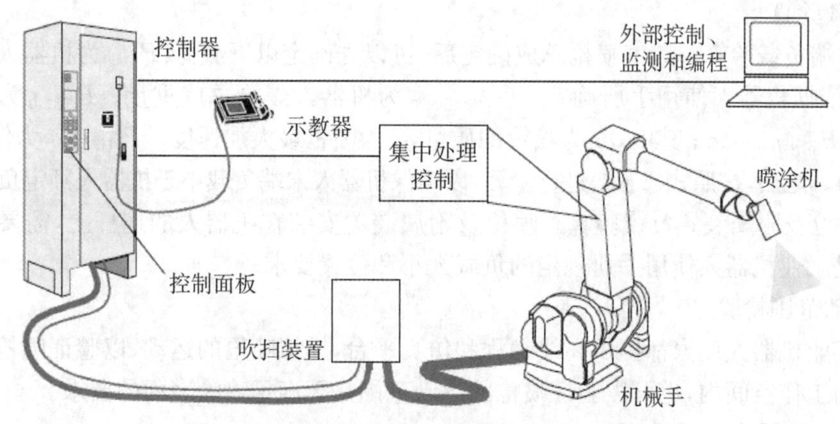

图 2-42 典型的机器人高压无气喷涂系统组成

一种典型的自动无气喷枪的结构如图 2-43 所示。

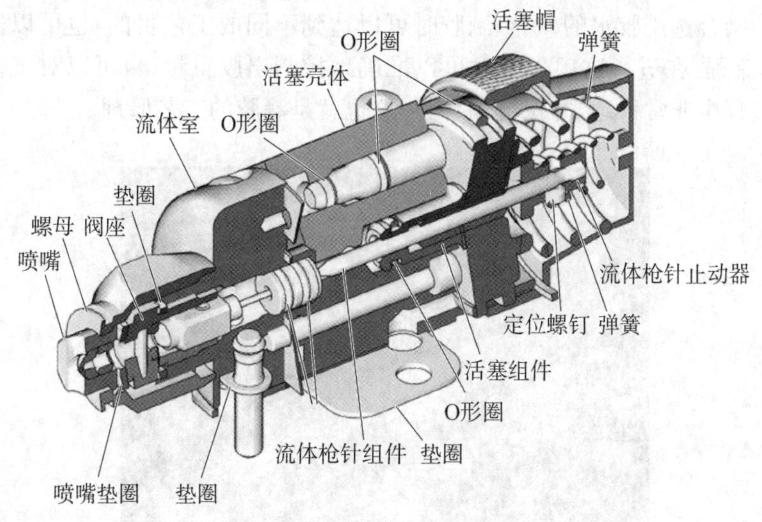

图 2-43 自动无气喷枪结构

1) 无气喷涂工艺参数

(1) 枪距:喷枪口与被涂物面的距离称为枪距,枪距以 300~400 mm 为宜。枪距过小,喷涂压力过大,反冲力也大,容易出现涂层不均匀现象,而且喷幅(扇面宽度)小,使被涂物局部喷料过多,涂膜过厚;枪距过大,喷涂压力损失大,涂料易散失,而且喷幅过大,使被涂物局部喷料过少,涂膜达不到厚度要求。

(2) 喷涂扇面与被涂物面要相互垂直,要注意每次的喷涂宽度不宜过大,否则因操作不便会引起喷涂扇面角度明显变化,造成涂层不均匀。

(3) 喷枪运行方向及速度:喷枪运行的方向要始终与被涂物面平行,与喷涂扇面垂直,以保证涂层的均匀性,喷枪运行速度要稳,以 300~400 mm/s 为宜,运行速度不稳,涂层厚度会不均匀,运行速度过快涂层太薄,过慢涂层太厚。

(4) 两构件的现场对接焊缝边缘两侧 50 mm 范围内(需探伤部位 150 mm 范围内)暂不喷漆(待拼装完成后现场涂装)。以后每层油漆涂装前,焊缝边缘依次留出 50 mm,贴胶条遮盖,形成阶梯状保护层。

2）负载验算

（1）末端负载验算。无气喷枪总成确定后，可以先确定以下载荷：P_{load} 为机器人末端额定负载，可以依据机器人使用手册确定。$G_{喷枪、连接件}$ 为机器人焊枪总成重量。$P_{惯性力}$ 为喷枪产生的惯性力，$P_{惯性力}=ma$；其中，m 为喷枪的质量，a 为喷枪最大加速度。$P_{气体反冲力}$ 为保护气体产生的反冲力。之后，按照式(2-2)进行验算，以确保机器人末端负载小于机器人额定负载。

（2）喷枪及附属装置负载验算。喷枪及附属装置安装在机器人的连杆上，需要验算其负载是否满足工业机器人使用手册规定的负载大小和位置要求。

3）运动范围检验

一般工业机器人厂家都提供离线编程和仿真平台，模拟喷枪的运动，以验证喷枪运动是否在机器人的工作空间内，也可以验证喷枪的运动范围是否满足喷涂表面的要求。

2.3.4 机器人胶枪选配

点胶是一种工艺，也称施胶、涂胶、灌胶、滴胶等，是指把电子胶水、油或者其他液体涂抹、灌封、点滴到产品上，让产品起到粘贴、灌封、绝缘、固定、表面光滑等作用，如图 2-44 所示。在进行点胶时，结合选用胶水的差异，滴胶时可以达到不同的工艺目的，也可以通过对温度的控制完成操作流程，在进行这项工艺时可以准确地控制出胶重量，也可以对工艺线路进行操控，在操作的过程中非常稳定，并保证黏合力，这也就是滴胶的工艺原理。

图 2-44 点胶

机器人涂胶系统包括机器人、胶枪、涂胶泵、输送系统、控制系统、检测系统等，如图 2-45 所示。

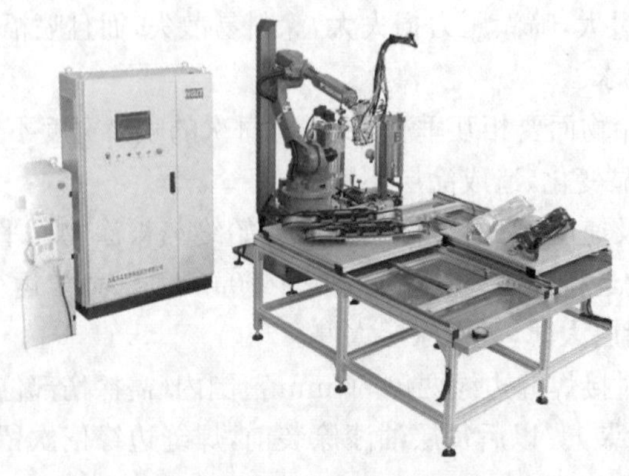

图 2-45 机器人点胶系统

某一自动点胶枪结构如图 2-46 所示。

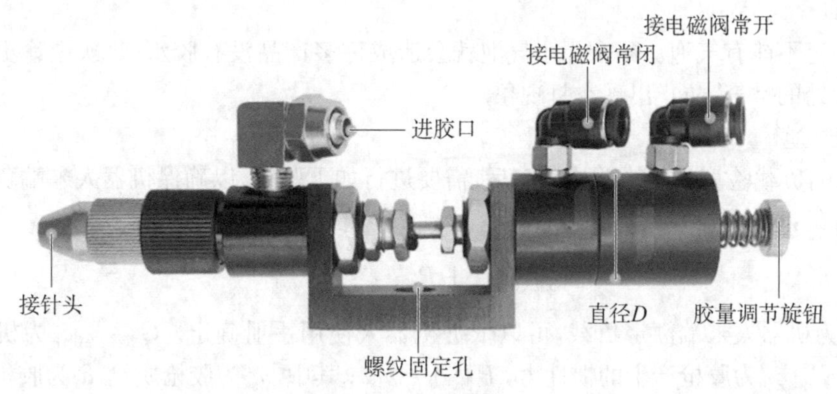

图 2-46 点胶枪结构

点胶枪的选择主要依据如下：

1）点胶量的大小

根据工作经验，胶点直径的大小应为产品间距的一半。这样就可以保证有充足的胶水来黏结组件又避免胶水过多。点胶量多少由时间长短来决定，实际中应根据生产情况（室温、胶水的黏性等）选择点胶时间。

2）点胶压力

点胶设备给针管（胶枪）提供一定压力以保证胶水供应，压力大小决定供胶量和胶水流出速度。压力太大易造成胶水溢出、胶量过多；压力太小则会出现点胶断续现象和漏点，从而导致产品缺陷。应根据胶水性质、工作环境温度来选择压力。环境温度高会使胶水黏度变小、流动性变好，这时需调低压力值，反之亦然。

3）针头大小

在工作实际中，针头内径大小应为点胶胶点直径的 1/2 左右，点胶过程中，应根据产品大小来选取点胶针头。大小相差悬殊的产品要选取不同针头，这样既可以保证胶点质量，又可以提高生产效率。

4）针头与工作面之间的距离

不同的点胶机采用不同的针头，有些针头有一定的止动度。每次工作开始之前应做针头与工作面距离的校准，即 Z 轴高度校准。

5）胶水的黏度

胶的黏度直接影响点胶的质量。黏度大，则胶点会变小，甚至拉丝；黏度小，胶点会变大，进而可能渗染产品。点胶过程中，应对不同黏度的胶水，选取合理的压力和点胶速度。

6）胶水温度

一般环氧树脂胶水应保存在 0～5 ℃的冰箱中，使用时提前半小时拿出，使胶水温度与工作环境一致。胶水的使用温度应为 23～25 ℃；环境温度对胶水的黏度影响很大，温度降低黏度增大，出胶流量相应变小，更容易出现拉丝现象。其他条件相同的情况下环境温度相差 5 ℃，会造成出胶量大小发生 50%的变化，因而对于环境温度应加以控制。同时环境的温度也应该给予保证，温度过高胶点易变干，影响黏结力。

7）固化温度曲线

对于胶水的固化，一般生产厂家已给出温度曲线。实际中应尽可能采用较高温度来固化，使胶水固化后有足够强度。

8）气泡

胶水一定不能有气泡。一个小小气泡就会造成许多产品没有胶水；每次中途更换胶管时应排空连接处的空气，防止出现空打现象。

9）负载验算

（1）末端负载验算。胶枪总成确定后，需要进行如下验算，以确保机器人末端负载小于机器人额定负载：

$$G_{胶枪、连接件} + P_{惯性力} < P_{load} \tag{2-3}$$

式中，P_{load} 为机器人末端额定负载，可以依据机器人使用手册确定。$G_{胶枪、连接件}$ 为机器人胶枪总成重量。$P_{惯性力}$ 为胶枪产生的惯性力，$P_{惯性力}=ma$；其中，m 为胶枪质量，a 为胶枪最大加速度。$P_{气体反冲力}$ 为保护气体产生的反冲力。

（2）喷枪及附属装置负载验算。喷枪及附属装置安装在机器人的连杆上，需要验算其负载是否满足工业机器人使用手册规定的负载大小和位置要求。

10）运动范围检验

一般工业机器人厂家都提供离线编程和仿真平台，把胶枪模拟装配到机器人末端法兰上，然后利用三维仿真技术，模拟胶枪的运动，以验证胶枪运动是否在机器人的工作空间内，也可以验证胶枪的运动范围是否满足喷涂表面的要求。

思考与练习

1. 举例说明机器人 MAG 焊枪的选择方法。
2. 举例说明机器人 MIG 焊枪的选择方法。
3. 举例说明机器人 TIG 焊枪的选择方法。
4. 举例说明机器人点焊焊枪的选择方法。
5. 举例说明机器人无气喷涂喷枪的选择方法。
6. 举例说明机器人无气喷涂喷枪的选择方法。
7. 举例说明机器人静电喷涂喷枪的选择方法。
8. 举例说明机器人点胶胶枪的选择方法。

第3章

机器人作业工装设计基础

◎ **学习成果达成要求**

1. 掌握尺寸链的概念。
2. 掌握夹具工装配合与技术条件。
3. 掌握零件尺寸的选择和标注。
4. 了解工业机器人作业常用工装类型。
5. 了解工业机器人作业工装设计的方法和要求。
6. 了解机器人作业工装设计流程。

自动化趋势背景下，智能制造装置行业产业结构性转型及科学技术提升的步伐已高速迈进，从而带动了工业机器人产业的发展。许多企业都在使用工业机器人代替传统人工。工业机器人在产线中代替了传统的人工，提高了整体生产线的工作效率，使企业产线更加自动化、智能化，从而促进了工业制造业的转型。本章着重介绍工装设计需要掌握的基础知识，主要包括尺寸链及其应用、夹具公差配合、机器人作业工装功能及种类、机器人作业工装设计方法。

3.1 尺寸链及其在结构设计中的应用

3.1.1 尺寸链的概念、组成及分类

1）尺寸链的概念

在机器设计、装配及零件加工过程中，一组互相联系且按一定顺序排列的封闭尺寸组合，称为尺寸链。尺寸链具有封闭性，即尺寸链中的各尺寸按一定顺序排列最后形成一个封闭的图形，如图 3-1～图 3-3 所示。尺寸链具有关联性，即尺寸链中任何一个尺寸的变化都会引起其他尺寸的变化。

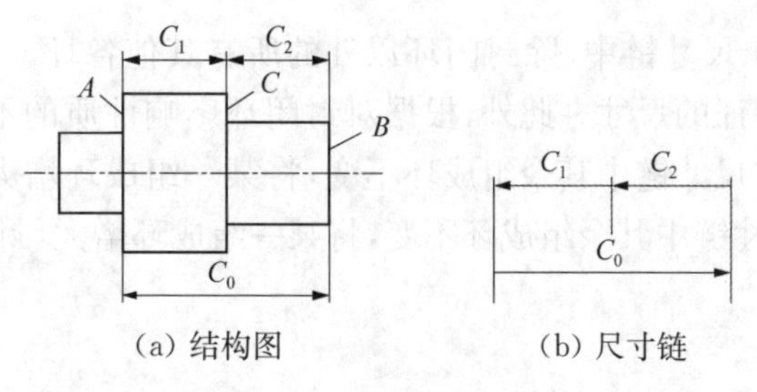

(a) 结构图　　(b) 尺寸链

图 3-1 三个尺寸链

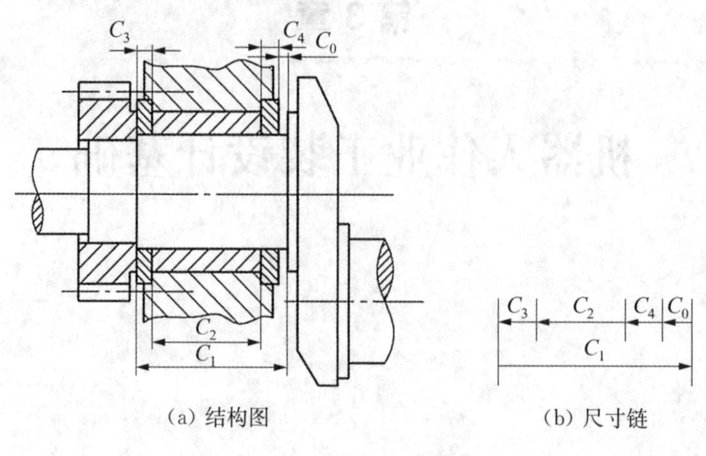

图 3-2 五个尺寸链

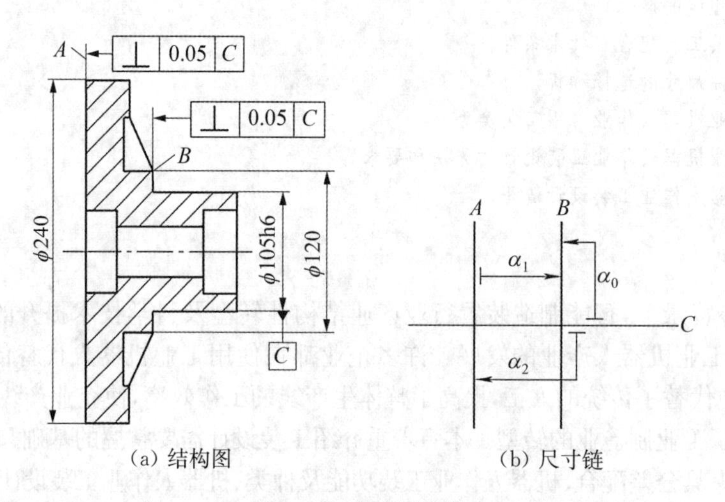

图 3-3 角度尺寸链

2) 尺寸链的组成

尺寸链至少由三个或以上的尺寸组成。例如，图 3-1 中有三个尺寸，图 3-2 中有五个尺寸，图 3-3 中有三个角度量。

尺寸链是由若干个尺寸组成的。构成尺寸链的每一尺寸称为“环”。根据每个环在尺寸链中的位置和性质的不同，尺寸链可分为封闭环和组成环。

(1) 封闭环。指在零件加工或机器装配过程中，最后形成的尺寸。因此，每个尺寸链只有一个也必有一个封闭环。

(2) 组成环。指一个尺寸链中，除封闭环以外的所有其他各环。它们是在加工或装配过程中，直接得到或直接保证的尺寸。此外，根据对封闭环影响性质的不同，组成环可再分为增环和减环两种。其中，在尺寸链中其余组成环不变，将某一组成环增大，封闭环也随之增大的环称为增环；相反，在尺寸链中其余组成环不变，将某一组成环增大，封闭环随之减小的环称为减环。

3) 尺寸链的分类

(1) 按构成尺寸链各环的几何特征，可以分为长度尺寸链和角度尺寸链两类。

① 长度尺寸链。全部环为长度尺寸的尺寸链;或者组成环既有长度尺寸又有角度量而封闭环为长度尺寸的尺寸链。

② 角度尺寸链。全部环为角度量的尺寸链;或者组成环既有角度量又有长度尺寸而封闭环为角度量的尺寸链。

(2) 按尺寸链的作用,可以分为装配尺寸链和零件设计尺寸链两类。

① 装配尺寸链。全部组成环为不同零件的设计尺寸所形成的尺寸链。

② 零件设计尺寸链。全部组成环为同一零件的设计尺寸所形成的尺寸链。

(3) 按构成尺寸链各环的空间位置,可以分为直线尺寸链、平面尺寸链和空间尺寸链三类。

① 直线尺寸链。全部组成环平行于封闭环的尺寸链,也称线性尺寸链,是尺寸链的基本形式。

② 平面尺寸链。全部组成环位于一个或几个平行平面上,但可能某些组成环不平行于封闭环的尺寸链。

③ 空间尺寸链。组成环位于几个不平行平面内的尺寸链。

(4) 按尺寸链间相互关系,可以分为独立尺寸链、并联尺寸链和串联尺寸链三类。

① 独立尺寸链。指组成环与封闭环只属于同一尺寸链,不属于任何其他尺寸链。

② 并联尺寸链。由若干个独立尺寸链通过一个或几个共存于两个或两个以上独立尺寸链的环相互联系起来的,这种联系形式称为并联尺寸链。

③ 串联尺寸链。指每一个后继尺寸链是从前面一个尺寸链的基面开始,即每两个相邻尺寸链有一个共同基面。

3.1.2 尺寸链的基本计算公式

1) 尺寸链各环基本尺寸计算

无论在工艺尺寸链还是在装配尺寸链中,都需要利用尺寸链计算的基本公式来进行尺寸换算。封闭环的基本尺寸等于各增环尺寸之和减去各减环尺寸之和,即

$$\text{封闭环的基本尺寸} \quad A_0 = \sum_{i=1}^{m} \overrightarrow{A}_i - \sum_{j=1}^{n} \overleftarrow{A}_j \tag{3-1}$$

2) 极值法解尺寸链的计算公式

(1) 极限尺寸计算公式:封闭环的最大值等于各增环最大值之和减去各减环最小值之和,即

$$\text{封闭环的最大极限尺寸} \quad A_{0\max} = \sum_{i=1}^{m} \overrightarrow{A}_{i\max} - \sum_{j=1}^{n} \overleftarrow{A}_{j\min} \tag{3-2}$$

(2) 封闭环的最小值等于各增环最小值之和减去各减环最大值之和,即

$$\text{封闭环的最小极限尺寸} \quad A_{0\min} = \sum_{i=1}^{m} \overrightarrow{A}_{i\min} - \sum_{i=n}^{n} \overleftarrow{A}_{i\max} \tag{3-3}$$

(3) 公差计算:

$$\text{封闭环公差} \quad T_0 = \sum_{i=1}^{m+n} T_i \tag{3-4}$$

式中，m 为增环数目；n 为减环数目；T_0 为封闭环公差；T_i 为组成环公差。

3）统计法解尺寸链的计算公式

用极值法解封闭环精度要求较高、组成环数多的尺寸链所带来的加工、成本问题，可以用统计法来解决。

统计法是利用正态分布曲线的原理来进行尺寸链的计算。用统计法解尺寸链，基本尺寸仍按式(3-1)计算，公差及上下偏差按各环尺寸的分布规律确定。

根据概率论关于独立随机变量合成规则，各组成环的标准偏差与封闭环的标准偏差 ∂_0 的关系如下：

$$\partial_0 = \sqrt{\sum_{j=1}^{m-1} \partial_j^2} \tag{3-5}$$

式中，∂_j 为尺寸链中第 j 个组成环的标准偏差。

如果各组成环的实际尺寸都为正态分布，并且分布范围与公差带宽度一致，分布中心与公差带中心重合，则封闭环的实际尺寸也服从正态分布，各环公差与标准差关系如下：

$$T_0 = 6\partial_0 \tag{3-6}$$

$$T_j = 6\partial_j \tag{3-7}$$

将上述两式代入式(3-5)，得

$$T_0 = \sqrt{\sum_{j=1}^{m-1} T_j^2} \tag{3-8}$$

上式表明：封闭环公差等于所有组成环公差的均方根。

由此可见，各组成环的中间偏差为其上、下偏差的平均值。封闭环的中间偏差 Δ_0 与组成环的中间偏差 Δ_j 分别为

$$\Delta_0 = \frac{1}{2}(ES_0 + EI_0) \tag{3-9}$$

$$\Delta_j = \frac{1}{2}(ES_j + EI_j) \tag{3-10}$$

各组成环的中心尺寸为极限尺寸的平均值。封闭环的中间尺寸 $A_{0中}$ 为封闭环的基本尺寸与其中间偏差之和：

$$A_{0中} = A_0 + \Delta_0 \tag{3-11}$$

组成环中间尺寸 $A_{j中}$ 为组成环的基本尺寸与中间偏差值之和：

$$A_{j中} = A_j + \Delta_j \tag{3-12}$$

封闭环中间尺寸等于所有增环的中间尺寸之和减去所有减环的中间尺寸之和。封闭环中间偏差等于所有增环的中间偏差之和减去所有减环的中间偏差之和。

用大数互换法解尺寸链的步骤基本上与极值法相同，但是计算封闭环和组成环的上、下偏差时，要先算出它们的中间偏差。

3.1.3 尺寸链的求解

尺寸链的求解有正计算、反计算和中间计算三种类型。已知组成环求封闭环的计算方式称作正计算；已知封闭求各组成环称作反计算；已知封闭环及部分组成环，求其余的一个或几个组成环，称为中间计算。

尺寸链的求解有极值法与统计法(概率法)两种。用极值法解尺寸链,是从尺寸链各环均处于极值条件来求解封闭环尺寸与组成环尺寸之间的关系。用统计法解尺寸链,则运用概率论理论来求解封闭环与组成环尺寸之间的关系。

3.1.4 结构尺寸链的分析

(1) 结构尺寸链的构成,取决于工艺方案和具体的加工方法。

(2) 确定哪一个尺寸是封闭环,是解算尺寸链的决定性一步。封闭环错了,整个解算就错了,甚至得出完全不合理的结果(例如:一个尺寸的上偏差小于其下偏差)。

(3) 一个尺寸链只能解算一个封闭环。

(4) 在一个尺寸链中,增环和封闭环必不可少。而减环,有的尺寸链有,有的尺寸链没有。

3.1.5 机构尺寸链封闭环的确定

(1) 依据工序尺寸误差累积规律。单件小批生产中,可以对零件尺寸逐一进行试切加工,各个尺寸都可用通用量具测量的方法直接控制,加工人员有任意选择加工尺寸和先后顺序的余地。实际生产中,工人总是按图纸已标注的尺寸和公差直接试切加工,都会严格保证所要求的尺寸公差,直接获得这个尺寸。在这种情况下,依然有选择封闭环的可能性,但是这种尺寸链的关系中,加工前后的两个工序尺寸都是直接获得的,这时前后工序尺寸误差累积在余量上,形成余量偏差。除精密加工外,一般余量略有变化无关紧要。另外,按图纸标注的尺寸公差直接加工,误差会累积在未标明的尺寸上,这样的尺寸设计时没有要求,误差累积在这个尺寸上作为尺寸链的封闭环是完全合理的。可见,在单件小批生产中,用试切法加工时,按设计尺寸选择封闭环是毫无实际意义的。但是,在成批及大批大量生产中,为提高生产率,大多是应用工具、夹具和刀具按调整好的尺寸进行加工的。这时工序尺寸误差的累积影响较大,尺寸链的分析与应用主要针对这种情况。

(2) 运用调整法。按已调整尺寸来进行加工时,工艺过程和加工方法确定了间接获得尺寸必然有误差累积,这个误差累积的环自然就是尺寸链的封闭环。因此,按调整法,自动控制尺寸加工时,封闭环是由工艺方案确定的。

3.1.6 尺寸链计算实例

(1) 有关轴向表面工艺过程如下(图3-4):

① A 点为定位点;车 D 得全长 $A_1 \pm T_{A1}/2$,车小外圆到 B 得长度 $40_{-0.2}^{\ 0}$;

② D 点为定位点;车 A 得全长 $A_2 \pm T_{A2}/2$,镗大孔到 C 得尺寸 $A_3 \pm T_{A3}/2$;

③ D 点为定位点;磨 A 保证全长 $A_4 = 50_{-0.5}^{\ 0}$,求 A_1、A_2、A_3、A_4 及公差验算 Z_3。

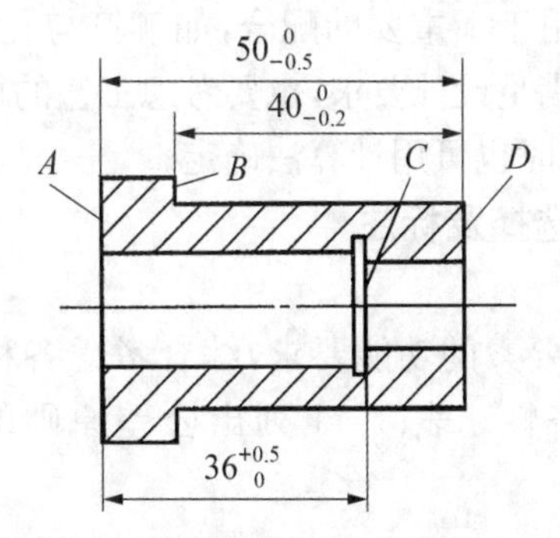

图3-4 某零件轴向尺寸(单位:mm)

(2) 解题步骤如下(图 3-5):

① 作图解尺寸链;

② 确定封闭环 A_0;

③ 画箭头确定增环 A_3、A_4 和减环 A_2。

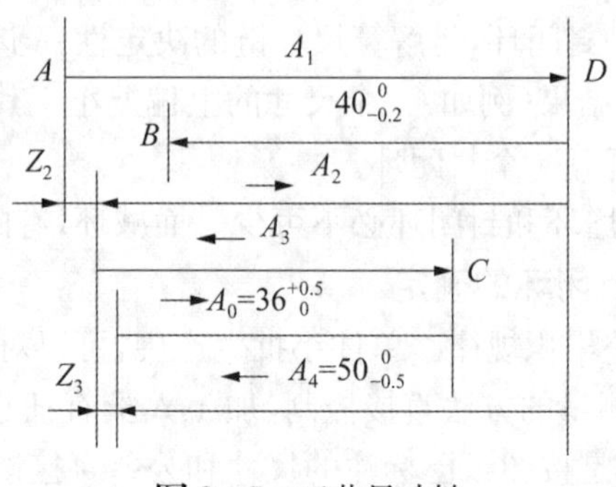

图 3-5 工艺尺寸链

3.2 夹具公差配合与技术条件制定

3.2.1 公差制定的基本原则

选择公差等级应在满足机器使用要求的前提下,尽量选用低的公差等级。但如工艺条件许可,成本增加不多的情况下,也可适当提高公差等级,来保证机器的可靠性,延长使用寿命,提供一定精度储备,以取得更好的经济效益。

1) 用于量块、量规的公差等级

IT01~IT1 主要用于高精度量块的公差和其他精密标准块的公差,它们大致相当于量块 1~3 级精度。IT1~IT7 用于检查 IT5~IT6 级工件的量规的尺寸公差。

2) 用于工件配合尺寸的公差等级

IT01~IT1 仅用于极个别重要的高精度配合处。IT2~IT5 用于高精度和重要配合处,如精密机床主轴轴颈、主轴箱孔与轴承的配合等。IT5~IT8 用于精密配合,如机床传动轴与轴承的配合,与齿轮、带轮的配合,夹具中钻套与钻模板的配合,内燃机中活塞销与销孔的配合等,在此等级中一般选用孔比轴低一级,其中最常用的孔为 IT7,轴为 IT6。IT8~IT10 为中等精度配合,如速度不高的轴与轴承的配合、重型机械和农业机械中精度要求稍高的配合、键与键槽宽的配合等。T11~T13 用于不重要的配合,如铆钉与孔的配合。IT2~IT18 用于未注公差尺寸。选择公差等级既要满足设计要求,也要考虑工艺的可能性及经济性,公差等级可用经验法选用,但在已知配合要求时也可用计算法确定。

3.2.2 夹具图中的公差选择及标注

1) 公差选择

公差的选择主要根据被测要素的功能要求,综合考虑各种公差原则的应用场合和采用该种公差原则的可行性和经济性。表 3-1 列出公差原则的应用场合和示例,供选择时参考。

表3-1 公差原则的应用场合和实例

公差原则	应用场合	示例
独立原则	尺寸精度与几何精度分别满足要求	齿轮箱体孔的尺寸精度与两孔轴线的平行度;滚动轴承内圈及外圈滚道的尺寸精度与形状精度
	尺寸精度与几何精度要求相差较大	滚筒类零件尺寸精度要求很低,形状精度要求较高;平板的形状精度要求很高,尺寸精度要求较低
	未标注尺寸公差或未注几何公差	退刀槽倒角、圆角等非功能要素
包容要求	用于单一要素,保证配合性质	保证最小间隙为零
最大实体要求	用于中心要素,保证零件的可装配性	轴承盖上用于穿过螺钉的通孔;法兰盘上用于穿过螺栓的通孔

公差原则的可行性与经济性是相对的,在实际选择时应具体问题具体分析。例如,孔或轴采用包容要求时,形状误差可以从尺寸公差得到补偿,从而使整个尺寸公差带得以充分利用,技术经济效益较高。但另一方面,包容要求所允许的形状误差大小完全取决于实际尺寸偏离最大实体尺寸的数值。如果孔或轴的实际尺寸处处皆为最大实体尺寸,或者接近于最大实体尺寸,那么它必须具有理想形状或者接近于理想形状才合格,而实际上很难加工出精度如此高的零件。从零件尺寸大小和检测的方便程度来看,对于中小型零件,按包容要求用最大实体边界控制形状误差便于使用量规检验;但是对于大型零件,则难以使用笨重的量规检验。这种情况下,选择独立原则将使检测容易实现。

2) 零件图上的公差标注

在零件图上,线性尺寸的公差应按下列三种形式之一标注:

(1) 当采用公差带代号标注公差时,公差带的代号应注在基本尺寸的右边,如图3-6a所示。

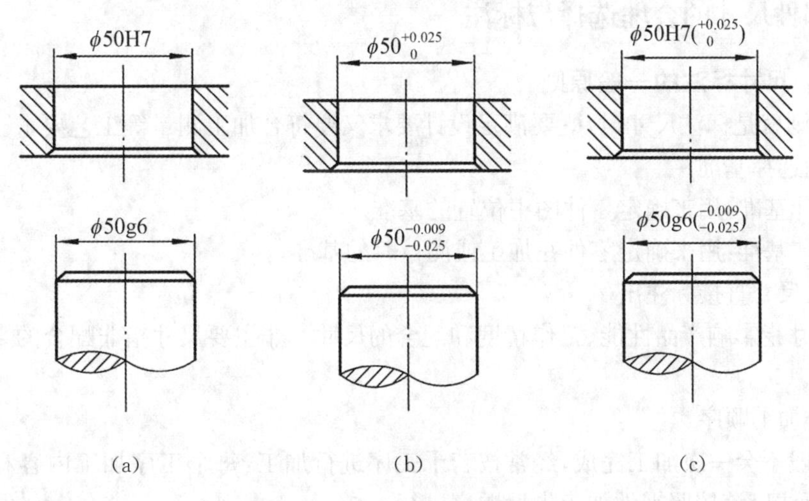

图3-6 零件上的公差标注法

（2）当采用极限偏差标注公差时，上偏差应注在基本尺寸的右上方；下偏差应与基本尺寸注在同一底线上。上下偏差数字的字号应比基本尺寸数字的字号小一号，如图 3-6b 所示。

（3）当同时标注公差带代号和相应的极限偏差时，则后者应加圆括号，如图 3-6c 所示。在此要注意的是：当标注极限偏差时，上、下偏差的小数点必须对齐。小数点后右端的“0”（末位）一般不予注出，如果为了使上、下偏差值小数点后的位数相同，可以用“0”补齐，如 $\phi50^{-0.025}_{-0.050}$。当上偏差或下偏差为零时，用数字“0”标出，并与下偏差或上偏差小数点前的个位数对齐。当公差带相对于基本尺寸对称地配置，即上下偏差的绝对值相同时，偏差数字可以只标注一次，并应在偏差数字与基本尺寸之间注出符号“±”，且两者数字高度相同，如 $\phi50\pm0.08$。

3.2.3 技术条件的确定

进行零件结构设计时，技术条件的确定方法如下：

（1）工件有尺寸公差要求的尺寸，夹具零件的相应尺寸公差应为 1/5～1/2 的工件公差。

（2）工件无公差要求的直线尺寸，夹具零件的相应尺寸公差可取为±0.1。

（3）工件无角度公差要求的角度尺寸，夹具零件的相应角度公差可取为±10′。

（4）紧固件用孔中心距 L 的公差确定：当 $L<150$ mm 时，可取为±0.1 mm；$L>150$ mm 时，取±0.15 mm。

（5）夹具体上的找正基面，是用来找正夹具在机床上位置的，同时也是夹具制造和检验的基准。因此，必须保证具体上安装其他零件（尤其是定位元件）的表面与找正基面的垂直度与平行度小于 0.01 mm。

（6）找正基面本身的直线度或平面度应小于 0.005 mm。

（7）夹具体，模板，立柱，角铁，定位心轴等夹具体元件的平面与平面之间，平面与孔之间，孔与孔之间的平行度，垂直度和同轴度等，应取工件相应公差的 1/3～1/2。

（8）夹具零件的表面粗糙度：夹具定位元件工件表面的粗糙度数值应比工件定位基准表面的粗糙度数值降低 1～3 个数值段。

3.3 零部件尺寸的合理选择与标注

3.3.1 尺寸标注的一般原则

所谓原则就是标注尺寸时，既要满足设计要求又要符合加工测量等工艺要求。

1）正确选择基准

（1）设计基准：用来确定零件图中位置的基准。

（2）工艺基准：用来确定零件在加工或测量时的基准。

2）重要尺寸直接标注出

重要尺寸指影响产品性能、工作精度和配合的尺寸。非主要尺寸指非配合的直径、长度以及外轮廓等。

3）符合加工顺序

零件一般不会一次加工完成，经常按若干工序进行加工，每个工序加工内容和要求不同；因此，尺寸标注应该按照零件加工先后顺序进行。

4）应考虑测量方便

零件加工完毕后，一般需要进行检验，包括尺寸检验、形位公差检验、表面粗糙度检验等。尺寸标注应考虑到易于测量。

5）同一个方向的要求

同一方向只能有一个非加工面与加工面联系。

3.3.2 尺寸标注基准的选择

(1) 尺寸基准的确定方位：尺寸基准根据长、宽、高三个方向的尺寸确定分三种：长度方向的尺寸基准、宽度方向的尺寸基准、高度方向的尺寸基准。以下分别简称长度基准、宽度基准、高度基准。

长度基准和高度基准在主视图中确定。宽度基准在左视图或俯视图中确定。如果零件的表达方案为主视图和左视图，宽度基准必须在左视图中确定；如果零件的表达方案是主视图和俯视图，宽度基准必须在俯视图中确定。

(2) 当视图完全对称时，长度基准为主视图的竖直中心线（即零件的左右对称面），高度基准为主视图的水平中心线（即零件的上下对称面）；当左视图前后对称时，宽度基准为左视图的竖直中心线（即零件的前后对称面）；当俯视图前后对称时，宽度基准为俯视图的水平中心线（即为零件的前后对称面）。

(3) 当视图不对称时，长度基准为主视图的左端面或右端面，高度基准为主视图的下底面或上底面。宽度基准为左视图或俯视图的前端面或后端面。

(4) 在非对称零件中，当精度相同的情况下，标注尺寸个数多者为基准；当标注尺寸个数相同的情况下精度高者为基准；当精度等级相同、标注尺寸的个数也相同时，与形位公差基准位置重合者为基准。

(5) 轴套类零件与轮盘类零件的尺寸基准确定：轴套类和轮盘类零件只有两个尺寸基准，即轴向尺寸基准和径向尺寸基准。轴向尺寸基准相当于长度方向尺寸基准，径向尺寸基准相当于高度基准或宽度基准。轴套类零件和轮盘类零件的视图选择多以加工位置、水平位置为主视图，如各种台阶轴、空心轴、齿轮轴、光杆、丝杠、传动轴、手轮、齿轮、皮带轮等回转体零件图的主视图关于水平轴线回转对称。因此，轴套类零件的径向尺寸基准多为主视图中的水平中心线，轴向尺寸基准多为左端面或右端面。如何确定轴向尺寸基准为左端面或右端面，要具体根据加工精度高低或标注尺寸数量的多少，由上面第(4)种情况而定。

3.3.3 零件尺寸标注方法

零件尺寸标注的基本方法为形体分析法。将组合体分解为若干个基本体和简单体，在形体分析的基础上标注以下三类尺寸。

1）定形尺寸

即确定各基本体形状和大小的尺寸。如图3-7是常见的定形尺寸。

2）定位尺寸

即确定各基本体之间相对位置的尺寸。要标注定位尺寸，必须选定尺寸基准。零件有长、宽、高三个方向的尺寸，每个方向至少要有一个基准，通常以零件的底面、端面、对称面以及轴线作为基准。如图3-8是常见的定位尺寸。

3）总体尺寸

即零件长、宽、高三个方向的最大尺寸。需要特别注意的是，总体尺寸、定位尺寸和定形尺寸可能重合，这时需灵活地调整，以免出现过多的尺寸。

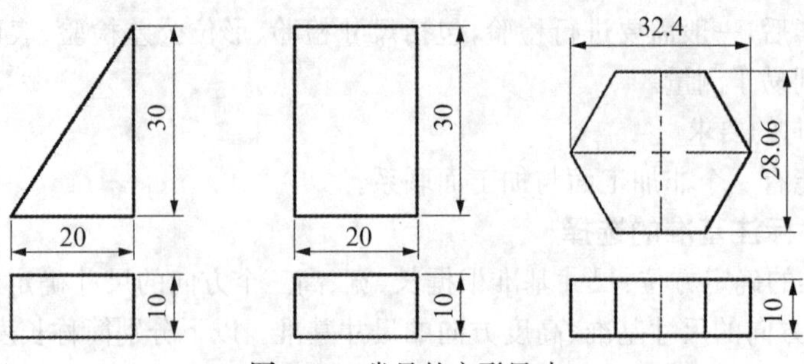

图 3-7 常见的定形尺寸

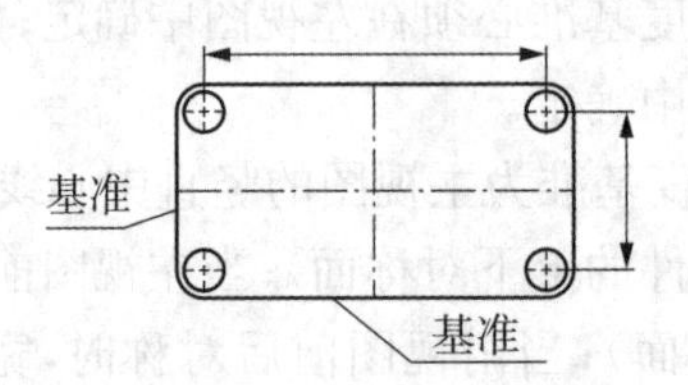

图 3-8 常见的定位尺寸

3.4 机器人作业工装功能

3.4.1 室内定位功能

自主移动机器人导航过程需要回答三个问题："我在哪里?""我要去哪儿?"和"我怎样到达那里?"。定位就是要回答第一个问题，确切来说，移动机器人定位就是确定机器人在其运动环境中世界坐标系的坐标。根据机器人定位，可分为相对定位和绝对定位。

1）相对定位

移动机器人相对定位又称位姿跟踪。假定机器人初始位姿，采用相邻近时刻传感器信息对机器人位置进行跟踪估计。相对定位分为里程计法和惯性导航法。

(1) 里程计法。在移动机器人车轮上装有光电编码器，通过对车轮转动记录实现位姿跟踪。航位推算法是假定初始位置已知，根据以前的位置对当前位置估计更新。缺点是：航位推算是个累加过程，逐步累加的过程中，测量值以及计算值都会累积误差，定位精度下降，因此只适用于短时间或短距离位姿跟踪。

(2) 惯性导航法。指机器人从一个已知坐标出发，陀螺仪测得角加速度的值，加速度计获得线加速度，通过积分获得位置值。

2）绝对定位（又称全局定位）

完成机器人全局定位，需要预先确定好环境模型或通过传感器直接向机器人提供外接位置信息，计算机器人在全局坐标系中的位置。其包括信标定位和地图匹配。

(1) 信标定位。利用人工路标或自然路标和三角原理进行定位。

(2) 地图匹配。利用传感器感知环境信息创建好地图，然后将当前地图与数据库中预先存储好的地图进行匹配，计算出机器人在全局坐标系中的位姿。

3) GPS

对室外机器人导航定位速度和线加速度进行二次积分,分别得到角度和位置。

4) 概率定位

即基于概率地图的定位,用概率论来表示不确定性,将机器人方位表示为对所有可能的机器人位姿的概率分布,包括马尔科夫定位(Markov Localization, ML)和卡尔曼滤波定位。

(1) 马尔科夫定位。机器人通常不知道它所处环境的确切位置,而是用一个概率密度函数表示其位置。它持有一个可能在哪里的信任度并跟踪任意概率密度的数跟踪机器人的信度状态。信度是指机器人在整个位空间的率分布。信度值的计算是马尔科关定位的关键。地图的表示方法为栅格地图,机器人导航环境被划分为很多栅格,每个栅格在0~1之间,表示机器人在该栅格的信任度,所有栅格信任度之和为1。

(2) 卡尔曼滤波定位。该算法是马尔科夫定位的特殊情况。卡尔曼滤波不适用于任何密度函数,而是使用高斯分布代表机器人信任度、运动模型和测量模型。高斯分布简单由均值和协方差定义,在预测和测量阶段两个参数更新。然而这个假设限制了初始信任度以及高斯分布的选择。

3.4.2 姿态调整功能

机器人运动轨迹自动生成后,可能会出现部分目标点的姿态,机器人无法达到,从而需要适当修改机器人工具在此类目标点位置时的姿态。同时机器人为了能够到达目标点,可能需要多关节轴配合,则需要调整轴配置参数,完善配置后机器人的仿真运行。

3.4.3 传送功能

工业机器人的驱动源通过传动部件来驱动关节的移动或转动,从而实现机身、手臂和手腕的运动。因此,传动部件是构成工业机器人的重要部件。根据传动类型的不同,传动部件可以分为两大类:直线传动机构和旋转传动机构。

1) 直线传动机构

工业机器人常用的直线传动机构可以直接由汽缸或液压缸和活塞产生,也可以采用齿轮齿条、滚珠丝杠螺母等传动元件由旋转运动转换得到。

(1) 移动关节导轨。在运动过程中移动关节导轨可以起到保证位置精度和导向的作用。移动关节导轨有五种:普通滑动导轨、液压动压滑动导轨、液压静压滑动导轨、气浮导轨和滚动导轨。

前两种导轨具有结构简单、成本低的优点,但是其必须留有间隙以便润滑,而机器人载荷的大小和方向变化很快,间隙的存在又将会引起坐标位置的变化和有效载荷的变化;另外,这种导轨的摩擦系数又随着速度的变化而变化,在低速时容易产生爬行现象等缺点。第三种静压导轨结构能产生预载荷,能完全消除间隙,具有高刚度、低摩擦、高阻尼等优点,但是它需要单独的液压系统和回收润滑油的机构。第四种气浮导轨的缺点是刚度和阻尼较低。目前第五种滚动导轨在工业机器人中应用最为广泛,轨的结构用支撑座支撑,可以方便地与任何平面相连,此时套筒必须是开式的,嵌入在滑枕中,既增强刚度也方便了与其他元件的连接。

(2) 齿轮齿条装置。该装置中,如果齿条固定不动,当齿轮转动时,齿轮轴连同拖板沿齿条方向做直线运动。这样齿轮的旋转运动就转换成拖板的直线运动。拖板是由导杆或导轨支撑的,该装置的回差较大。

(3) 滚珠丝杠与螺母。在工业机器人中经常采用滚珠丝杠,这是因为滚珠丝杠的摩擦力很小且运动响应速度快。由于滚珠丝杠螺母的螺旋槽里放置了许多滚珠,丝杠在传动过程中所受的是滚动摩擦力,摩擦力较小,因此传动效率高,同时可消除低速运动时的爬行现象;在装配时施加一定的预紧力,可消除回差。

(4) 液(气)压缸。指将液压泵(空压机)输出的压力能转换为机械能、做直线往复运动的执行元件,使用液(气)压缸可以容易地实现直线运动。液(气)压缸主要由缸筒、缸盖、活塞、活塞杆和密封装置等部件构成,活塞和缸筒采用精密滑动配合,压力油(压缩空气)从液(气)压缸的一端进入,把活塞推向液(气)压缸的另一端,从而实现直线运动。通过调节进入液(气)压缸液压油(压缩空气)的流动方向和流量,可以控制液(气)压缸的运动方向和速度。

2) 旋转传动机构

一般电动机都能够直接产生旋转运动,但其输出力矩比所要求的力矩小,转速比要求的转速高,因此需要采用齿轮、皮带传送装置或其他运动传动机构,把较高的转速转换成较低的转速,并获得较大的力矩。运动的传递和转换必须高效率地完成。并且不能有损于机器人系统所需要的特性,包括定位精度、重复定位精度和可靠性等。通过下列传动机构可以实现运动的传递和转换:

(1) 齿轮副。其不但可以传递运动角位移和角速度,而且可以传递力和力矩。一个齿轮装在输入轴上,另一个齿轮装在输出轴上,可以得到齿轮的齿数与其转速成反比,输出力矩与输入力矩之比等于输出齿数与输入齿数之比。

(2) 同步带传动装置。在工业机器人中同步带传动主要用来传递平行轴间的运动。同步传送带和带轮的接触面都制成相应的齿形,靠啮合传递功率。同步带传动的优点有:传动时无滑动传,动比准确,传动平稳;速比范围大;初始张力小;轴与轴承不易过载。但是,这种传动机构的制造及安装要求严格,对带的材料要求也较高,因而成本较高。同步带传动适合于电动机和高减速比减速器之间的传动。

3.5 机器人作业工装类型

3.5.1 工作台

定义机床设计参数时,主要考虑结构尺寸、运动参数和精度参数这几点。结构尺寸对工作台的力学性能有重要影响,主要是依据使用要求,根据线束产品外形尺寸确定。运动参数主要是依据生产效率、工艺过程确定。通常情况下,在满足加工精度要求的情况下,尽量增大运动参数,有助于提高加工效率。精度参数是必不可少的,可以提高工作的准确性及稳定性。

传统线束加工过程中,布线环节主要是手工完成,每个工位布置一根或几根线缆,采用流水线的方式,最终完成整个线束产品。通过对线束生产流程进行实际调研,与操作人员进行面对面的交流、探讨,总结归纳他们的意见和建议。布线过程主要由机器人统一完成,一台设备可以生产多种线束产品。首先设计以下辅助机构:源头、源尾固定机构,拐点柱,夹持线缆机构和捆扎机构。固定机构将电缆的头部、尾部固定;拐点柱使线缆在拐点改变方向;夹持线缆机构配合机械手完成布线;最后由捆扎机构完成线束产品的绑扎工作。具体操作过程如下:

(1) 由机器人夹持固定机构、拐点柱,根据预布线缆的首尾及拐点位置,放于线束加工平台上。

(2) 由安装于机器人上的夹持线缆机构将电缆头部固定,利用拐点位置改变方向,尾部固定,完成一根电缆的布置。按照这样的方式,完成线束产品上所有电缆布置工作。

(3) 利用捆扎机构将布置好的线束产品绑扎起来,检验合格后,完成整个线束产品加工。

实例如下：

方案中工作台全长 15 m、宽 13 m，床身主要支撑结构是由 80 mm×80 mm 的铝型材装配而成；线束加工平台设计多个小孔，用于安装线缆固定装置、拐点柱等相关配件。导轨安装在工作台纵向支撑件底部，电机带动滑台在床身纵向移动，完成相关布线工作，如图 3-9 所示。该方案的优点是主体由铝型材构成，结构简单，便于实现，拆卸及安装比较容易，制造成本低。其缺点是结构精度不好保证，主要是依靠后期的装配环节来进行调整，以达到设备要求的定位精度。整体的刚度较低，在使用中可能会产生较大的变形。进行整体结构的优化时，由于结构的限制，不容易优化。

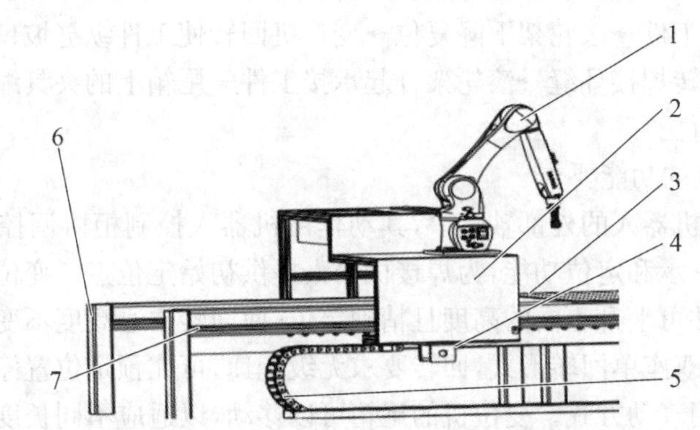

1—布线机器人；2—工作台滑台；3—线束加工平台；4—电机；5—拖链；6—铝型材床身；7—导轨

(a) 局部图

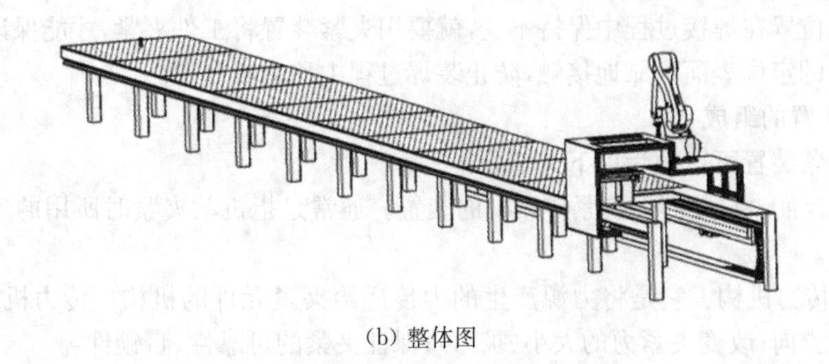

(b) 整体图

图 3-9 机器人布线方案结构图

3.5.2 变位机

用机器人替代焊工焊接，可以改善操作人员的劳动条件，降低劳动强度，同时获得稳定一致的焊缝质量，同时焊接机器人能做出复杂的空间动作，使产品改型时容易调整。焊接用机器人严格来讲只是焊接机械手，本身并不能独立工作，需配备变位机、专用夹具等外围设备，组成焊接机器人工作站。目前各厂家使用的焊接机械手基本上是从国外进口的，外围设备则大部分由国内厂商配套，这样可以大幅度降低购置成本，使越来越多的厂家有能力应用焊接机器人工作站。随着铁路机车的不断提速，对机车上各种焊接件的焊接质量要求也越来越高。机车风缸是机车的刹车储气罐，因此这种工件焊接质量的好坏直接影响机车的运行安全及列车的使用寿命。为了满足焊接质量的要求，提高生产效率，降低劳动强度，要求采用机器人焊接系统进行焊接，其中机器人选用进口六自由度弧焊机器人，而风缸变位机则根据工件的特点来设计。

下面是一个典型的机器人焊接系统应用实例，从中可以总结出系统中配套变位机的一些设计特点。

1）机器人焊接系统组成

该系统包括一台弧焊机器人、一个机器人控制柜、一台气体保护焊机、一套变位机及其他辅助装置。

2）工件装卡及机器人焊接工艺流程

流程为：将工件吊放到滚轮架上→滚轮架升起至限位处→移动尾箱靠近工件并锁紧→尾箱上的夹具伸出顶紧工件→滚轮架下降复位→变位机回转使工件纵缝坡口与定位指针对正→焊接纵缝→变位机回转焊接环缝→滚轮架升起承接工件→尾箱上的夹具缩回松开工件→滚轮架下降复位→卸下工件。

3）系统对变位机的功能要求

变位机作为焊接机器人的外部轴之一，其动作由机器人控制柜协调控制，要求运动精确、快速，同时具备工件支承和定位功能，为焊接机器人提供初始定位点。变位机配有可升降滚轮架，对不同直径的工件可上升不同的高度且精确定位（使回转中心高度不变），升降与定位采用气动方式。变位机为双座单回转形式，回转要求无级变速，可在预定位置停止。变位机配有专用夹具，夹紧动作采用气动方式。变位机的尾箱可以移动，以适应不同长度的工件。尾箱上带有锁紧装置，可在任意位置将尾箱固定。

3.5.3 夹具

工件在夹具上的安装包括定位和夹紧，这两个过程是密切联系的。为使工件在定位件上所占有的规定位置在焊接过程中保持不变，就要用夹紧装置将工件夹紧，才能保证工件的定位基准与夹具上的定位表面可靠地接触，防止装焊过程中移动或变形。

1）夹紧装置的组成

典型的夹紧装置可以分为以下三部分：

（1）力源装置。它是产生夹紧作用力的装置。通常是指机动夹紧时所用的气动、液压、电动等动力装置。

（2）中间传力机构。它是将力源产生的力传递给夹紧元件的机构。传力机构的作用有：改变夹紧力的方向；改变夹紧力的大小（扩力）；保证夹紧的可靠性、自锁性。

（3）夹紧元件。即与工件相接触的部分，它是夹紧装置的最终执行元件，通过它和工件直接接触而完成夹紧动作。

上述三部分，在手动夹紧装置中，没有第一部分。手动夹紧的力源是由人力来保证的，中间传力机构和夹紧元件组成夹紧机构。夹紧装置的设计内容，就是设计这几个部分。夹紧装置的具体组成是由工件特点、定位方式、工艺条件等来综合考虑的。

2）夹紧装置的分类

（1）按力的来源分类。夹紧装置可分为机动夹紧与手动夹紧两大类。机动夹紧中又有气压传动、液压传动、气液压传动、电动机传动、电磁夹紧及真空夹紧等。手动夹紧是夹紧装置中最简单、最原始的形式，在小批和成批生产中仍然用得很广。它有以下优点：

① 动力来源可以不受车间设备条件的限制，构造简单，维护方便。

② 操作者可以在一定范围内根据实际需要改变夹紧力的大小，从而得到最合适的夹紧力。

但手动夹紧装置也存在下列缺点：

① 夹紧缓慢，增加辅助时间。

② 劳动条件不如机动夹紧装置好，工人操作频繁，容易疲劳。

③ 夹紧力大小不能固定在严格的范围内，也难以产生很大的夹紧力。

(2) 按转变原始力为夹紧力的机构分类。按照机构的繁简程度，夹紧装置可分为简单夹紧机构和组合夹紧机构。简单夹紧机构中将原始力转变为夹紧力的机构只有一个，如螺旋式、楔式、偏心式、杠杆式和弹簧式夹紧机构等。而组合夹紧机构则是由两个或两个以上的简单夹紧机构组成，如螺旋-杠杆式、螺旋-楔式、偏心-杠杆式及偏心楔式等。组合夹紧机构可以进一步增大夹紧力或得到适当要求的夹紧力作用点及夹紧方向。

(3) 按夹紧方向及位置分类。按机构对工件所作用的夹紧力方向及位置的不同，夹紧装置又可分为垂直夹紧、平行夹紧、对向夹紧、张开夹紧、沿圆周径向夹紧或内部夹紧、外部夹紧等。

3) 夹紧装置基本要求

选择工件的夹紧方式，一般同选择定位方式一起考虑，有时工件的定位也是在夹紧过程中实现的。设计夹紧装置时，必须满足下列基本要求：

(1) 正。夹紧时，不能破坏工件在定位元件上所获得的正确位置。为此要正确选择夹紧力的方向和作用点。

(2) 牢。夹紧力的大小要适当、可靠。夹紧机构一般要有自锁作用，保证在装配焊接过程中工件不会松动，又不会使工件产生的变形和表面损伤超出技术条件的允许范围。

(3) 快。夹紧装置应操作方便、安全省力，夹紧迅速，以减轻劳动强度，缩短辅助时间，提高生产效率。

(4) 简。结构要力求简单、紧凑，并具有足够的刚性，使工装具有良好的工艺性和使用性。夹紧机构不应受到或不怕焊接热量及飞溅物的影响。尽量选用标准件，以便缩短制造周期和方便维修。夹紧装置的复杂程度和自动化程度，应与生产批量和生产条件相适应。

4) 工业机器人工装夹具分类

工业机器人工装夹具是机器人在生产加工过程中所用的各种工具的总称，它是生产工艺过程中重要的组成部分。机器人工装夹具是为更高效生产而研制开发的，它具有安装便捷，编程简单，机器人人机界面预设其输入/输出信号，便于缩短设置与编程时间，示教器图形用户界面简化了程序测试等优点。具体可分为以下几类。

(1) 夹板式夹具。为具有即插即用功能的扩展配套件，适用于高速码箱作业。该夹具提供单区型和双区型两种形式，可以按需要选用可实现生产效率的最大化。对于轻型产品的码垛，结构精简的单区型可以满足要求；对于重达 60 kg 的成排码垛，双区型则是理想之选。

(2) 夹爪式夹具。适用于高速码袋作业，可灵活适应不同形状和不同内装物品的包装袋，胜任大米、砂砾、塑料、水泥等各类物料的码袋。

(3) 真空吸盘夹具。又称真空吊具，是真空设备执行器之一。根据真空产生的原理，真空式吸盘又可以分为真空吸盘、气流负压吸盘和挤气负压吸盘。一般来说，利用真空吸盘抓取制品是最廉价的一种方法。真空吸盘品种多样，橡胶制成的吸盘可在高温下进行操作，由硅橡胶制成的吸盘非常适于抓住表面粗糙的制品，由聚氛酯制成的吸盘则很耐用。

3.5.4 工件输送设备

工件输送设备可以分为以下五类：

1）通用及封闭轨悬挂输送机

通用及封闭轨悬挂输送机是一种运送成件物品的连续运输机械，广泛应用在大批量流水生产的各种行业中，一般用作多工序之间或车间之间远距离的连续运输。其主要由牵引链、小车、驱动装置、张紧装置、回转装置和轨道、上下坡捕捉器等组成。如通用悬挂输送机的简化透视图和封闭轨悬挂输送机的简略透视图，基本表达了组装后的全貌。

2）积放式悬挂输送机

积放式悬挂输送机是在普通悬挂输送机基础上发展起来的新型输送机，它具有比普通悬挂输送机更多的优越性，是一种适应于高生产率的、柔性生产系统的运输设备，集精良的工艺操作、储存和运输功能于一体。该机轨道由上下两层组成：上层为牵引轨，传递牵引动力；下层为承载轨，由双槽钢组成。牵引链在上，通过推动小车在其上运行。工件通过特制的吊具悬吊在小车下。所谓"积放"是指承载小车在轨道上可以受控停止或运行。由于积放式悬挂输送机独特的优点，其在现代工厂高生产率的生产中得到广泛的应用。主要部件结构为：具有双层轨道，上层轨道为牵引轨道，牵引链条沿牵引轨道运行，链条按一定的节距设置一个推杆；下层轨道为承载轨道，载荷小车沿承载轨道运行。积放式悬挂输送机适用于质量为 150 kg 以上物品的输送，由轨道回转装置、道岔、牵引链条、载货小车、停止器、各种开关装置、自动寄存装置、驱动装置、张紧装置、气路单元、安全防护装置、控制装置等部件组成。

3）悬挂式电轨自行小车输送系统

该输送系统是一种柔性输送系统，并且具有其他输送系统无法具备的特点：系统的各个承载小车按预先设定好的程序独立运行，完成对工件的输送、储存、分流、合流，在工位上可完成升降、摇摆等复杂的工艺要求。

4）垂直地链输送机

垂直地链输送机是一种运送成件物品的运输机械，广泛应用在流水生产的各种行业中，尤其用于涂装车间的生产线。设备特点为：可根据工艺流程的要求组成平面封闭线路，在输送过程中能完成诸如底涂、烘干、喷漆等工艺过程；能输送各种形状、尺寸、质量的物品；运行速度范围较大，达 5～18 m/min；该输送机安装在地面的坑道里，可提高车间面积的利用率。

垂直地链输送机主要由下列部件组成：传动装置、头轮装置张紧装置、牵引链条、机身及过渡轨道、小车承载轨和载工件用的小车。

5）摆杆输送机

摆杆输送机是最近几年发展起来的新型输送系统。其主要用于生产规模大的汽车涂装前处理。该输送机的结构不同于其他悬挂输送机，具有一些显著的特点，具体表现如下：工件能以 45°的角度入槽，缩短了设备长度；入槽角度大，极大地提高了前处理和电泳的量；能携带橇体入槽，因而与滑橇输送机能共用一种撬体，工件无须转挂；因轨道和链条在设备两侧，从根本上避免了油滴滴在工件上。摆杆链输送机系统由驱动装置、张紧装置、翻转装置（折返段）、轨道（分上部轨道和下部轨道）、润滑装置、摆杆、入口滚床、出口滚床组成。

3.6 机器人作业工装常用的驱动方式

工业机器人的驱动系统是驱使执行机构运动的装置，将电能或流体能等转换成机械能，按照控制系统发出的指令信号，借助于动力元件使工业机器人完成指定的工作任务，属于机器人运动的动力机构，是机器人的心脏。工业机器人的机械系统是机器人的支撑基础和执行机构，计算分析和编程的最终目的是要通过本体的运动和动作完成特定的任务。不同种类的工业机器人在机械系统设计上的差异较大,使用要求是工业机器人机械系统设计的出发点。

驱动系统在机器人中的作用相当于人体的肌肉,如果把连杆及关节看作机器人的骨骼,那么驱动器就起着肌肉的作用,通过移动或转动连杆来改变机器人的构型,驱动器必须具有足够的功率对连杆进行加速或减速并带动负载,同时,驱动器自身必须轻便、经济、精确、灵敏、可靠及便于维护。

根据能量转换方式的不同,可将驱动器划分为电气驱动器、液压驱动器、气压驱动器。各种不同的驱动器,满足不同机器人的工作要求。表 3-2 为三种常用驱动系统的比较。

表 3-2 三种常用驱动系统的比较

项目	液压驱动系统	气压驱动系统	电气驱动系统
输出功率	很大,压力范围为 50～140 N/cm²	大,压力范围 48～60 N/cm²,最大可达 100 N/cm²	范围较大,介于前两者之间
控制性能	利用液体的不可压缩性,控制精度高,输出功率大,可无级调速,反应灵敏,可实现连续轨迹控制	气体压缩性大,精度低,阻尼效果差,低速不易控制,难以实现高速、高精度的连续轨迹控制	控制精度高,功率较大,能精确定位,反应灵敏,可实现高速、高精度的连续轨迹控制,伺服特性好,控制系统复杂
响应速度	很高	较高	很高
结构性能及体积	结构适当,执行机构可标准化、模拟化,易实现直接驱动。功率/质量比大,体积小,结构紧凑,密封问题较大	结构适当,执行机构可标准化、模拟化,易实现直接驱动。功率/质量比大,体积小,结构紧凑,密封问题较小	伺服电机易于标准化,结构性能好,噪声低,电动机一般需配置减速装置,除直驱电动机外,难以直接驱动结构紧凑,无密封问题
安全性	防爆性能较好,用液压油作传动介质,在一定条件下有火灾危险	防爆性能好,高于 1 000 kPa(10 个大气压)时应注意设备的抗压性	设备自身无爆炸和火灾危险,直流有刷电动机换向时有火花,对环境的防爆性能较差
对环境的影响	液压系统易漏油,对环境有污染	排气时有噪声	无
在工业机器人中的应用范围	适用于重载、低速驱动,电液伺服系统适用于喷涂机器人点焊机器人和托运机器人	适用于中小负载驱动、精度要求较低的有限点位程序控制机器人如冲压机器人本体的气动平很及酸画器人气动夹具	适用于中小负载,要求具有较高的位置控制精度和轨迹控制精度、速度较高的机器人,如AC伺服喷涂机器人点焊机器人、弧焊机器人、装配机器人等
效率与成本	效率中等(0.3～0.6);液压元件成本较高	效率低(0.15～0.2);气源方便,结构简单,成本低	效率较高(0.5 左右);成本高
维修及使用	方便,但油液对环境温度有一定要求	方便	较复杂

3.6.1 电气驱动

电气驱动器是指利用电动机直接或通过机械传动装置来驱动执行机构的装置，其所用能源简单，机构速度变化范围大，效率高，速度和位置精度都很高，且具有使用方便噪声低和控制灵活的特点，在机器人中得到了广泛的应用。电气驱动又可分为步进电机驱动、直流电机驱动、交流电机驱动及伺服电机驱动等。无刷伺服电机具有大的转矩质量比和转矩体积比，没有直流电机的电刷和整流子，可靠性高，运行时不需要维护，可用在防爆场合，因此在机器人中得到了广泛应用。

机器人对关节驱动电动机的要求如下：

(1) 快速性。电动机从获得指令信号到完成指令所要求的工作状态的时间应尽可能短。

(2) 启动转矩惯量比大。在驱动负载的情况下，要求机器人伺服电机的启动转矩大，转动惯量小。

(3) 连续性。控制特性的连续性和直线性随着控制信号的变化，电动机的转速性能连续变化有时还需转速与控制信号成正比或近似成正比。

(4) 调速范围宽，体积小，质量小，轴向尺寸短。

(5) 能经受起苛刻的运行条件。可进行十分频繁的正反向和加减速运动，并能在短时间内承受过载。

目前，高启动转矩、大转矩、低惯量的交/直流伺服电机在工业机器人中得到了广泛的应用。一般负载在 1000 N 以下的工业机器人大多采用电动机伺服驱动系统，所采用的电动机主要是交流伺服电机、直流伺服电机和步进电机。其中交流伺服电机、直流伺服电机均采用闭环控制，一般应用于高精度、高速度的机器人驱动系统中。步进电机多适用于对精度、速度要求不高的小型简易机器人开环系统中。交流伺服电机由于采用了电子换向，无换向火花，因此在易燃易爆环境中得到了广泛应用。

3.6.2 液压驱动

液压传动的特点是转矩与惯量比大，即单位质量的输出功率高。液压传动还具有不需要其他动力就能连续维持力的特点。液压在机器人中的应用以移动机器人，尤其是重载机器人为主。它用小型驱动器即可产生大的转矩(力)。在移动机器人中，使用液压传动的主要缺点是需要准备液压源，如果使用液压缸作为直线驱动器，那么实现直线驱动就十分简单。

在机器人领域，液压驱动器曾经广泛被应用于固定型工业机器人中，但是出于维护等角度的考虑，已经逐渐被电气驱动器所代替。目前，液压驱动器在移动式带电布线作业机器人、水下作业机器人和娱乐机器人中仍有应用。

液压伺服系统主要由液压源、液压驱动器、同服、同服放大器、位置传感器和控制器等组成，如图 3-10 所示，通过这些元件的组合，组成反馈控制系统驱动负载。液压源产生一定的

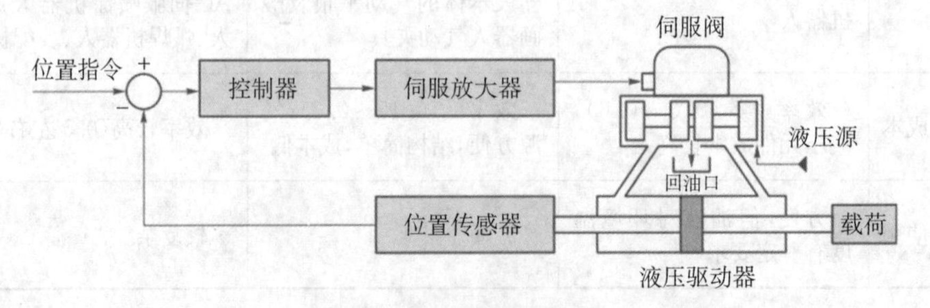

图 3-10 液压伺服系统

压力通过伺服阀控制液压的压力和流量,从而驱动液压驱动器。位置指令与位置传感器的差被放大后得到的电气信号输入伺服阀中驱动液压驱动器,直到偏差变为0为止,若位置传感器与位置指令相同,则停止运动。伺服阀是液压伺服系统中不可缺少的元件,它的作用主要是把电信号变换为液压驱动力,常用于需要响应速度快、负载大的场合。有时也选用较为廉价的电液比例阀,但是它的控制性稍差。

液压驱动的不足之处在于:①油液的黏度随温度变化而变化,会影响系统的工作性能,且油温过高时容易引起燃烧爆炸等危险;②液体的泄漏难以克服,要求液压元件有较高的精度和质量,故造价较高;③需要相应的供油系统,尤其是电液伺服系统要求严格的滤油装置,否则会引起故障。

3.6.3 气压驱动

气压驱动器在工业机械手中用得最多,使用压力通常为0.4~0.6 MPa,能极为方便地用于驱动技术,其主要优点为:①能量储蓄简单易行,可以获得短时间的高速动作;②可以进行细微的力控制;③夹紧时无能量消耗,不发热;④柔软安全性高;⑤体积小,重量轻,输出/质量比高;⑥处理简便,成本低。但其同时也存在不易实现高精度、快速响应的位置和速度控制,控制性能易受摩擦和载荷的影响等缺点。

气压驱动的其他不足之处在于:①压缩空气压力为0.4~0.6 MPa若要获得较大的动力,其结构就要相对增大;②空气压缩性好,工作平稳性差速度控制困难,要实现准确的位置控制很困难;③压缩空气的除水问题是一个很重要的问题,处理不当会使钢类零件生锈导致机器失灵;④排气会造成噪声污染。

3.7 机器人作业工装设计基本要求

机器人的技术参数反映了机器人的适用范围和工作性能是设计、选择、应用机器人必须考虑的问题。机器人作业工装主要技术参数有自由度、工作精度、夹紧力、最大工作速度。以焊接工装举例,焊接机械装备的设计原则与其他机械的设计原则一样,首先必须使焊接机械装备满足工作职能的要求,在这个前提下还应满足操作、安全、外观、经济上的要求。也就是说,应该按照适用、经济、美观的原则来设计焊接机械装备。根据这一原则设计焊接机械装备时,先根据工作职能要求,确定装备的工作原理,选择机构和传动方式(液压、气动、磁力、电力、机械),然后在运动分析的基础上进行动力分析,确定机构各部分传递的功率、转矩和力的大小,根据这些数据和使用要求进行强度、风度、发热、效率等方面的计算或校核,使设计出的装备能在给定的年限内正常工作。另外,在考虑满足职能要求的同时,要注意取得较好的经济效果,使设计出的装备成本低,动力消耗及维修费用少,能满足给定的生产效率。

3.7.1 定位精度

定位精度和重复定位精度是机器人的两个工作精度指标。定位精度(也称绝对精度)是指机器人末端执行器的实际位置与目标位置之间的偏差,由机械误差、控制算法与系统分辨率等组成。重复定位精度是指在同一环境、同一条件、同一目标动作、同一命令之下,机器人连续重复运动若干次时,其位置的分散情况,是关于精度的统计数据。

工业机器人具有定位精度低、重复定位精度高的特点。一般而言,工业机器人的定位精度要比重复定位精度低一到两个数量级。造成这种情况的主要原因是机器人控制系统根据机器人的运动学模型来确定机器人末端执行器的位置,然而这个理论上的模型和实际机器人的物理模型存在一定的误差。产生误差的主要因素有机器人本身的制造误差、工件加工误差以及机器人与工件的定位误差等。因重复定位精度不受工作载荷变化的影响,故通常用重复定位精度这一指标作为衡量示教-再现工业机器人水平的重要指标。目前,工业机器人的重复定位精度可达(±0.01～±0.5)mm,依据作业任务和末端持重不同,机器人重复定位精度亦不同。以焊接工装夹具为例:焊接工装夹具的精度与焊接结构的制造工艺要求以及结构本身的制造精度有关。焊件由于结构形式和使用工况的不同,对制造精度的要求差别很大。金属构件(梁、柱、桁架等)和容器类的焊接结构,由于结构形式比较单一,制造质量主要决定于焊缝质量,对形状精度、位置精度、尺寸精度的要求不是很严。而且,这类结构多是单件生产,零件间的装配关系也比较简单,许多零件在装焊时,只是通过打磨、切割、配钻、铰孔、局部矫形和校正,依照零件间的相互位置关系"对号入座",进行装配、定位焊,最后进行焊接。所用的夹紧机构多是出力较大的机构,像螺旋夹紧机构、气动和液压夹紧机构等,以保证被组对的零件在焊接时不发生位置变化和形状变化。由于零件的定位多是根据零件之间给定的位置关系,依靠零件本身的端面、棱边、坡口来相互定位,若使用定位器定位,也多以挡铁、样板、工作平台(主要起夹具体的作用,兼作定位器)为主,因此,这类焊接结构的制造精度,在很大程度上取决于各组对零件下料时的尺寸精度和形状精度。

3.7.2 夹紧力

夹紧力是指机器人在工作空间内的任何位姿上所能承受的最大质量。夹紧力不仅取决于负载的质量,而且与机器人运行的速度和加速度的大小和方向有关。为保证安全,将工作载荷这一技术指标确定为高速运行时的夹紧力。通常,工作载荷不仅指负载质量,也包括机器人末端执行器的质量。以发那科小型高速机器人 R－1000iA/80F 为例,其手部可搬运质量为80 kg。

以焊接工装夹具为例:在进行焊接工装夹具的设计计算时,首先要确定装配、焊接时焊件所需的夹紧力,然后根据夹紧力的大小、焊件的结构形式、夹紧点的布置、安装空间的大小、焊接机头的焊接可达性等因素来选择夹紧机构的类型和数量,最后对所选夹紧机构和夹具体的强度和刚度进行必要的计算或验算。

装配、焊接焊件时,焊件所需的夹紧力,按性质可分为四类:第一类是在焊接及随后的冷却过程中,防止焊件发生焊接残余变形所需的夹紧力;第二类是为了减少或消除焊接残余变形,焊前对焊件施以反变形所需的夹紧力;第三类是在焊件装配时,为了保证安装精度,使各相邻焊件相互紧贴,消除它们之间的装配间隙所需的夹紧力,或者,根据图样要求,保证给定间隙和位置所需的夹紧力;第四类是在具有翻转或变位功能的夹具或胎具上,为了防止焊件翻转变位时在重力作用下不致坠落或移位所需的夹紧力。

上述四类夹紧力,除第四类可用理论计算求得与工程实际较接近的计算值外,其他几类,则由于计算理论的不完善性、焊件结构的复杂性、装配施焊条件的不稳定性等因素的制约,往往计算结果与实际相差很大,对有些复杂结构的焊件,甚至无法精确计算。因此,在工程上,往往采用模拟件或试验件进行试验的方法来确定夹紧力,它的方法有两种:一种是经试验得到试件焊接残余变形的类型和尺寸后通过理论计算,求出使焊件恢复原状所需的变形力,也就是焊件所需的夹紧力。这种方法,对于梁、柱、拼接大板等一些简单结构的焊件还比较有效,计算出的夹紧力与工程实际较接近;但对于复杂结构的焊件,例如机座、床身、大型内燃机缸体、减速机机壳等焊接机器零件,计算仍然是困难的。另一种方法是在上述试验的基础上,实测出矫正焊接残余变形所需的力和力矩,以作为焊件所需夹紧力的依据。

焊件所需夹紧力的确定方法,要随焊件结构形式不同而异。所确定的夹紧力要适度,既不能过小而失去夹紧作用,又不能过大而使焊件在焊接过程中的拘束作用太强,以致出现焊接裂纹。因此在设计夹具时,应使夹紧机构的夹紧力能在一定范围内调节,这在气动、液压、弹性等夹紧机构中是不难实现的。

3.7.3 输送速度

一般提及输送速度就要研究其最大工作速度,生产机器人的厂家不同,其最大工作速度的含义也不同,有的厂家指工业机器人主要自由度上最大的稳定速度,有的厂家指手臂末端最大的合成速度,对此通常都会在技术参数中加以说明。最大工作速度越高,其工作效率就越高,但是,就要花费更多的时间加速或减速,或者对工业机器人的最大加速率或最大减速率的要求就更高。以发那科小型高速机器人 R-1000iA/80F 为例,其 l1 轴的最大旋转速度为 170°/s,J2 轴的最大旋转速度为 140°/s。

3.8 机器人作业工装设计的基本原则及流程

3.8.1 工装夹具设计的基本原则

(1) 满足使用过程中工件定位的稳定性和可靠性。

(2) 有足够的承载或夹持力度以保证工件在工装夹具上进行的施工过程。

(3) 满足装夹过程中的简单与快速操作。

(4) 易损零件必须是可以快速更换的结构,条件充分时最好不需要使用其他工具进行。

(5) 满足夹具在调整或更换过程中重复定位的可靠性。

(6) 尽可能避免结构复杂、成本昂贵。

(7) 尽可能选用市场质量可靠的标准品作为组成零件。

(8) 满足夹具使用国家或地区的安全法令法规。

3.8.2 工装夹具设计的基本流程

1) 熟悉产品零件的设计要求,确定工装夹具的更佳设计方案

在接到设计任务书后,要准备设计工装夹具所需要的资料,包括零件设计图样和技术要求、工艺规程及工艺图、有关加工设备等资料。在了解了产品零件的根本结构、尺寸精度、形位公差等技术要求后,还要找出零件的关键和重要尺寸(必须要保证的尺寸),再确定工装夹具的设计方案。一些重要的工装夹具的设计方案,还需要进行充分的讨论和修改后再确定。这样,才能保证此工装设计方案能够适应生产纲领的要求,是更佳的设计方案。

2) 确定夹具上的定位基准

每设计一套工装,都应该将零件的关键和重要尺寸部位,作为工装夹具上的定位部位(定位设计),还要确定理想的定位设计(精度设计),确定主要的定位基准(第一基准)和次要的定位基准(第二基准)。第一基准原则上应该与设计图保持一致。当然,假设不能保证时,那么可以通过计算,将设计基准转化为工艺基准,但最终必须要保证设计的基准要求。

定位基准的选择应该具备两个条件:①应该选择工序基准作为定位基准,这样做能够到达基准重合,基准重合可以减少定位误差。②应该选择统一的定位基准,不仅能够保证零件的加工质量,提高加工效率,还能够简化工装夹具的结构(一般用孔和轴作为定位基准为佳)。

定位基准选择后应选择适宜的定位元件:

(1) 零件的六点定位方法。零件的定位基准和工装的定位元件接触形成定位面,以实现

零件的六点定位(自由刚体的六个运动自由度)。当然在大多数工装设计时,一般不会采纳六点定位(三个沿坐标轴移动,三个绕坐标轴转动),往往采取六点以下大于二点以上的定位设计。另外在定位设计时,要注意不要因定位点太多(超过六点)而造成过定位(重复定位)。过定位会出现定位不稳定的现象,将起反作用。根据经验,有两个以上的定位就可以起到定位作用了。

(2) 常用定位元件。指支承钉、支承板定位销、锥面定位销、V形块、定位套、锥度芯轴等,而常用的定位元件有支承板、定位销、定位套等。支承板多用于精基准平面定位;定位销多用于以零件上的孔为基准时最常用的定位元件,与零件的基准孔之间留有一定的间隙,大小按零件孔精度而定;定位套那么用于以零件上的轴为基准时最常用的定位元件,与零件的基准轴之间留有一定的间隙,大小按零件轴的精度而定。

(3) 对定位元件的根本要求。在设计定位元件时,其根本技术要求为:精度适宜、耐磨性好、有足够的强度和刚度、工艺加工性好、便于拆装等。如燃油分配管组件的装配焊接夹具的定位件选择,按照上述要求主要应采取定位销定位的形式,定位销与零件的基准孔之间应留有一定的间隙,大小按零件孔精度而定,不能人为减小定位销的公差带。同时,对选用45钢和Cr12合金钢为材料的定位销,必须进行调质热处理和淬火热处理,使之有足够的强度和刚度,增强耐磨性,延长使用寿命。

3) 重视零件的夹紧及工装的夹紧结构设计

零件在工装中定位后,一般要夹紧,使得零件在加工过程中,保持已获得的定位不被破坏。零件在加工过程中,会产生位移、变形和振动,这些都将影响零件的加工质量。所以,零件的夹紧也是保证加工精度的一个十分重要的问题。为了获得良好的加工效果,一定要把零件在加工过程中的位移、变形和振动控制在加工精度的范围内。所以,工装夹具夹紧问题的处理,有时比定位设计更加困难,绝不能无视这个问题。

(1) 零件在夹具中定位后的夹紧原则。

① 不移动原则。夹紧力的方向应指向定位基准(第一基准),且夹紧力的大小应足以平衡其他力的影响,不使零件在加工过程中产生移动。

② 不变形原则。在夹紧力的作用下,避免零件在加工过程中产生精度所不允许的变形,必须选择适宜的夹紧部位及压块和零件的接触形状,同时压紧力应适宜。

③ 不振动原则。提高支承和夹紧刚性,使得夹紧部位靠近零件的加工外表,防止零件和夹紧系统的振动。这三项原则是相互制约的,因此,夹紧力设计时应综合考虑,选择更佳的加紧方案,也可用计算机辅助设计。一般来说,对粗加工用的夹具,选用较大的夹紧力,主要考虑零件的不移动原则;对精加工用的夹具,选用较小的夹紧力,主要考虑零件的不变形和不振动原则。燃油分配管组件的装配焊接夹具,应该属于精加工夹具,不能选用太大的夹紧力。

(2) 夹紧点的选择。

为到达最正确夹紧状态的首要因素,正确选择夹紧点后,才能估算出所需要的夹紧力。夹紧点选的不当不仅增大夹具变形,甚至不能夹紧零件。

(3) 夹紧点的选用原则。

① 尽可能使夹紧点和支承点对应,使夹紧力作用在支承上,可减少变形;

② 夹紧点选择应尽量靠近加工外表不致引起过大的夹紧变形。

可以采取减少夹紧变形的措施:如增加辅助支承和辅助夹紧点、分散着力点和增加压紧件的接触面积、利用对称变形等。

4）确定夹紧力

力有大小、方向和作用点三要素。当零件上有几个方向的夹紧力作用时，应考虑夹紧力作用的先后顺序。对于仅为了使零件与支承可靠接触，夹紧力应先作用，而且不能太大；对于以平衡作用力的主要夹紧力，应在最后作用。因此，为了操作简便，常采用使夹紧力同时作用或自动地按大小顺序的联动机构。

在选定夹紧点和确定夹紧力之后，就要进行夹紧机构的设计和确定，通过具体的机构实现以确定的夹紧力夹紧于夹紧点处。通常零件的夹紧是由动力源、传动机构、夹紧机构所构成的夹紧系统来实现的。夹紧机构是指能实现以一定的夹紧力夹紧零件选定的夹紧点的功能的完整结构，主要包括与零件接触的压板、支承件和施力机构。

夹紧施力机构可采用可浮动、可联动、可增力和可自锁的结构形式，具体有四种形式。一、螺栓螺母施力机构，这种结构简单，制造方便，夹紧范围大，自锁性能好，已获得最广泛的应用；二、斜面施力机构，这种适用于夹紧力大而行程小，以气动和液压为动力源的为主；三、偏心施力机构，这种结构简单，动作迅速，但压紧力较小，多用于小型零件的夹具中；四、铰链施力机构，这种结构简单，增力比大，在气动夹具中用以减少气缸或气室的作用力，获得广泛的应用。

5）确定工装夹具的精度及常用配合

使用夹具的首要目的是保证零件的加工质量，具体来讲就是使用夹具加工时，必须保证零件的尺寸（形状）精度和位置精度，零件的加工误差是工艺系统误差的综合反映，其中夹具的误差是直接造成加工误差的主要的误差成分。夹具的误差分为静态误差和动态误差两部分，其中静态误差占重要的比例。所谓夹具的精度是指夹具的静态误差，或称静态精度，而过程误差被认为是动态误差。

（1）工装夹具的精度概念。工装夹具的精度是指静态精度，即非受力状态下的精度，具体包括以下内容：

① 定位及定位支承元件的工作外表对夹具底面的位置度（平行度、垂直度等）误差（精度）；

② 导向元件的工作外表或轴线（中心线）对夹具底面和定向中心平面或侧面的尺寸及位置误差；

③ 定位元件工作面或轴线（中心线）之间、导向元件工作外表或轴线（中心线）之间的尺寸及位置误差；

④ 定位元件及导向元件本身的尺寸误差；

⑤ 对于有分度或转位的夹具，还有分度或转位误差。

（2）工装夹具制造的平均精度。为了使夹具制造尽量到达本钱低、精度高的目的，需要研究夹具制造的平均经济精度（费用低而加工精度高的合理加工精度）。一般来讲，零件的加工精度和加工费用成反比关系。加工精度越高，误差就越小，而费用也就越高。

（3）工装夹具常用的配合种类及精度。夹具的配合精度要求高，配合种类也不同于一般的机器，在选择配合时，精度确实应以夹具零件制造的平均经济精度为依据，这样才能保证夹具制造成本低。

（4）工装夹具设计中标准件的应用。在工装夹具的设计中，经常要用到螺母、螺栓、垫圈、圆柱销、圆锥销，弹簧等紧固件。像此类的紧固件，国家都有专用标准。所以在设计时一定要采用（应该在总图上表示出），做到能够用标准件的，只要学会查标准就可以了。实在用不上的，只能设计非标准的，出零件图加工，对非标零件的设计和制造，不但需要一定的周期，加工费用也高得多。因为，标准件是大批量生产制造的，价格廉价，质量可靠，在五金商店很容易买到的，而且对设计人员来讲，还不需要出图，显然是减少了工作量的。

6）绘制工装夹具图样和工装夹具总图

工装夹具总图应按照最后讨论的结果绘制（三基面体系法），被加工零件应用双点画线标明，标题栏要填写正确，标准件应标明其规格和标准号。还要按照夹具中常用的配合及精度，规定定位和导向元件的精度，对主要零件的组合要规定恰当的尺寸公差，其他位置公差应到达各项公差值规定的合理性要求。最后标注其他尺寸，包括外形尺寸、连接尺寸和重要的配合尺寸。其精度控制，在总图上的技术条件栏，应逐条提出精度控制工程和有关要求，到达工程的完备性要求。

7）绘制工装夹具零件图

工装夹具零件图的绘制，同样按照三基面体系法绘制。在零件图上，要有正确的比例，足够的投影和剖面，尺寸、粗糙度及加工符号要完整、正确；所用材料要明确；在技术要求栏，根据不同的材料确定是否说明热处理硬度要求和外表处理要求；零件图的右上角应标明未注粗糙度及倒钝的具体要求：零件加工数量要与总图一致等。要标注恰当的尺寸公差，特别是对定位尺寸的标注应与总图一致。尺寸公差和位置公差精度的标注，应符合平均经济精度规定的要求。

3.8.3 工具夹具焊接注意事项

以焊接工装夹具为例。由于焊接机械装备的特点，还应处理好以下问题：

（1）在焊接过程中，往往会有熔融金属的飞溅，因此设计焊接机械装备时，应使整个设备具有较好的密闭性，特别是定位基面、滑道、传动机构等应有可靠的防护。一些定位和安装基面无法密封时，应布置在飞溅区之外或者在施焊部位采取遮挡措施。

（2）焊接机械装备往往是焊接电源二次回路的组成部分，因此施焊时，装备上各传动机件的啮合处容易起弧，特别是当焊接机械装备边运转边施焊时，起弧现象更易发生。为了避免因起弧而发生工件表面的烧损，应设法使二次回路的一端从离焊件最近的地方引出，避免焊接电流从装备周身流过。对于要求边施焊边运转的焊接机械装备，还应设置专用的导电装置。

（3）在焊接机械装备的传动系统，应具有反行程自锁性能，为此，在焊接工装夹具、焊接变位机械、焊件输送装置的传动系统中必须设有一级具有自锁性能的传动。这样，不仅有利于安全操作，而且有利于装备的定位和节能。

（4）焊接过程也是焊件局部受热的过程，为了减少装备因受热而引起的变形，装备本身应具有较好的传热性能，应能将焊件上的热量尽快地传递出去。

（5）焊接装备应具有良好的通风条件，能使焊接烟尘很快地散走。为此，在大型的焊接机械装备上，应安装通风设备或抽气罩。

（6）焊接装备的结构形式应有利于将积聚在其上的焊渣、焊剂、金属飞溅物、铁锈等杂物的清除。

（7）焊接装备不能影响施焊工艺的实施，要保证焊接机头具有良好的焊接可达性。

（8）焊接机械装备上的夹紧机构，避免焊接变形产生的阻力使夹紧机构在松夹时无法复位。

（9）当设计用于厚大件的焊接装备时，为了避免起弧处产生未焊透、收弧处出现气孔、收缩裂纹等缺陷，应注意在焊缝始末端分别设置引弧板和引出板。

(10) 设计焊接机械装备的控制系统时，应处理好焊件启动、停止与焊机起弧、收弧的顺序关系。

这些问题对每种装备来说也不尽相同，上述注意事项，仅是设计大多数焊接机械装备时应注意的共性问题。

综上，工装夹具的设计目的就是要保证设计质量和提高设计效率，使之能够满足设计纲领，满足定位设计与零件的相容性，满足公差规定数值的合理性与经济性，从而大大提高生产率，获得更佳的经济效益。

3.9 机器人作业工装设计工具

学习机器人作业工装设计需要掌握的基本工具如下：

(1) 创意与概念设计(造型、渲染)：3DS MaxRhino。

(2) 机械设计(零件设计、装配与制图)：AutoCAD，SolidWorks，Creo，UG。

(3) 科学计算(矩阵变换，轨迹规划)：MATLAB，Maple。

(4) 力学仿真与优化(有限元仿真与优化，多体动力学仿真与优化)：ANSYS，ABAQUS，ADAMS。

(5) 电子设计与仿真(原理图，PCB制版，电路仿真)：Altium Designer，EWB，PSpice。

(6) 机器视觉：Halcon。

(7) 机器人操作系统：ROS，Android。

(8) 单片机开发：Keil。

(9) 程序与界面设计：C，Visual C++，Visual Basic。

3.9.1 传动和执行机构设计工具

机械设计软件有AutoCAD、SolidWorks、Creo、UG等。AutoCAD(Autodesk Computer Aided Design)是(欧特克)公司首次于1982年开发的自动计算机辅助设计软件，用于二维绘图、详细绘制、设计文档和基本三维设计。AutoCAD具有良好的用户界面，通过交互菜单或命令行方式便可以进行各种操作。AutoCAD具有广泛的适应性，它可以在各种操作系统支持的微型计算机和工作站上运行。

SolidWorks有功能强大、易学易用和技术创新三大特点，这使得SolidWorks成为领先的、主流的三维CAD解决方案。SolidWorks能够提供不同的设计方案、减少设计过程中的错误以及提高产品质量。

Pro-E是Pro/Engineer的简称，更常用的简称是ProE或Pro/E，Pro/E是美国参数技术公司(Parametric Technology Corporation，PTC)的重要产品，在三维造型软件领域中占有着重要地位。Pro-E作为当今世界机械CAD/CAE/CAM领域的新标准而得到业界的认可和推广，是现今主流的模具和产品设计三维CAD/CAM软件之一。

UG是一个交互式CAD/CAM(计算机辅助设计与计算机辅助制造)系统，它功能强大，可以轻松实现各种复杂实体及造型的建构。它在诞生之初主要基于工作站，但随着PC硬件的发展和个人用户的迅速增长，在PC上的应用取得了迅猛的增长，已经成为模具行业三维设计的一个主流应用。

3.9.2 驱动系统设计工具

科学计算(矩阵变换，轨迹规划)软件有MATLAB、Maple。

MATLAB软件主要面对科学计算、可视化以及交互式程序设计的高科技计算环境。它将数值分析、矩阵计算、科学数据可视化以及非线性动态系统的建模和仿真等诸多强大功能集成在一个易于使用的视窗环境中，为科学研究、工程设计以及必须进行有效数值计算的众多科学领域提供了一种全面的解决方案。

参考文献

［1］王先逵.机械制造工艺学［M］.北京：机械工业出版社，2013.

［2］夏智武，等.工业机器人技术基础［M］.北京：高等教育出版社，2018.

［3］许文稼，等.工业机器人技术基础［M］.北京：高等教育出版社，2017.

［4］周正军，等.工业机器人工装设计［M］.北京：北京理工大学出版社，2017.

思考与练习

1. 图3-11所示尺寸链中（A_0、B_0、C_0、D_0是封闭环），哪些组成环是增环？哪些组成环是减环？

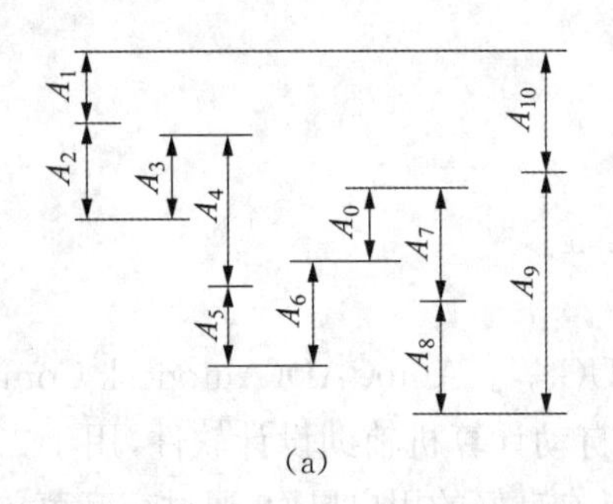

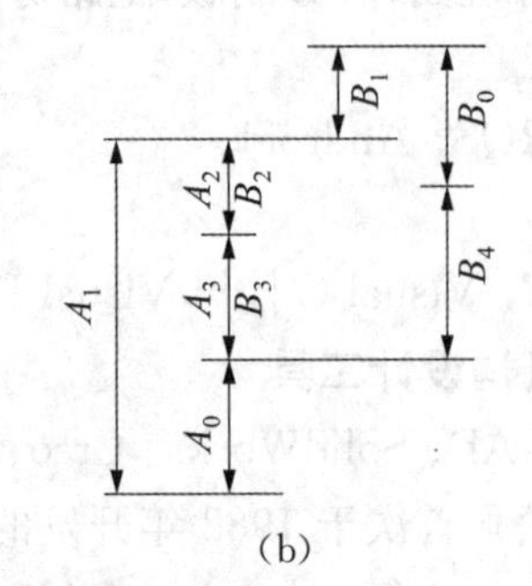

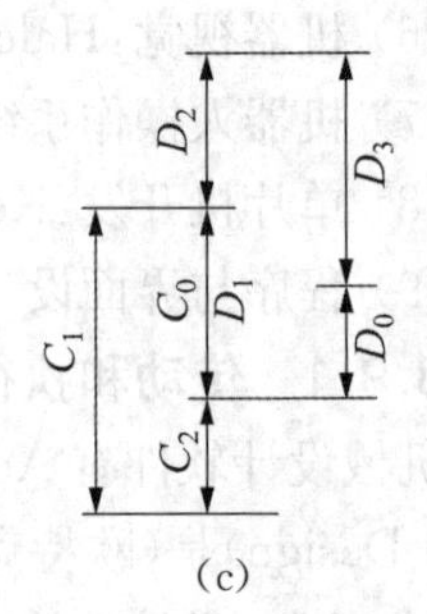

图3-11　第1题图

2. 什么是设计基准和工艺基准？

3. 机器人定位中，什么是相对定位和绝对定位？

4. 根据传动类型的不同，工业机器人传动部件可以分为哪两类？

5. 简述三类工业机器人工装夹具。

第 4 章

机器人作业变位机设计

◎ 学习成果达成要求

1. 掌握机器人作业变位机工作台的类型及应用。
2. 掌握机器人作业变位机的设计方法。

机器人变位机主要用于焊接作业、喷涂作业和装配等作业，作为改变工件位置和姿态的辅助设备。变位机可与操作机、焊机等配套使用，组成自动焊接系统或自动装配系统等。以焊接为例，焊接变位机一般由工作台回转机构和翻转机构组成，可通过工作台的升降、翻转和回转使固定在工作台上的工件达到所需的焊接和装配位姿。本章主要介绍机器人作业变位机的作用、常用变位机类型以及常用变位机的设计方法。

4.1 变位机的作用

变位机包括侧倾式变位机、头尾回转式变位机、头尾升降回转式变位机、头尾可倾斜式变位机以及双回转变位机等多种形式。变位机以焊接作业应用最为广泛，它通过工作台的升降、回转、翻转使工件处于焊接或装配位置，可与焊接操作机等配套组成自动焊接专机，还可作为机器人周边设备与机器人配套实现焊接自动化，同时可根据用户不同类型的工件及工艺要求，配以各种特殊变位机。

机器人变位机是专用焊接和装配等作业中的辅助设备，它可以根据焊接工艺和装配工艺要求，通过调整工件的位姿，以完成作业。变位机具有独立的控制系统，也具有通信接口可与机器人或上级设备相连，用于接收位置和姿态变化指令。典型的焊接变位机的应用如图 4－1 所示。

图 4－1　机器人焊接变位机

4.2 常用变位机类型

常用的机器人焊接变位机包括以下几种：

1）固定式回转平台

这是一种单轴变位机，其结构形式见图 4－2，它采用电机或气动马达驱动。对于这种变位机，通常工作平台的回转速度固定不变，其功能是配合机器人焊接工艺要求，按预定的程序将工件旋转一定的角度。

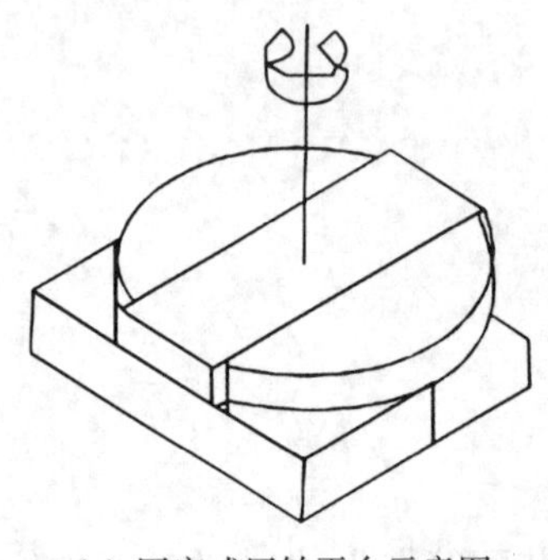

(a) 固定式回转平台示意图

(b) 固定式回转平台实物图

图 4－2 固定式回转平台

2）头架变位机

头架变位机也是一种单轴变位机，其结构形式如图 4－3 所示，其卡盘通常由电机驱动。与回转平台不同，其旋转轴是水平的，适用于装卡短小型工件，可配合机器人将工件接缝转到适于焊接的位置。

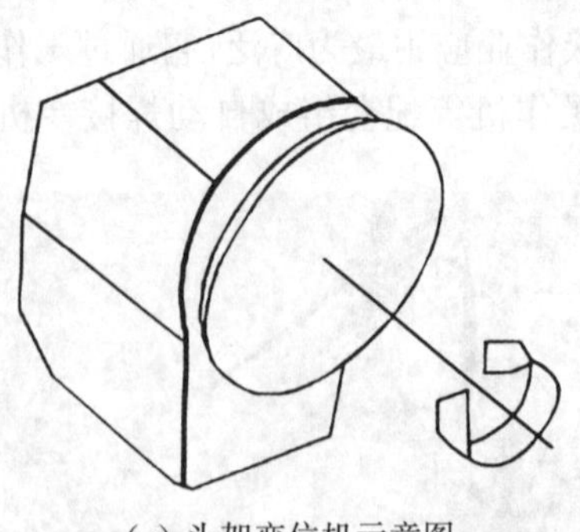

(a) 头架变位机示意图

(b) 头架变位机实物图

图 4－3 头架变位机

3）头尾架变位机

头尾架变位机由头架和尾架组成，其结构形式见图 4－4，它是机器人工作站最常用的变位机。头架一般装有驱动机构，带动卡盘绕水平轴旋转，尾架则是从动的。如工件长度较大或刚度较小，亦可将尾架装上驱动机构，并与头架同步启动。尾架在机座轨道上的水平移动在装卸工件时起作用，不与机器人协调动作。

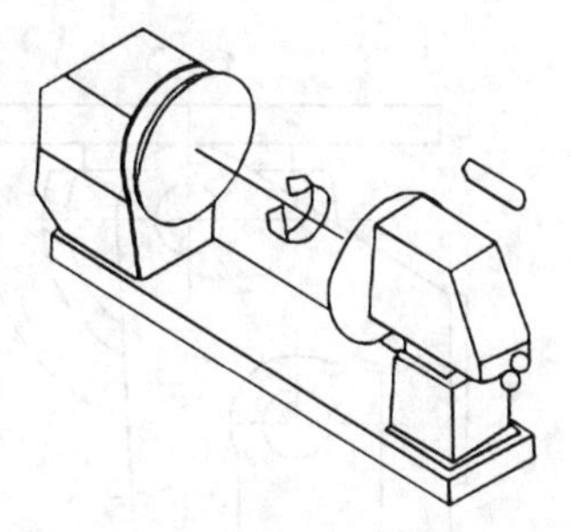

(a) 头尾架变位机示意图

(b) 头尾架变位机实物图

图4-4 头尾架变位机

4) L形变位机

L形变位机可以设计成二轴变位机，具有工作台旋转和工件旋转两个自由度；也可以设计成三轴变位机，即在上述二轴的基础上增加悬臂上下移动轴。图4-5是一种工件旋转的L形变位机的结构形式。这种变位机的最大特点是回转空间较大，适用于外形尺寸较大，重量不超过5t的框架构件焊接。

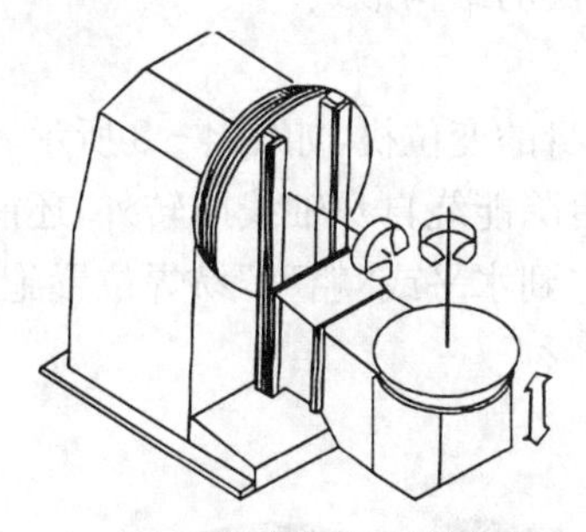

(a) L形变位机示意图

(b) L形变位机实物图

图4-5 L形变位机

5) 双头架变位机

双头架变位机是将两台头架变位机相背同轴安装在回转平台上，形成一种二轴变位机，其结构形式见图4-6。使用该变位机可成倍提高生产效率，当一台头架变位机配合机器人进行焊接时，在另一台头架变位机上进行工件的装卸和夹紧，因而这样可大大缩短机器人待机时间，提高利用率。

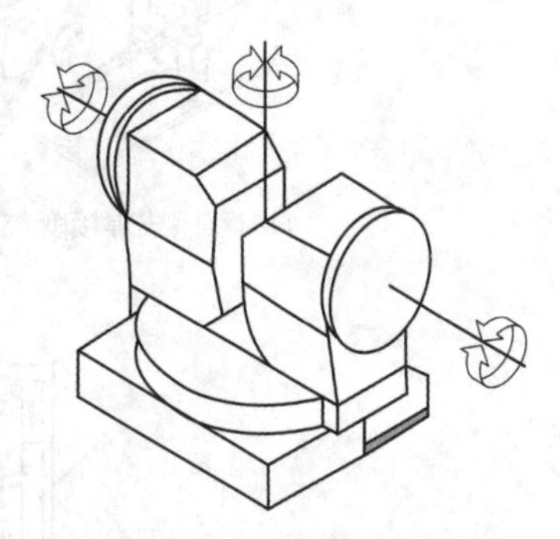

图4-6 双头架变位机

6) 座式变位机

座式焊接变位机工作台有一个整体翻转的自由度，如图4-7所示，它可以将工作台翻转到理想的焊接位置进行焊接；另外工作台还有一个辅助的旋转自由度。该变位机主要用于一些管、盘的焊接。工作台边同回转机构支承在两边的倾斜轴上，工作台以焊接工艺所需要的速度回转，倾斜边通过扇形齿轮或液压缸驱动，一般可在140°的范围内恒速倾斜。这种变位机一般不用固定在地基上，其适用范围为1～50t工件的翻转变位，常与伸缩臂式焊接操作机配合使用。

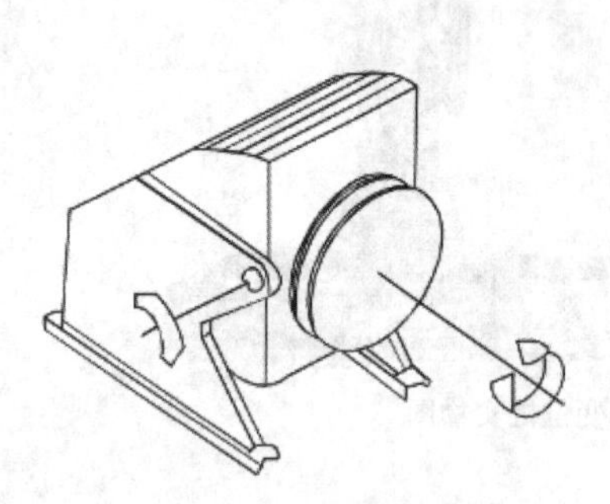

(a) 座式焊接变位机示意图

(b) 座式焊接变位机实物图

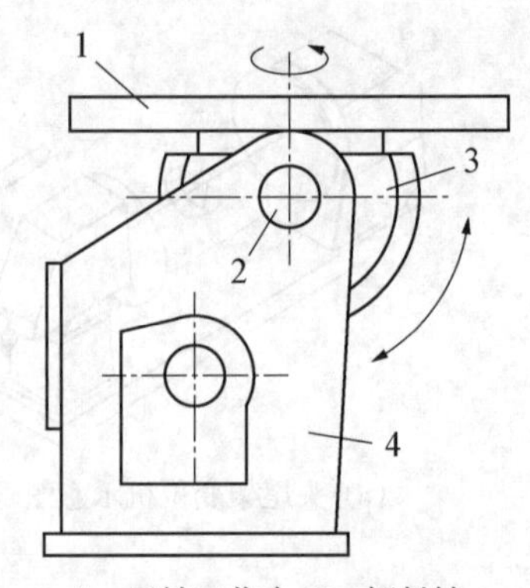

1—回转工作台；2—倾斜轴；
3—伞形齿轮；4—机座
(c) 座式焊接变位机机构运动简图

图 4-7　座式焊接变位机

座式变位机座式变位机通过工作台的回转或倾斜，使焊缝处于水平或者船形位置的装置。工作台旋转采用无级调速，它可以实现与操作机或焊机联控。该变位机主要应用于各种轴类、盘类、筒体等回转体工件的焊接，是目前应用最广泛的结构形式。

7）双座式变位机

双座式焊接变位机是集翻转和回转功能于一身的变位机，如图 4-8 所示。这种变位机的翻转和回转分别由两个轴驱动，夹持工件的工作台除能绕自身轴线回转外，还能绕另一根轴做倾斜或翻转，它可以将焊件上各种位置的焊缝调整到水平或"船型"易焊位置施焊，适用于框架型、箱型、盘型和其他非长型工件的焊接。

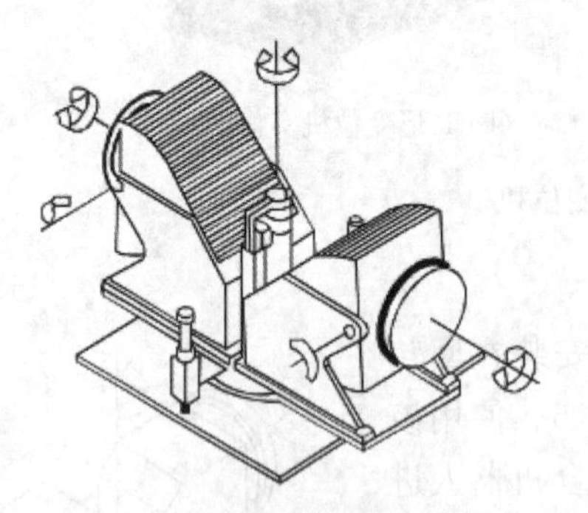

(a) 双座式焊接变位机示意图

(b) 双座式焊接变位机实物图

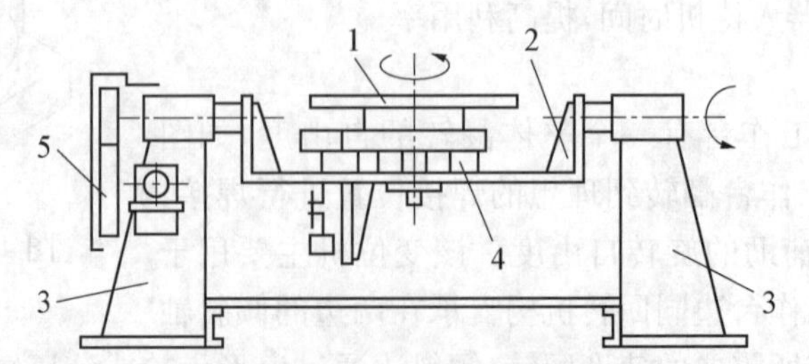

1—工作台；2—U 形架；3—机座；4—回转机构；5—倾斜机构
(c) 双座式焊接变位机机构运动简图

图 4-8　双座式焊接变位机

如图 4-8 所示,工作台坐在 U 形架上,以所需要的焊速回转,U 形架坐在两侧的机座上,可以恒速或变速绕水平轴线转动。该变位适用范围为 50 t 以上重型大尺寸工件的翻转变位,多与大型门式焊接操作机或伸缩臂式焊接操作机配合使用。

8) 伸臂式焊接变位机

如图 4-9 所示,伸臂式焊接变位的回转工作台安装在伸臂一端,伸臂一般相对于某倾斜轴成角度回转,而此倾斜轴的位置一般是固定的,但有的也可在小于 100°的范围内上下倾斜。该机变位范围大,作业适应性好,但整体稳定性相对差,其适用范围为 1 t 以下中小工件的翻转变位。

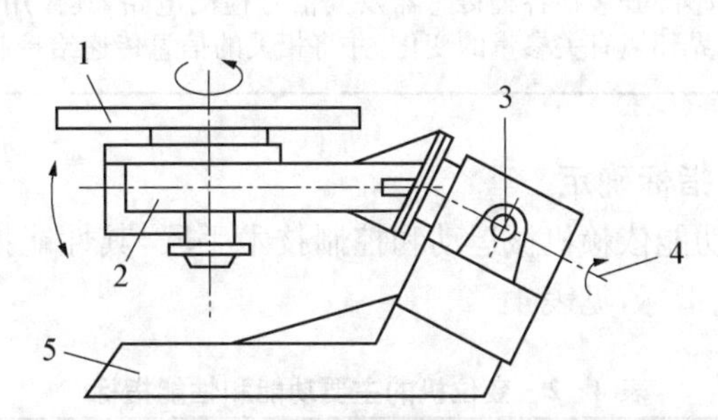

1—回转工作台;2—伸臂;3—倾斜轴;4—回转轴;5—机座

图 4-9　伸臂式焊接变位机

9) 组合式多轴变位机

当要求机器人焊接形状复杂且焊缝呈空间分布的零部件时,则需配备一个三轴以上的变位机。一种简易的解决方案是将各种标准型变位机通过机械连接组合成多轴变位机。图 4-10 为一种典型的组合式多轴变位机结构形式,其头架与框架式头尾变位机组合成 5 轴变位机,也可将两台组合式 5 轴变位机安装在回转平台上构成 11 轴变位机。

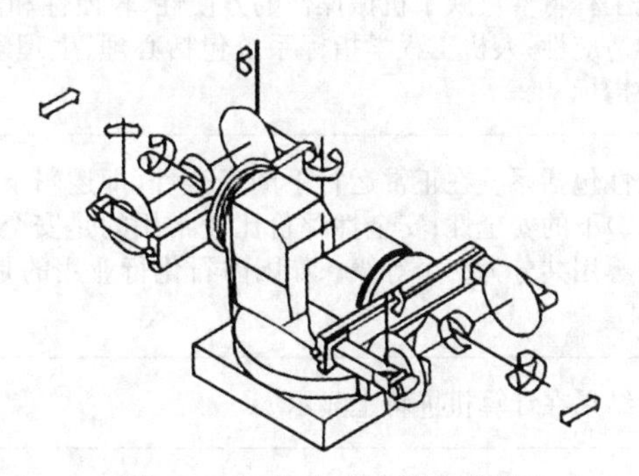

图 4-10　组合式多轴变位机

4.3 常用变位机设计方法

变位机的设计主要依据焊接或装配等工艺要求进行。以焊接作业为例,焊接变位机的主要设计依据是焊接工件的重量、尺寸及焊缝的形状、尺寸和空间分布等特征信息,在设计过程中还需综合考虑多方面的因素,如工件的焊接方法及其工艺规范等。自动焊接变位机是典型的机电一体化系统,它一般由机械系统、控制系统和检测系统组成,它们的功能见表 4-1。作为典型的机电一体化系统,都可以采用模块化的设计方法进行设计。

表 4-1 变位机的组成及其功能

名称	功能
机械本体	机械本体包括机架、机械连接、机械传动等，它是机电一体化的基础，起着支撑系统中其他功能单元、传递运动和动力的作用
控制系统	控制系统将来自各传感器的检测信号和外部输入命令进行集中、存储、计算、分析，根据信息处理结果，按照一定的程度和节奏发出相应的指令，控制整个系统有目的地进行
检测系统	检测传感部分包括各种传感器及其信号检测电路，其作用就是检测系统工作过程中本身和外界环境有关参量的变化，并将相关的信息传递给控制系统，形成闭环控制

4.3.1 变位机设计指标确定

对于变位机，其主要功能依赖机械运动和控制技术手段，其性能指标包括机械性能指标、控制性能指标和检测性能指标，见表 4-2。

表 4-2 变位机的主要功能和性能指标

功能类别	功能定义
机械系统性能指标	额定负载、定位精度、自由度、总运动范围、每一个自由度对应的运动范围、定位精度、速度、加速度、力、力矩
控制系统性能指标	控制变量数量、控制变量类型、控制精度、控制算法等
检测系统性能指标	被测对象数量、被测对象类型、测量精度、测量算法
人机工程学指标	人机工程特性反映了机械操作的方便性、轻便性和舒适性，以及对于人体测址学指标的适应性；人机工程学指标系统包括心理、生理学指标、人体测量学指标和劳动保护指标
安全性指标	安全性包括系统在正常运行下的安全性(即逻辑上的错误，又叫功能安全)和故障(失效)下的安全性；安全性评价比较常用的是安全完整性等级(SIL)，根据安全要求的不用共分为四个等级。如国内石化行业用的是 SIL3，铁路和轨道交通用的是 SIL4
结果显示功能	测量结果在计算机屏幕上显示
数据存储功能	测量数据存储格式、数据类型、数据存储方式
数据输出功能	输出数据格式、形式及测量不确定度
自诊断功能	开机自检、周期自检、故障提示
操作功能	仪器操作方式(鼠标、键盘、操作手柄)、操作规范

变位机包括机械系统、控制系统和检测系统，它们的功能见表 4-1，作为典型的机电一体化系统，可以采用模块化的设计方法进行设计。

4.3.2 变位机设计流程

变位机设计流程如图 4－11 所示。

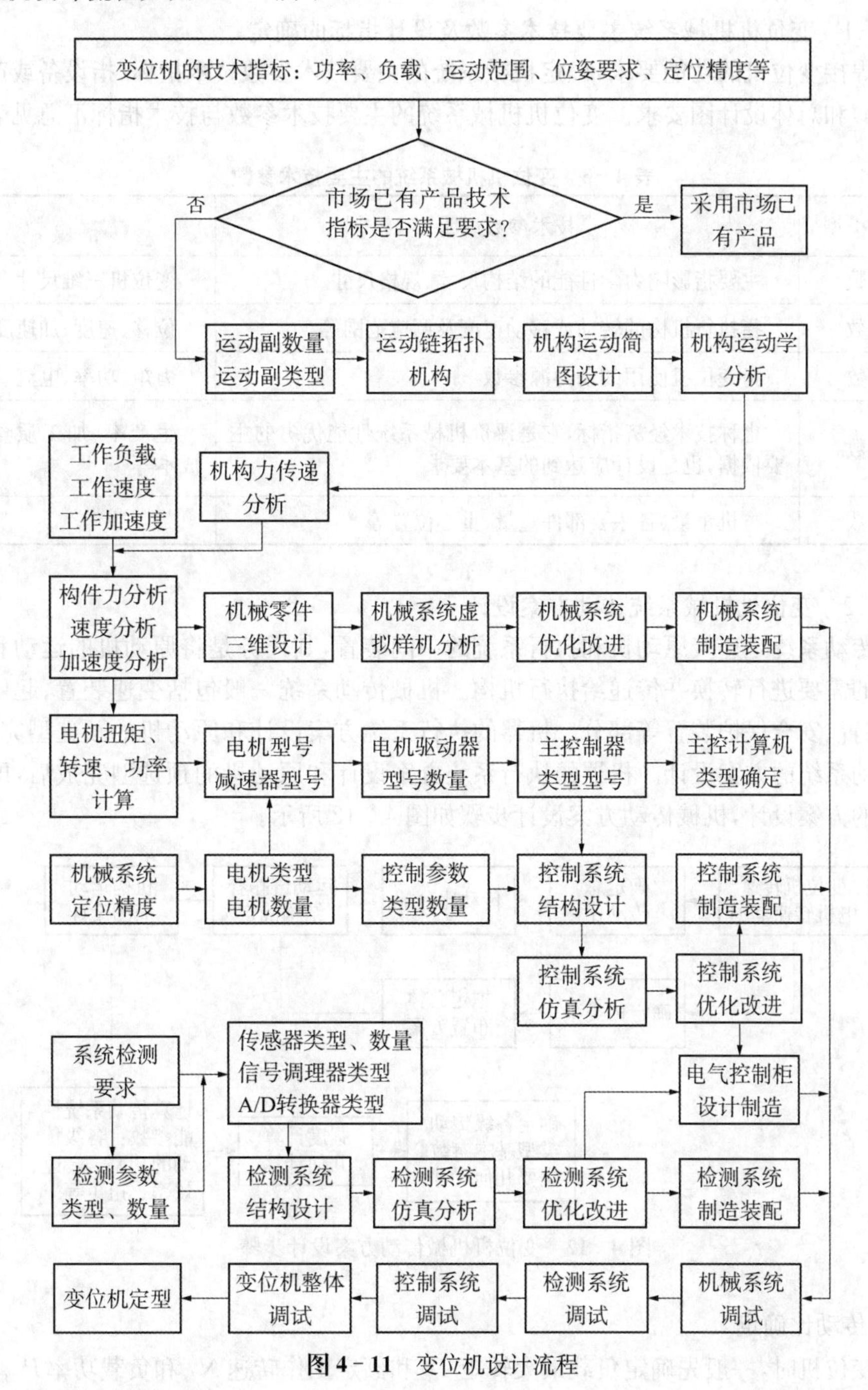

图 4－11 变位机设计流程

4.3.3 变位机机械系统设计

变位机机械系统设计，包括机械传动方案拟定、机构设计、零部件设计和装配图设计等环节。其设计过程为：先确定机械传动方案，在此基础上，确定总装配及部件装配草图；通过草图设计确定出各部件及其零件的外形及基本尺寸，包括各部件之间的连接，零部件的外形及基本尺寸;最后绘制零件的工作图、部件装配图和总装图。机械系统技术设计的具体任务以下几个方面。

4.3.3.1 变位机机械系统主要技术参数及设计指标的确定

根据焊接变位机的功能要求,确定机械系统的主要技术参数技术指标(指设备或产品的精度、功能等)和总体设计图要求。变位机机械系统的主要技术参数与技术指标汇总见表 4-3。

表 4-3 变位机机械系统的主要技术参数

技术参数类型	技术参数说明	参　数
规格参数	主要指影响力学性能的结构尺寸、规格尺寸	变位机三维尺寸
运动参数	指执行机构的转动或移动速度及调速范围等	位移、速度、加速度
动力参数	指变位机使用的动力源参数	力矩、功率、电流
性能参数	也称技术经济指标,它是评价机械系统性能优劣的主要依据,也是设计应达到的基本要求	生产率、加工质量、寿命、成本等
重量参数	整机重量、各主要部件重量、重心位置等	

4.3.3.2 变位机机械系统传动方案设计

机械传动系统是连接原动机和执行系统的中间装置,其任务是将原动机的运动和动力按执行系统的需要进行转换并传递给执行机构。机械传动系统一般包括变速装置、起停换向装置、制动装置、安全保护装置等部分。机器的执行系统方案设计和原动机的预选型完成后,即可进行传动系统的方案设计。机器的执行系统方案设计和原动机的预选型完成后,即可进行传动系统的方案设计,机械传动方案设计步骤如图 4-12 所示。

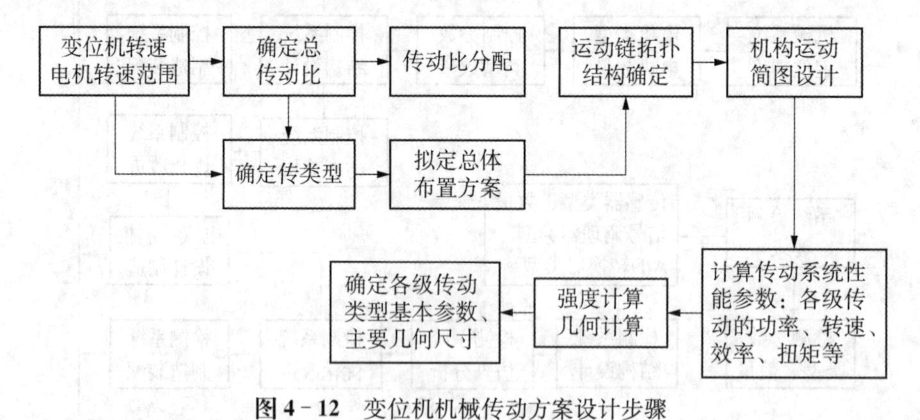

图 4-12 变位机机械传动方案设计步骤

1) 总传动比确定

设计变位机时,一般先确定负载最大转矩 T_l 和额定工作转速 N_l 和负载功率 P_l。继而选择电机计算转矩 T_c 和计算功率 P_c,使其满足以下条件:

$$\left.\begin{aligned} T_c &\geqslant kT_l \\ P_c &\geqslant kP_l \end{aligned}\right\} \tag{4-1}$$

式中,k 为载荷系数,$k=1.5\sim2$。

根据电机计算转矩 T_c 和计算功率 P_c 选择具体的电机类型和型号，再确定电机的电机计算转矩 T_m、计算功率 P_m 和额定转速 N_m。之后确定实际总传动比

$$i = N_m / N_l \tag{4-2}$$

2）机械传动方案确定

根据执行机构的运动形式和数量，将齿轮传动、带传动、链传动等进行组合，形成传动链。

变位机中常用的齿轮减速器的类型包括单级、两级圆柱齿轮减速器、单级锥齿轮减速器，圆锥圆柱齿轮减速器、蜗杆减速器等，它们的特点和用途见表4-4。

表4-4 常用齿轮减速器类型及其应用

减速器的传动形式		减速器传动的简图	推荐减速比范围	特点及应用
单级圆柱齿轮减速器		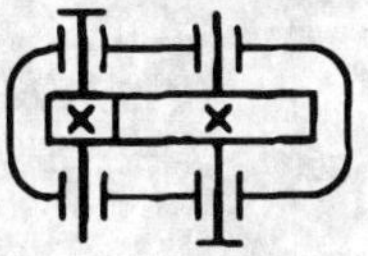	$i < 8$	减速器的齿轮可做成直齿、斜齿或人字齿。直齿用于速度较低（$v < 8\,m/s$）或负荷较轻的传动需要；斜齿或人字齿用于速度较高或负荷较重的传动需要
两级圆柱齿轮减速器	展开式	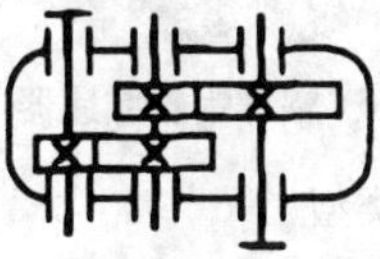	$i = 8 \sim 60$	高速级齿轮布置在远离转矩的输入端，能减弱轴在弯矩作用下产生的弯曲变形所引起的载荷沿齿宽分布不均匀的现象，用于载荷比较平稳的场合；高速齿轮级可做成斜齿，低速级齿轮可做成直齿或斜齿
	同轴式	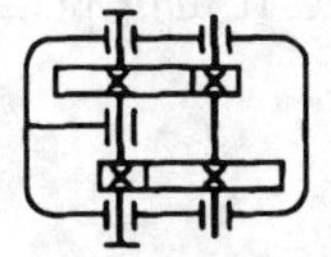		减速器的轴向尺寸及重量较大；高速级齿轮的承载能力难以充分利用；中间轴较长，刚性差，载荷沿齿宽分布不均匀；仅能有一个输入和输出轴端
单级锥齿轮减速器		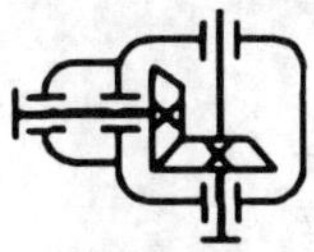	$i < 6$	用于输入轴和输出轴两轴线垂直相交的传动，可做成卧式或立式；由于锥齿轮制造较复杂，仅在传动布置需要时才会采用
圆锥-圆柱齿轮减速器		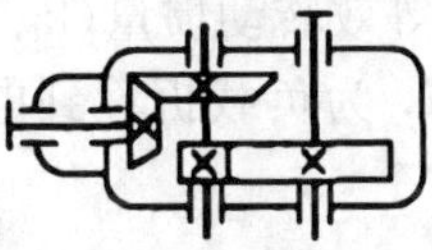	$i = 8 \sim 40$	锥齿轮应布置在高速级，以使锥齿轮的尺寸不致过大，并减小加工困难；锥齿轮可做成直齿、斜齿或曲线齿，圆柱齿轮可做成直齿或斜齿
蜗杆减速器	蜗杆下置式	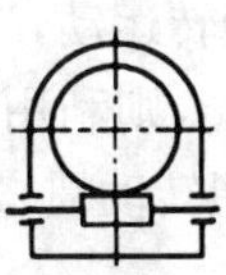	$i = 10 \sim 80$	蜗轮蜗杆减速器的蜗杆布置在蜗轮的下边，啮合处的冷却和润滑都较好，同时蜗杆轴承的润滑也较方便；但当蜗杆圆周速度太大时，油的搅动损失较大，一般用于蜗杆圆周速度 $v < 10\,m/s$ 的情况
	蜗杆上置式	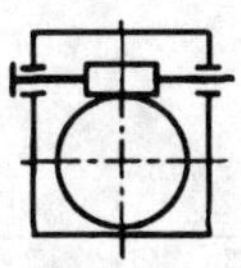		蜗轮蜗杆减速器的蜗杆布置上蜗轮的上边，装拆方便，蜗杆的圆周速度允许高一些，但蜗杆轴承的润滑不太方便，需要采取特殊的结构措施

常用减速器包括单级圆柱齿轮减速器、两级圆柱齿轮减速器、圆锥-圆柱齿轮减速器和蜗杆蜗轮减速器，其实物图如图 4-13 所示。

(a) 单级圆柱齿轮减速器

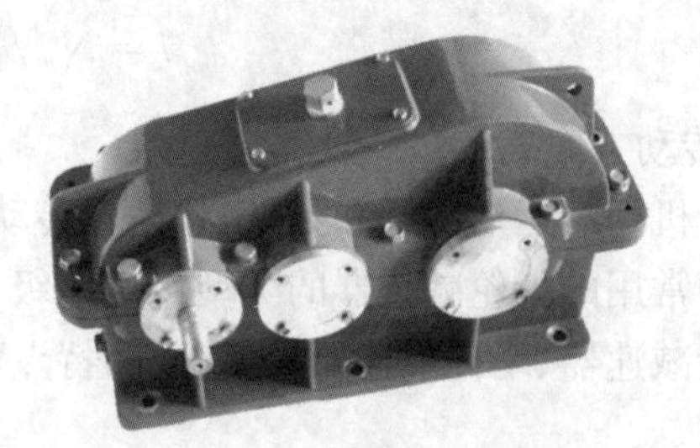

(b) 两级圆柱齿轮减速器

(c) 圆锥-圆柱齿轮减速器

(d) 蜗杆蜗轮减速器

图 4-13 常用减速器类型

应该根据变位机总传动比以及不同类型减速器的减速比范围和运动传递方向的要求，确定减速器的具体类型，并尽可能选用标准减速器。

3) 电机输出总力矩 M 的计算

$$M = M_a + M_f + M_l \tag{4-3}$$

式中，M_a 为电机启动加速力矩(N·m)，且有

$$M_a = k_a (J_m + J_{le}) \frac{n\pi}{30t_a} \tag{4-4}$$

式中，J_m 为电机转动惯量；J_{le} 为负载折算到电机轴的等效转动惯量(kg·m·s^2)；n 为电机所需达到的转速(r/min)；t_a 为电机加速时间(s)；M_f 为负载折算到电机轴的摩擦阻力矩(N·m)；M_l 为负载力矩(N·m)。

4) 负载等效转动惯量 J_{le} 的计算

假定变位机中有 M 个运动构件，其中有 k 个做定轴旋转运动，l 个做直线运动，p 个做一般运动(既有转动，也有平动)；设某一时刻电机的转速为 ω_M，则利用动能等效原理，在某一时刻，执行机构的所有构件的动能之和等于电机轴上一个假想转动惯量为 J_{le} 的转子动能，即

$$\frac{1}{2} J_{le} \omega_M^2 = \sum_{s=1}^{k} \frac{1}{2} J_s \omega_s^2 + \sum_{q=1}^{l} \frac{1}{2} m_q v_a^2 + \sum_{i=1}^{p} \left(\frac{1}{2} m_i v_{ci}^2 + \frac{1}{2} J_{ci} \omega_{ci}^2 \right) \tag{4-5}$$

由式(4-5)可以求得变位机的等效转动惯量

$$J_{le} = \sum_{s=1}^{k} \frac{J_s \omega_s^2}{\omega_M^2} + \sum_{q=1}^{l} \frac{m_q v_a^2}{\omega_M^2} + \sum_{i=1}^{p} \left(\frac{m_i v_{ci}^2}{\omega_M^2} + \frac{J_{ci} \omega_{ci}^2}{\omega_M^2} \right) \tag{4-6}$$

负载折算到电机轴的摩擦阻力矩(N·m)

$$M_{ef}=\sum M_{fs}/i_s \tag{4-7}$$

式中,M_{fi} 为第 i 个运动副的摩擦阻力矩;i_i 为第 i 个运动副与电机轴之间的传动比。则折算到电机轴的工作力矩(N·m)

$$M_{el}=M_l/i \tag{4-8}$$

4.3.3.3 变位机原动件类型的选择及设计

对于机械系统设计,一个自由度就需要一个原动件,可以根据机构自由度数及其运动类型确定,需要确定原动件的类型和技术参数。

变位机原动件的类型主要包括步进电机、直流伺服电机、交流伺服电机和液压缸,其特点见表 4-5。

表 4-5 不同类型变位机原动件的驱动方式特点对比

比较内容	驱动方式		
	电机驱动		液压驱动
	伺服电机驱动	步进电机驱动	
输出力	输出力较小,过载能力大	输出力较小,一般无过载能力	液压压力大,可获得较大的输出力
控制性能	控制性能好,可精确定位,但控制系统复杂	定位准确,但精度没有伺服电机高;低频控制性能差	油液不可压缩,流量易精确控制,可实现无级调速,可实现连续轨迹控制
体积	体积较小	体积小	在输出力相同的条件下体积小
维护维修	维修使用较复杂	相对于伺服电机简单	维修方便,液体对温度变化敏感,油液泄漏影响大,易着火
应用范围	可实现复杂运动轨迹控制的中小型变位机	可实现复杂运动轨迹控制的中小型变位机	大型和重型变位机采用
成本	成本较高	成本高,相对伺服电机低	液压元件成本较高,油路系统复杂

步进电机和伺服电机传动机构的特点和应用场合见表 4-6。

表 4-6 步进电机和伺服电机传动机构特点及应用场合

机构运动类型	传动方式	应用场合				
		定位精度	控制方式	运动速度	过载能力	成本
直线运动	步进电机+减速器+丝杠	较高	开环	中高速	无	较高
	伺服电机+减速器+丝杠	高	闭环	低速~高速	能承受 3 倍额定负载转矩	高

（续表）

机构运动类型	传动方式	应用场合				
		定位精度	控制方式	运动速度	过载能力	成本
旋转运动	步进电机＋减速器	较高	开环	中高速	无	较高
	伺服电机＋减速器	高	闭环	低速～高速	能承受3倍额定负载转矩	高

选用直流伺服和交流伺服控制方式，要综合考虑到变位机负载的功率大小、扭矩、转速范围、定位精度、成本、现场工作环境和现场供电方式等因素。

把所有原动件的类型和技术参数确定后，汇总见表4-7。其中负载的功率和扭矩要根据负载的工作阻力(阻力矩)、转速范围、机构运动简图来确定。

表4-7 典型原动件控制技术要求

原动件类型		数量	技术参数
控制电机	步进电机	i	最大转矩、转速范围、定位精度
	直流伺服电机	j	最大转矩、转速范围、定位精度
	交流伺服电机	k	最大转矩、转速范围、定位精度
液压缸		l	最大工作阻力、转速范围、定位精度

根据最大转矩、转速范围、定位精度要求，用上述方法确定所有原动件的类型和技术参数后，可以为每一个的原动件的运动的控制系统设计提供依据，它们也是“电气控制系统设计”和“检测系统设计”的依据。

4.3.3.4 变位机机械系统机构运动简图设计

根据机械传动方案以及原动件类型和数量，再根据执行机构的运动要求，用简单的线条和符号来代表构件和运动副，并按一定比例表示各运动副的相对位置，可制作用以说明机构各构件间相对运动关系的简单图形，称为机构运动简图。借助机构运动简图，可以分析变位机的运动学和动力学特性，求解作用在各组成构件上的力，为进一步选择零件的材料及其承载能力设计奠定基础。

焊接变位机工作台的回转运动，多采用电动机驱动，一般具有无级变速功能。当前也出现了全液压变位机，其回转运动由液压马达来驱动。变位机工作台常用的倾斜运动有两种驱动方式：一种是齿轮驱动变位机，其原理是电动机由减速器减速后通过扇形齿轮带动工作台倾斜，或通过螺旋副使工作台倾斜，如图4-14所示。另一种是液压缸驱动变位机，其原理是采用液压缸直接推动工作台倾斜，如图4-15所示。工作台的倾斜速度一般是恒定的，但对应用于空间曲线焊接及空间曲面堆焊的变位机，则采用无级调速。工作台的升降运动，一般都采用液压驱动，通过柱塞式或活塞式液压缸进行。

工作台的回转运动应具有较宽的调速范围，变位机的总调速比一般为1∶30～1∶200。工作台回转时，速度应平稳均匀，在最大载荷下的速度波动不得超过5%。另外，工作台倾斜时，特别是向上倾斜时，运动应保持平稳，在最大载荷下应无抖动。

图 4-14 齿轮驱动变位机

图 4-15 液压缸驱动变位机

在电动机驱动的变位机中,其工作台回转、倾斜系统中,常设有一级蜗杆传动,一般可以选用标准蜗杆减速器,并使其具有自锁功能,有的还设有制动装置。

图 4-16 是国产 20 t 焊接变位机机械传动简图,其回转系统由 3 kW 直流电机,通过带传动→蜗杆传动→两级行星齿轮传动→外齿传动→内齿轮传动减速后,带动工作台回转。回转

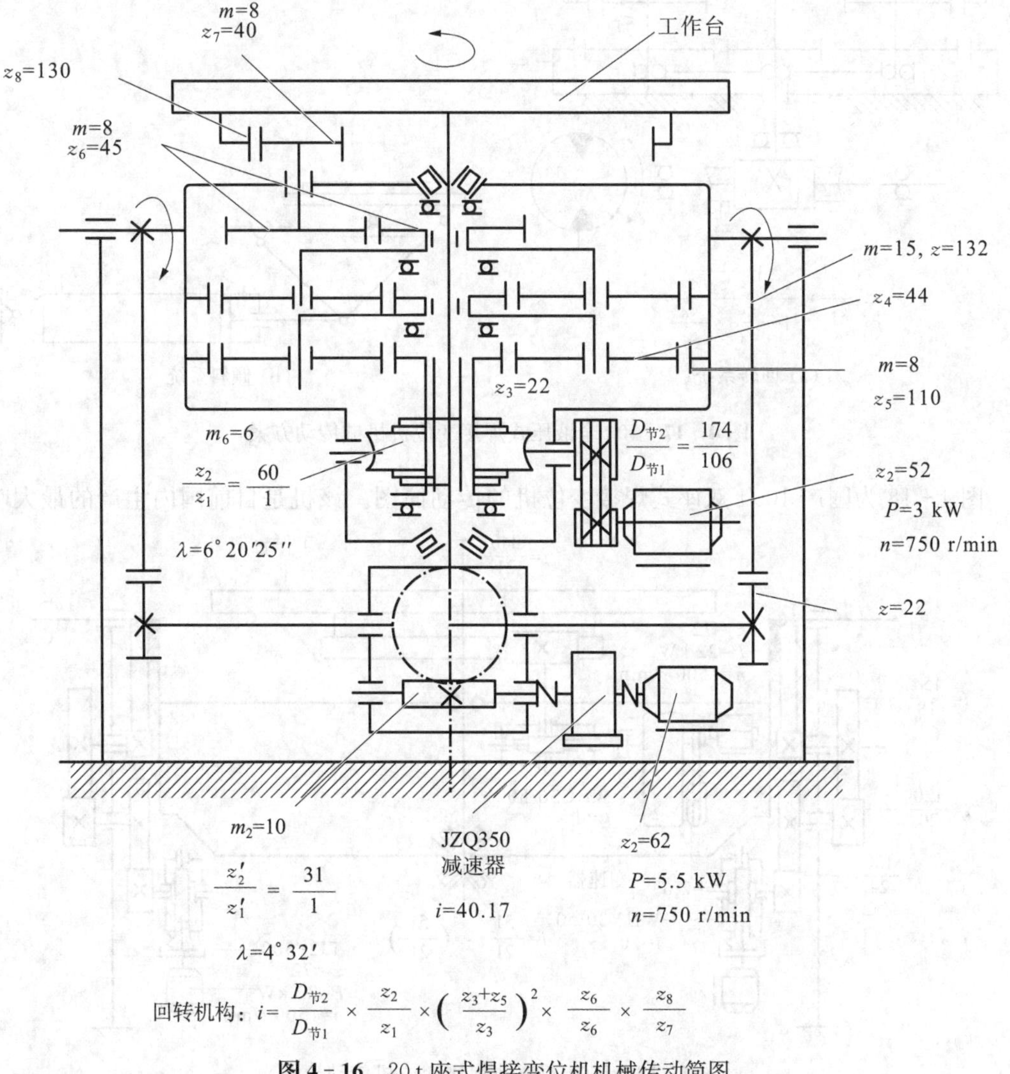

图 4-16 20 t 座式焊接变位机机械传动简图

系统的总传动比为 11 520，工作台许用回转力矩为 224 kN · m。倾斜系统由 5.5 kW 直流电机，经圆柱齿轮减速器→蜗杆减速器→开式扇形齿轮传动减速后，带动工作台倾斜。倾斜系统总传动比为 7 472，工作台许用倾力矩为 320 kN · m，倾斜角度为 −45°～115°。

图 4 - 17 是 10 t 全液压座式焊接变位机机械传动简图，其中图 4 - 17a 是回转系统的传动简图，系统由额定转矩 98 kN · m 的径向柱塞液压马达，通过蜗杆传动→二级行星齿轮传动减速后，带动工作台回转，其转速可在 0.01～0.6 r/min 范围内无级调节，工作台许用回转力矩为 40 kN · m。图 4 - 17b 是倾斜系统的传动简图，该系统由两个推力为 274 kN 的液压缸推动工作台倾斜，平均倾斜速度为 0.5 r/min，工作台许用倾斜力矩为 150 kN · m，可倾斜角度为 135°。全液压焊接变位机，由于具有结构紧凑、重量较轻、传动刚性好、运行平稳、可实现大范围可无级调速、并有防过载能力等优点。

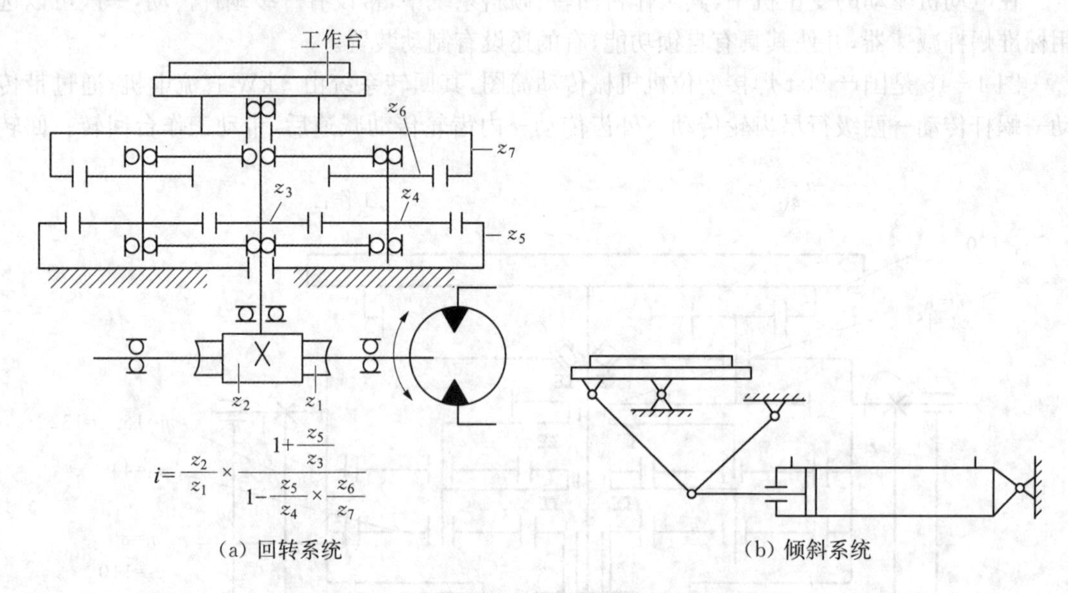

图 4 - 17 10 t 全液压式焊接变位机机械传动方案

图 4 - 18 为国产 100 t 双座式焊接变位机的传动简图。该机是目前国内生产的最大吨位

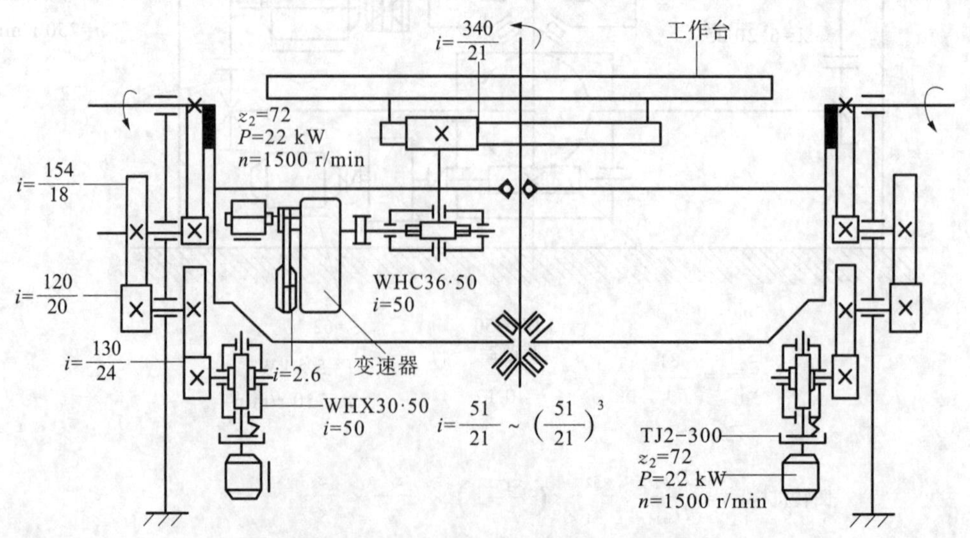

图 4 - 18 100 t 双座式焊接变位机传动简图

的焊接变位机(目前世界上最大的焊接变位机为 2 000 t,用于装焊分段船体时的翻转变位)。其回转系统由 22 kW 直流电机,通过带传动→变速器→蜗杆减速器→外齿传动减速后,带动工作台回转。该系统总传动比在 5 112～30 148 之间,无级可调。工作台的许用回转力矩为 98 kN · m。倾斜系统由两台 22 kW 直流电动机,通过蜗杆减速器→三级外齿传动减速后,带动工作台倾斜。该系统总传动比为 13 903,工作台许用倾斜力矩为 196 kN · m,倾斜角度为 −10°～120°。在电动机的输出端还安装有电磁制动器,以保证工作台倾斜时准确到位。

4.3.3.5 变位机力学模型及电机选型

1) 固定式回转平台

如图 4 - 19 所示固定式回转平台,其力学模型为"轴",即主要转递和承受扭矩。

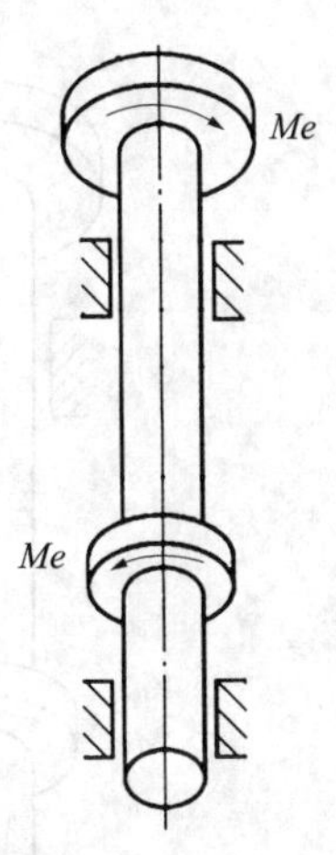

图 4 - 19 固定式回转平台力学模型

2) 头架变位机

头架变位机力学模型如图 4 - 20 所示。

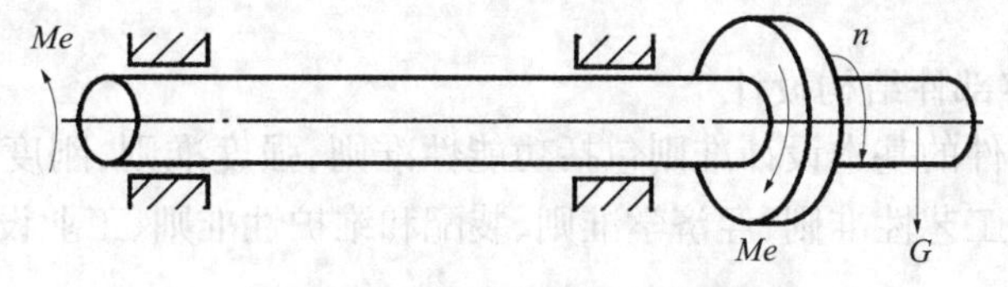

图 4 - 20 头架变位机力学模型

3) 头尾架变位机

头尾架变位机力学模型如图 4 - 21 所示。

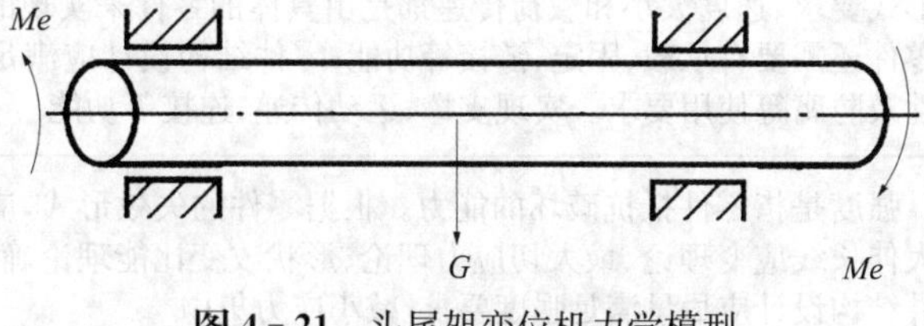

图 4 - 21 头尾架变位机力学模型

4) L 形变位机

L 形变位机可以看作一个固定式平台和头架变位机的组合。

5）双头架变位机

双头架变位机可以看作一个固定式平台和两个头架变位机的组合。

6）座式变位机

座式变位机可以看作头尾架式变位机和一个头架变位机的组合。

7）双座式变位机

双座式焊接变位机的力学模型同头尾架变位机。

8）伸臂式焊接变位机

伸臂式变位机可以看成一个悬臂梁和一个固定旋转平台力学模型的组合，如图 4-22 所示。

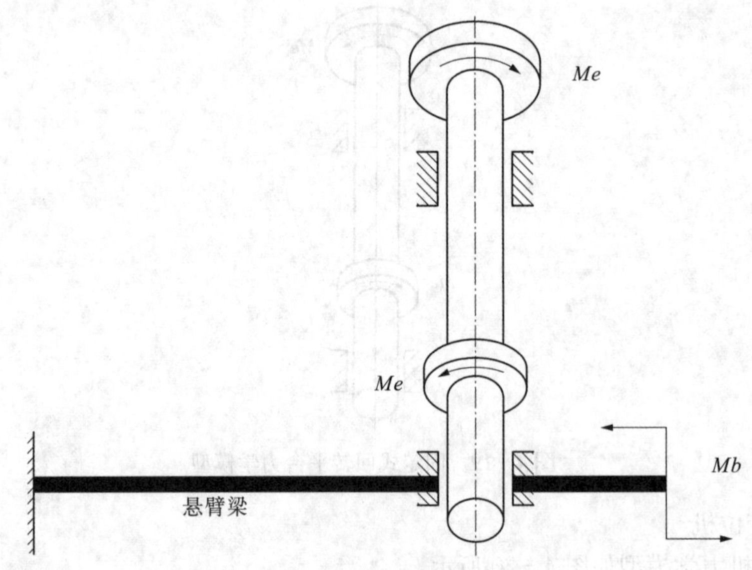

图 4-22　伸臂式焊接变位机力学模型

4.3.3.6　机械零部件结构设计

变位机中机械零件的基本设计准则包括功能性准则、强度准则、刚度准则、振动稳定性准则、耐磨性准则、结构工艺性准则、经济学准则、装配和维护性准则、工业设计准则，见表 4-8。

表 4-8　零件设计基本准则

零件设计准则类型	具 体 要 求
功能性准则	零件设计时必须首先满足其功能和使用要求。机械的功能要求，如运动范围和形式要求、速度大小和载荷传递都是由具体的零件来实现的。除传动要求外，机械零件还需要有承载、固定、链接等功能；零件结构设计应满足强度、刚度、精度、耐磨性及防腐等使用要求。实现支撑、运动传递、连接等功能
强度准则	强度是指零件抵抗破坏的能力。根据零件的失效形式，应用最大拉应力理论、最大伸长线应变理论、最大切应力理论、形状改变比能理论确定零件的主要尺寸。零件结构设计应尽量满足强度要求，减小应力集中

（续表）

零件设计准则类型	具 体 要 求
刚度准则	刚度指零件在载荷作用下抵抗弹性变形的能力，刚度不足时，机械零件会发生较大的弹性变形，影响机械的正常工作。应根据零件受力特点，通过选取合适的尺寸和截面形状，使得零件的拉（压）、弯曲、扭转变形不超过许用值
振动稳定性准则	当作用在零件上的周期性外力的变化频率与零件的自激振动频率（固有频率）接近或者相等时，会发生共振，导致零件破坏和功能失效。零件设计时，应使零件的自激振动频率远离外载荷的频率
耐磨性准则	合理设计机械零件的结构形状和尺寸，以减少相对运动表面之间的压力和相对运动速度；选择适当的材料和热处理；采用合适的润滑剂、添加剂及其供给方法；提高加工及装配精度以避免局部磨损等
结构工艺性准则	零件结构设计工艺性指在机械结构设计中要综合考虑制造、装配、维修和热处理等各种工艺、技术问题；在保证功能使用要求的前提下，采用较经济的工艺方法制造出零件；机械零件结构的工艺性要求包括：加工工艺性要求和装配工艺性要求
经济学准则	经济性要求主要取决于选材和零件结构设计工艺性环节；合理地确定零件尺寸和结构，尽量简化结构形状，注意减少零件的机械加工量；合理地规定制造精度等级和技术条件，尽可能采用标准件和通用件
装配和维护性准则	零件结构应便于装配、拆卸以及维修和维护
工业设计准则	零件的设计应考虑人因工程要求

4.3.3.7 变位机机械系统装配图设计

依据机构运动简图以及所有零部件结构图，完成机械系统装配图设计，完成配合公差、总体尺寸、传动特性尺寸的标准和装配技术要求撰写。机械系统装配图设计要完成部件装配图及总装配图的设计。

1）主要结构设计

根据已定出的主要零部件的基本尺寸，设计出部件装配草图及总装配草图。草图上需对所有零件的外形及尺寸进行结构化设计。在此步骤中，需要协调各零件的结构及尺寸，全面考虑所设计的零部件的结构工艺性，使全部零件有合理的构形。

2）主要零件的强度和刚度校核

在绘出部件装配草图及总装配草图以后，所有零件的结构及尺寸均为已知，相互邻接的零件之间的关系也为已知。在此阶段，可以较为精确地确定作用在零件上的载荷，并校核其强度和刚度是否满足设计要求。

材料在外力作用下抵抗破坏的能力称为材料的强度。当材料受外力作用时，其内部产生应力，外力增加，应力相应增大，直至材料内部质点间结合力不足以抵抗所作用的外力时，材料即发生破坏。材料破坏时应力达到的极限值称为材料的极限强度，单位为兆帕（MPa）。因此满足强度条件，是零件和构件设计的最低要求。进行零部件的强度校核时，应参考变位机构运动简图。对于根据传递的扭矩、转速、功率、传动比等参数选定标准减速器，其零部件强度无需再校核。但对于所有自行设计的零部件，均需进行强度和刚度校核。

根据变位机零件结构和受力特点，这些自行设计的零件一般可以归纳为材料力学中的杆、轴、梁和弯扭组合变形四种力学模型，如图 4－23 所示。

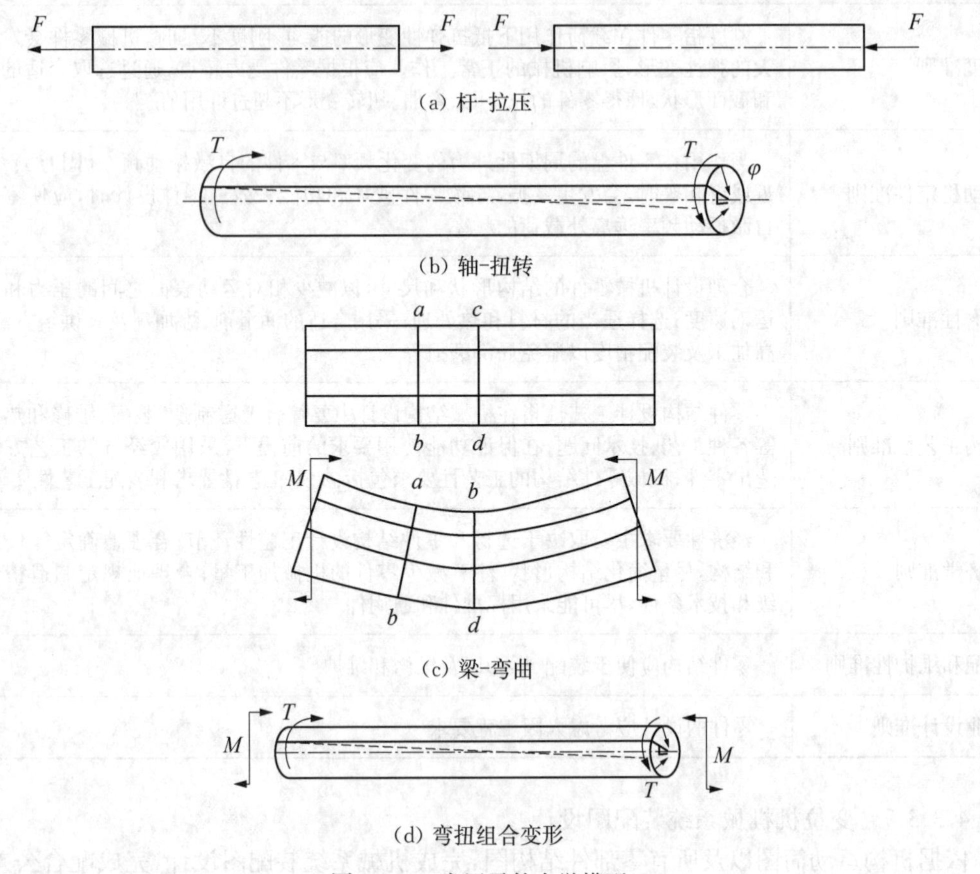

(a) 杆-拉压

(b) 轴-扭转

(c) 梁-弯曲

(d) 弯扭组合变形

图 4－23 常用零件力学模型

(1) 杆。这是一种只受轴向力作用的结构，为一维力学模型结构。杆承载的外力往往是在其轴向方向上的拉力和压力，不同方向上的力对杆的影响是相对较小的。因此，在杆的受力分析中，一般只考虑杆轴线方向上的相互作用，如承重杆、支撑柱等。杆满足的强度条件是

$$\sigma=\frac{F}{\mathrm{A}}\leqslant[\sigma] \tag{4-9}$$

式中，σ 为正应力(MPa)；F 为作用在杆上的拉伸或压缩载荷(N)；A 为杆截面积(mm^2)；$[\sigma]$ 为需用拉(压)应力(MPa)，可以根据材料的类型，查阅《机械设计手册》确定。

(2) 轴。这是用于支撑零部件和传输动力的圆柱体，有“旋转轴”，用于传输旋转力，如电机主轴；还有支撑旋转车轮(如火车和汽车)的“固定轴”。例如，连接汽车左右车轮的轴。杆满足的强度条件是

$$\tau=\frac{T}{W_p}\leqslant[\tau] \tag{4-10}$$

式中，τ 为扭转切应力(MPa)；T 为作用在轴上的最大扭矩(N・mm)；W_p 为抗扭截面模量，对于圆形轴，$W_p=\frac{\pi d^3}{16}$，d 为杆截面直径(mm)；$[\tau]$为需用剪切应力(MPa)，可以根据材料的类

型，查阅《机械设计手册》确定。

(3) 梁。这是受到横向外力作用，产生弯曲变形的结构，力学模型是三维结构。梁在受到外力时，沿着梁的长度方向会发生拉伸(剪力)、弯曲(弯矩)等变形形式。根据支撑条件不同，可分为悬臂梁、双端支撑梁等类型。梁满足的强度条件是

$$\sigma_w = \frac{M}{W_z} \leqslant [\sigma_w] \tag{4-11}$$

式中，σ_w 为扭转切应力(MPa)；M 为作用在轴上的最大弯矩(N·mm)；W_z 为抗弯截面面模量，对于圆形梁，$W_z = \frac{\pi d^3}{32}$，d 为梁截面直径(mm)；$[\sigma_w]$为需用弯曲应力(MPa)，可以根据材料的类型，查阅《机械设计手册》确定。

(4) 弯扭组合变形。机械中的转轴，有些在弯曲和扭转组合变形下工作，如图 4-23d 所示。对于由于在危险截面上同时作用有弯矩和扭矩，故该截面上必然同时存在弯曲正应力和扭转切应力，其最大值分别为：$\sigma = M/W_z$，$\tau = T/W_p$，按照材料力学第三强度理论进行计算，相当应力强度条件为

$$\sigma_{r3} = \sqrt{\sigma^2 + 4\tau^2} = \frac{\sqrt{M^2 + T^2}}{W_z} \leqslant [\sigma] \tag{4-12}$$

式中，σ_{r3} 为弯扭组合应力(MPa)；M 为作用在轴上的最大弯矩(N·mm)；W_z 为抗弯截面面模量，对于圆形梁，$W_z = \frac{\pi d^3}{32}$，d 为梁截面直径(mm)；T 为作用在轴上的最大扭矩(N·mm)；W_p 为抗扭截面模量，对于圆形轴，$W_p = \frac{\pi d^3}{16}$，d 为杆截面直径；$[\sigma]$为需用弯曲应力(MPa)，可以根据材料的类型，查阅《机械设计手册》确定。

(5) 变位机力学模型的组合变形及校核。

① 固定式回转平台。固定式回转平台可以依据图 4-19 固定式回转平台力学模型，按照式(4-11)扭转强度进行校核。

② 头架变位机。可以依据图 4-20 头架变位机力学模型，按照式(4-12)弯扭组合变形进行强度校核。

③ 头尾架变位机。可以依据图 4-20 头架变位机力学模型，按照式(4-12)弯扭组合变形进行强度校核。

④ L 形变位机。可以看作一个固定式平台和头架变位机的组合，可以分别按照式(4-11)扭转强度进行校核，按照式(4-12)弯扭组合变形进行强度校核。

⑤ 双头架变位机。可以看作一个固定式平台和两个头架变位机的组合，可以分别按照式(4-11)扭转强度进行校核，按照式(4-12)弯扭组合变形进行强度校核。

⑥ 座式变位机。可以看作头尾架式变位机和一个头架变位机的组合。

⑦ 双座式变位机。其力学模型同头尾架变位机，以依据图 4-20 头架变位机力学模型，按照式(4-12)弯扭组合变形进行强度校核。

⑧ 伸臂式焊接变位机。可以看作一个悬臂梁和一个固定旋转平台力学模型建模；对于悬臂梁，可以按照式(4-11)扭转强度进行校核；按照式(4-12)弯扭组合变形进行强度校核。

变位机中对于不能归结于杆、轴和梁的零部件，可以用 ANSYS 等有限元软件进行应力分

析和强度校核。根据校核的结果,反复地修改零件的结构及尺寸,直到都满足强度和刚度要求为止。

⑨ 基于三维(three dimensional,3D)实体模型的虚拟样机分析及改进。利用 3D EXPERIENCE、ADMAS、VRED Pro2021 等工程软件,对整个机械系统进行虚拟样机分析,包括外观、空间关系以及运动学和动力学特性分析,模拟在真实环境下系统的运动和动力特性并根据仿真结果,并依此来优化系统。

4.3.4 变位机电气控制系统设计

电气控制系统要为变位机提供自动控制功能、保护功能和监测功能。电气控制系统的基本设计思路是:将整个控制系统分解成步进电机控制系统单元、直流伺服电机控制系统单元、交流伺服电机控制系统单元、液压缸控制系统单元,再将这些控制系统单元按照控制系统时序加以组合,形成总控制系统。

4.3.4.1 变位机控制系统功能定义和设计指标量化

根据机械系统的控制要求,根据表 4-2“变位机的主要功能和性能指标”以及表 4-7“典型原动件控制技术要求”,确定电气控制系统的主要技术参数和技术指标,见表 4-9。

表 4-9 电气控制系统控制对象的类型及技术参数

控制对象	数量	控制方式	控制信号及类型
步进电机	i	位置控制	脉冲、方向、使能
	j	速度控制	脉冲、方向、使能
直流伺服电机	k	转矩控制	模拟量
	l	位置控制	脉冲
	m	速度模式	模拟量/脉冲
交流伺服电机	n	转矩控制	模拟量
	p	位置控制	脉冲
	q	速度模式	模拟量/脉冲
液压缸	r	位置控制	模拟量
	s	速度控制	模拟量
	t	力控制	模拟量

汇总所有上述控制变量,模拟量变量表以及脉冲量和开关量变量表,见表 4-10～表 4-12。

表 4-10 模拟量控制变量表

模拟量序号	模拟量名称	信号类型	信号幅值
模拟量 1	XX	电压信号/电流信号	A_1
模拟量 2	XX	电压信号/电流信号	A_2
…		电压信号/电流信号	…
模拟量 l	XX	电压信号/电流信号	A_n

表 4 - 11 脉冲量变量表

脉冲量序号	脉冲量名称	频率	电平
脉冲量 1	YY	f_1	u_1
模脉冲 2	YY	f_2	u_1
…	…		…
模脉冲 m	YY	f_m	u_m

表 4 - 12 开关量变量表

开关量序号	开关量名称	有效
开关量 1	ZZ	高电平/低电平
开关量 2	ZZ	高电平/低电平
…	…	高电平/低电平
开关量 n	ZZ	高电平/低电平

4.3.4.2 变位机电气控制系统设计流程

在机电一体化系统中，控制系统的作用是为保证每一个运动单元(步进电机控制系统单元、直流伺服电机控制系统单元、交流伺服电机控制系统单元、液压缸电液比例/伺服控制系统单元)以及整个系统的正常运行提供控制方式、控制方法、控制策略以及相关的硬件和软件保障。电气控制系统设计流程如图 4 - 24 所示。

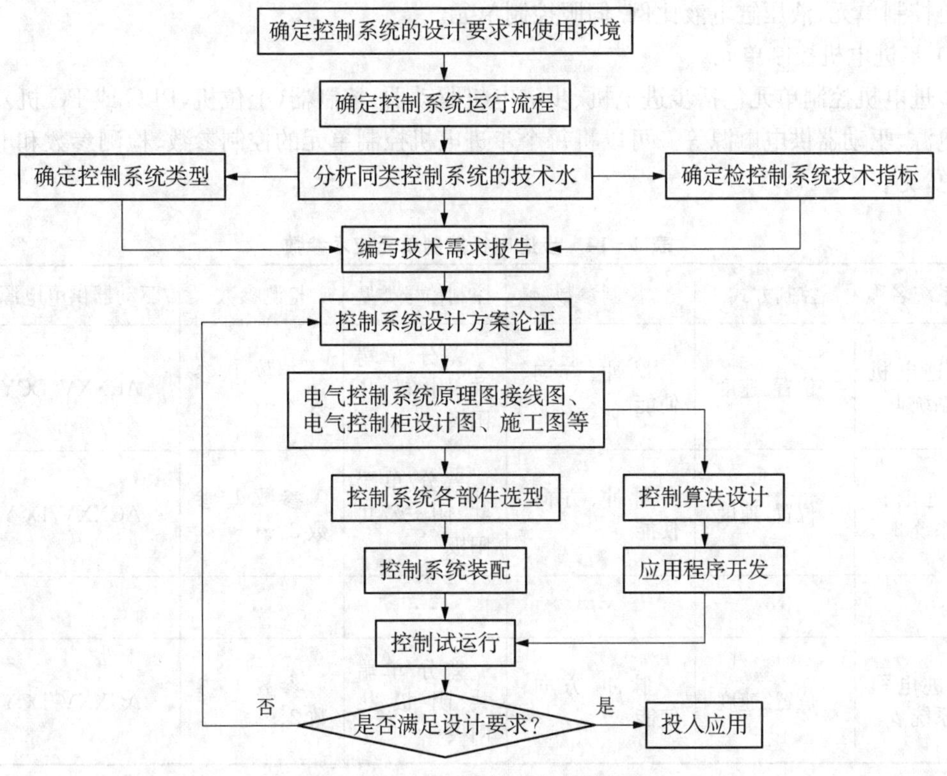

图 4 - 24 电气控制系统设计流程

4.3.4.3 变位机控制系统类型确定

变位机常用的控制系统类型见表4-13，控制方式的柔性越来越强，控制方式的选择应在经济、安全的前提下，最大限度地满足工艺的要求。

表4-13 控制系统类型

控制系统类型	类型	软件开发平台
单片机	8051、AVR、PIC、MSP430等	PROTEL、EWB、PSPICE、ORCAD、需要设计PCB板、专用的软件开发平台
嵌入式	ARM、MIPS等	嵌入式LINUX、WinCE、μTenux、嵌入式实时操作系统(RTOS)、VxWorks、μClinux、μC/OS-Ⅱ
PLC	西门子、施耐德、AB、GE、三菱、欧姆龙、LS、松下等	每一中类型的PLC都有自己的开发平台，如西门子PLC有STEP7、TIA Portal等
工控机(IPC)	SIEMENS、Cntec、BECKHOFF、ADVANTECH、B&R、AGO、Kontron、OMRON等，但需要配置运动控制器(卡)、模拟I/O模块、数字I/O模块	依赖于控制器件支持的操作系统类型以及其API类型

电气控制系统单元设计，是以每一个控制对象为目标，形成一个控制系统单元。在电气控制系统设计中，控制单元的类型主要包括步进电机控制单元、直流伺服电机控制单元、交流伺服电机控制单元、液压缸电液比例/伺服控制单元。

1) 步进电机控制单元

步进电机控制单元包括步进电机、步进电机驱动器、控制器(上位机，PLC或PC机)、电机供电电源、驱动器供电电源等。可以将每个步进电机控制单元的控制参数、检测参数和电源参数汇总，见表4-14。

表4-14 步进电机控制单元技术参数

控制系统名称	控制方式	控制参数	控制信号类型	检测参数	驱动器供电电源参数
步进电机控制系统1	位置/速度	脉冲、方向、使能	差分/单端共阴极/共阳极	参数1、参数2、…	ACXXV/DCYYV
步进电机控制系统2	位置/速度	脉冲、方向、使能	差分/单端共阴极/共阳极	参数1、参数2、…	ACXXV/DCYYV
…	…	…	…	…	
步进电机控制系统 p	位置/速度	脉冲、方向、使能	差分/单端共阴极/共阳极	参数1、参数2、…	ACXXV/DCYYV

步进电机控制系统一般包括步进电机、步进电机驱动器和控制器，可以根据表4-7中步进电机的最大转矩、转速范围、定位精度等参数，确定步进电机的型号，其驱动器也可根据步进电机的型号确定(每种型号的步进电机有推荐的驱动器型号)，从而可以得到基于步进电机的控制系统，如图4-21所示。在确定了步进电机的控制模式后，控制器可能是PLC，也可能是能满足驱动器控制信号输入要求的具有模拟量或数字量输出模块的PC机、单片机或微控器等。

2）直流伺服电机控制单元

直流伺服电机控制单元包括直流伺服电机、直流伺服电机驱动器、编码器、控制器(上位机，PLC或PC机)、电机供电电源、驱动器以及编码器供电电源。可以根据表4-7中直流伺服电机的最大转矩、转速范围、定位精度等参数，确定直流伺服电机的型号，其驱动器也可根据直流伺服电机的型号确定(每种型号的伺服电机有推荐的驱动器型号)。在确定了伺服电机的控制模式后，控制器可能是PLC，也可能是能满足驱动器控制信号输入要求的具有模拟量或数字量输出模块的PC机、单片机等。

可以将每个直流伺服电机控制的控制参数、检测参数和电源参数汇总，见表4-15。

表4-15 直流伺服电机控制系统技术参数

控制系统名称	控制方式	控制参数	控制信号类型	检测参数	驱动器供电电源参数
直流伺服电机控制系统1	位置/速度/转矩	脉冲信号/模拟量(地址)	差分/单端共阴极/共阳极	参数1、参数2、…	ACXXV/DCYYV
直流伺服电机控制系统2	位置/速度/转矩	脉冲信号/模拟量(地址)	差分/单端共阴极/共阳极	参数1、参数2、…	ACXXV/DCYYV
…	…	…	…	…	
直流伺服电机控制系统l	位置/速度/转矩	脉冲信号/模拟量(地址)	差分/单端共阴极/共阳极	参数1、参数2、…	ACXXV/DCYYV

3）交流伺服电机控制单元

交流伺服电机控制单元包括交流伺服电机、交流伺服电机驱动器、编码器、控制器(上位机，PLC或PC机)、电机供电电源、驱动器供电电源以及编码器供电电源。可以根据表4-7中交流伺服电机的最大转矩、转速范围、定位精度等参数，确定交流伺服电机的型号，其驱动器也可根据交流伺服电机的型号确定(每种型号的伺服电机有推荐的驱动器型号)。在确定了伺服电机的控制模式后，控制器可能是PLC，也可能是能满足驱动器控制信号输入要求的具有模拟量或数字量输出模块的PC机、单片机或微控器等。

将每个交流伺服电机控制的控制参数、检测参数和电源参数汇总，见表4-16。

表 4-16 交流伺服电机控制系统技术参数

控制系统名称	控制方式	控制参数	控制信号类型	检测参数	驱动器供电电源参数
交流伺服电机控制系统 1	位置/速度/转矩	脉冲信号/模拟量(地址)	差分/单端共阴极/共阳极	参数 1、参数 2、…	ACXXV
交流伺服电机控制系统 2	位置/速度/转矩	脉冲信号/模拟量(地址)	差分/单端共阴极/共阳极	参数 1、参数 2、…	ACXXV
…	…	…	…	…	…
交流伺服电机控制系统 m	位置/速度/转矩	脉冲信号/模拟量(地址)	差分/单端共阴极/共阳极	参数 1、参数 2、…	ACXXV

4) 液压缸电液比例/伺服控制单元

液压控制单元主要包括液压缸、比例阀/伺服阀、比例/伺服控制器(上位机,PLC 或 PC 机)、液压泵、液压管路和油箱。伺服液压缸用于闭环环控制,根据其位置、速度和力控制要求,配置位移传感器、速度传感器和力传感器;此外,控制系统单元可能根据生产工艺需要检测其他参数。

将每个液压缸伺服控制的控制参数、检测参数和电源参数汇总,见表 4-17。

表 4-17 液压缸伺服控制系统技术参数

控制系统名称	控制方式	控制参数	检测参数	供电参数
液压缸伺服控制系统 1	位置/速度/力	电压/电流	参数 1、参数 2、…	ACXXV/DCYYV
液压缸伺服控制系统 2	位置/速度/力	电压/电流	参数 1、参数 2、…	ACXXV/DCYYV
…	…	…	…	…
液压缸伺服控制系统 n	位置/速度/力	电压/电流	参数 1、参数 2、…	ACXXV/DCYYV

伺服液压缸用于闭环环控制,根据其位置、速度和力控制要求,配置位移传感器、速度传感器和力传感器;此外,控制系统单元可能根据生产工艺需要检测其他参数。

4.3.4.4 变位机电气控制系统单元电气原理图设计

依据表 4-14～表 4-17,完成每个步进电机控制单元、直流伺服电机控制单元、交流伺服电机控制单元、液压缸比例/伺服控制单元的相关器件的选型以及控制系统电气原理图设计,如图 4-25～图 4-28 所示。

1) 步进电机控制单元

如图 4-25 所示,步进电机需要直流电源供电,直流电源的直流供电电压和电流值需要根据步进电机的具体型号来确定;步进电机驱动器有控制信号接收端子,接收来自步进电机控制器,或者单片机或 PLC 等上位机的“脉冲信号”“方向信号”和“使能信号”,控制步进电机的运转方向、速度和运动角度变化。控制系统的具体设计方法,可参考天津电气传动设计研究所编写的《电气传动自动化技术手册(第三版)》。

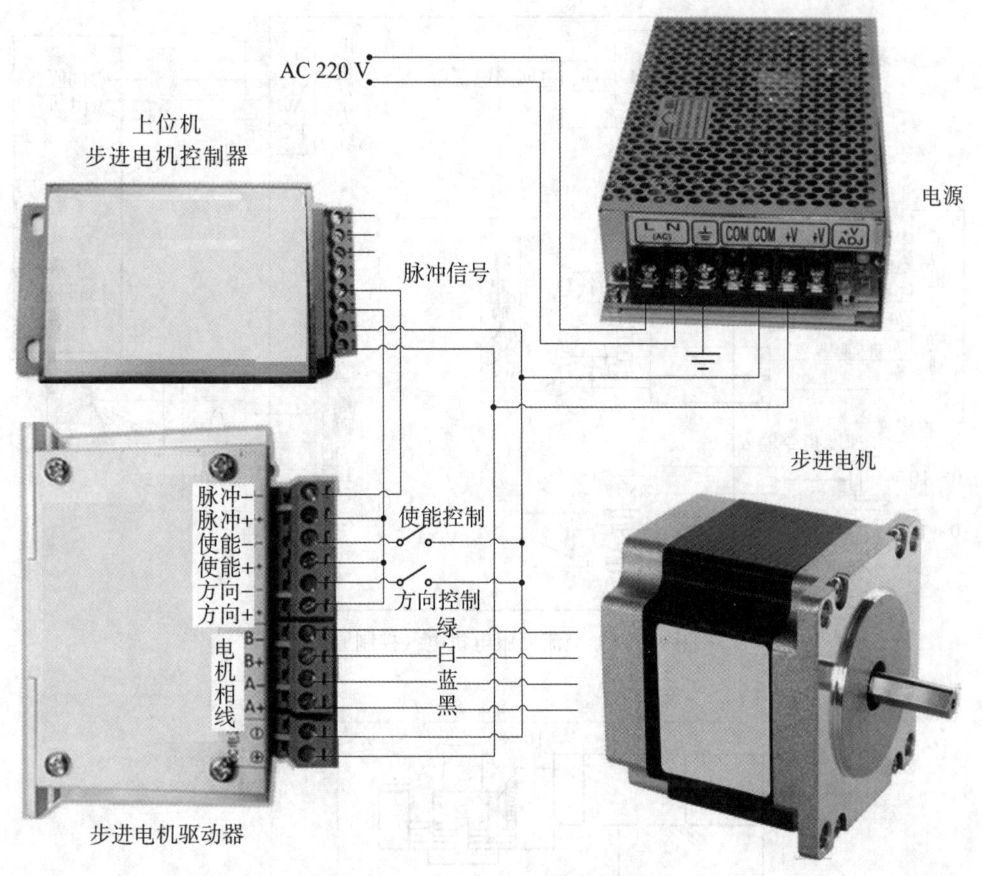

图 4-25 步进电机电气控制原理图

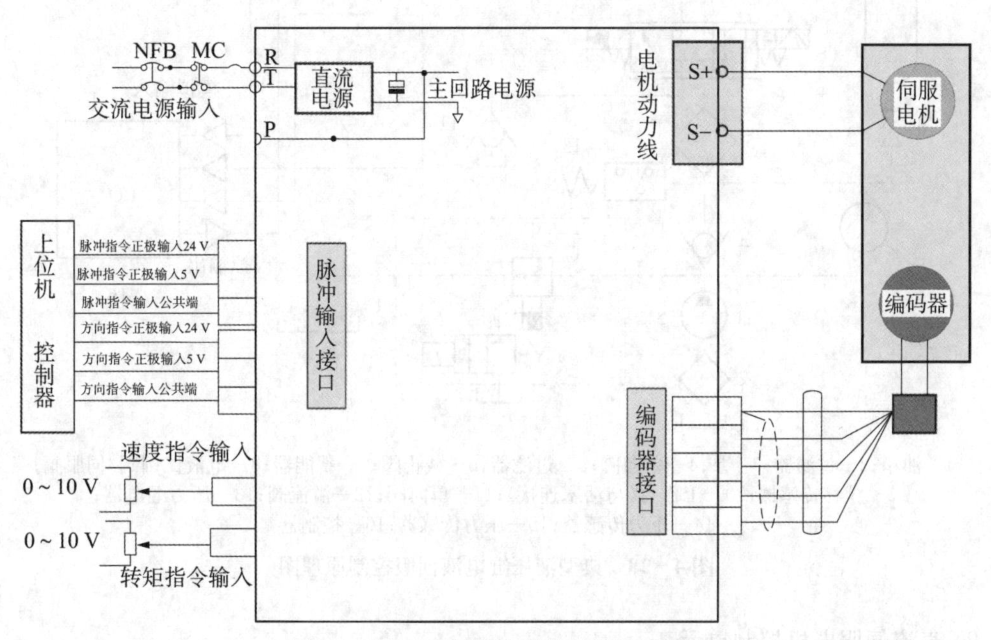

图 4-26 直流伺服电机电气控制原理图

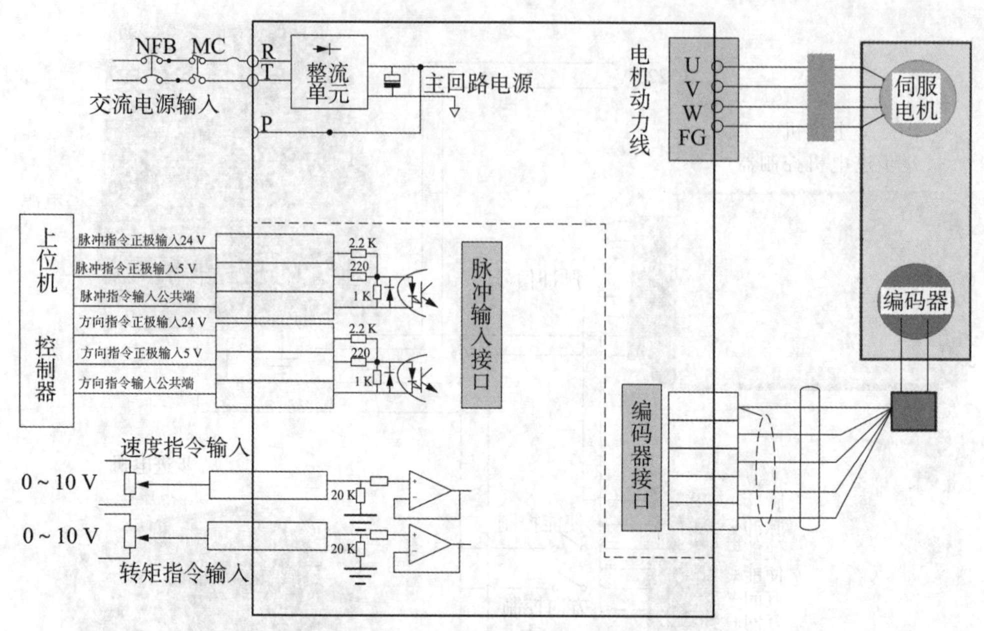

图 4-27 交流伺服电机电气控制原理图

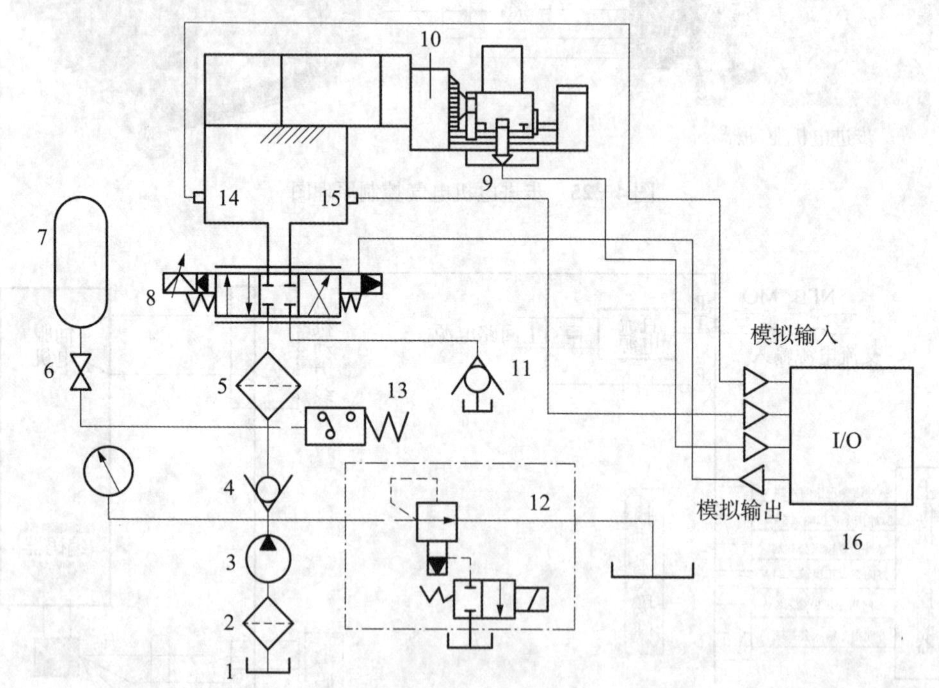

1—油箱；2—过滤器；3—泵；4—单向阀；5—过滤器；6—截止阀；7—蓄能器；8—电液比例阀/伺服阀；9—位移传感器；10—工作台（与活塞连接）；11—单向阀；12—溢流阀；13—压力继电器；14—压力传感器；15—压力传感器；16—控制器

图 4-28 典型液压缸电液伺服控制原理图

2）直流伺服电机控制单元

直流伺服电机有转矩控制、位置控制和速度控制三种模式，如图 4-26 所示。

(1) 直流伺服电机转矩控制模式。指通过直流伺服电机控制器或者单片机、PLC等上位机发出的模拟量的输入大小或直接的地址的赋值,来设定电机轴对外的输出转矩的大小,具体表现为,例如10V对应15N·m,当外部模拟量设定为5V时电机轴输出为7.5N·m;如果电机轴负载低于7.5N·m时电机正转,外部负载等于7.5N·m时电机不转,大于7.55N·m时电机反转。

(2) 伺服电机位置控制模式。指通过直流伺服电机控制器或者单片机、PLC等上位机发的使能信号和脉冲信号来控制电机轴位置,其中脉冲信号的频率决定转动速度的大小;脉冲的数量决定电机转动的角度。

(3) 伺服电机速度模式。指通过直流伺服电机控制器或者单片机、PLC等上位机发出的使能信号和脉冲信号/模拟量来控制电机轴的速度。过模拟量的输入或脉冲的频率都可以进行转动速度的控制,在有上位控制装置的外环PID控制时速度模式也可以进行定位,直流伺服电机控制系统具体设计方法可参考天津电气传动设计研究所编写的《电气传动自动化技术手册(第三版)》。

伺服一般为三个环控制,所谓三环就是三个闭环负反馈PID调节系统。

第1环即最内的PID环,是指电直流流环,该环在伺服驱动器内部进行,它通过霍尔装置检测驱动器给电机的各相的输出电流,负反馈给电流的设定进行PID调节,从而使得输出电流尽量接近等于设定电流。电流环就是控制电机转矩,所以在转矩模式下驱动器的运算最小,动态响应速度最快。

第2环是速度环,它是中间环,该环通过检测电机编码器的信号来进行负反馈PID调节。速度环内PID输出直接由电流环设定,所以速度环控制时就包含了速度环和电流环。这表明任何模式都必须使用电流环,电流环是控制的根本,在速度和位置控制的同时系统实际也在进行电流(转矩)的控制以达到对速度和位置的相应控制。

第3环是位置环,它是最外层环,该环可以在驱动器和电机编码器间构建;可以在外部控制器和电机编码器或最终负载间构建。由于位置控制环内部输出就是速度环的设定,位置控制模式下系统进行了所有3个环的运算,此时的系统运算量最大,动态响应速度也最慢。

3) 交流伺服电机控制单元

交流伺服电机也有转矩控制、位置控制和速度控制三种模式,如图4-27所示。同直流伺服电机控制模式一样,交流伺服电机转矩控制模式,是通过直流伺服电机控制器或者单片机、PLC等上位机发出的模拟量的输入大小或直接的地址的赋值来设定电机轴对外的输出转矩的大小确定的;交流伺服电机位置控制模式,是通过直流伺服电机控制器或者单片机、PLC等上位机发的使能信号和脉冲信号来控制电机轴位置;交流伺服电机位置控制模式,是通过直流伺服电机控制器或者单片机、PLC等上位机发的使能信号和脉冲信号/模拟量来控制电机轴的速度。交流伺服电机伺服控制也有电流环、速度环和位置环,其控制方式和直流伺服电机三个环的控制方式相同。

交流伺服电机控制系统具体设计方法,也可参考天津电气传动设计研究所编写的《电气传动自动化技术手册(第三版)》。

4) 液压伺服控制单元

液压伺服控制系统的组成如图4-24所示,包括液压缸、伺服阀、液压泵、控制器等部分。

图4-27所示电液比例/伺服控制系统设计,可以参考《机械设计手册》。

4.3.4.5 确定变位机控制系统结构类型

根据所有控制对象的控制要求、类型及数量，按照表 4-13 确定控制系统的结构类型。

4.3.4.6 变位机电气总控制原理图设计

电气控制系统原理图是根据控制线图工作原理绘制的，主要用于研究和分析电路工作原理，并可以用于判断控制系统的控制要求是否能实现，也可以用于分析控制系统设计是否合理。

1）电气控制系统组成确定

电气控制系统由电路组成，按照功能可以将其分为主电路和控制电路。电气控制系统电路中的主电路主要指动力系统的电源电路，如电动机等执行机构的三相电源属于主电路；控制电路是指控制主电路的控制回路，比如主电路中有接触器，接触器的线圈则属于控制回路部分。控制电路一般包括：传感器或信号输入电路、触发电路、纠错电路、信号处理电路、驱动电路等。

2）主电路设计

主电路主要为原动件提供动力，这些原动件主要包括步进电机、直流伺服电机、交流伺服电机、液压缸。以它们为中心，组成步进电机控制系统、直流伺服电机控制系统、交流伺服电机控制系统、液压缸电液比例/伺服控制系统等。主线路使用 380 V 电压，可以提供大电流。

3）控制电路设计

控制电路一般包括直接启动控制电路、电动控制电路、自锁控制电路、点动和自锁混合控制、多地控制以及顺序控制电路、正反转控制电路、位置控制和自动往返控制电路、星三角降压启动控制电路等，控制电路一般指能够实现自动控制功能的电路，控制电路是为主线路提供服务的电路部分，比如启动电钮、关闭电钮、中间继电器、时间继电器等。控制电路电压一般包括 24 V，36 V，110 V，220 V，380 V，电路设计时，需要根据具体使用情况选用，但只要条件允许尽量选用低电压以保证安全。

（1）主控制器选择。根据所有控制单元的模拟控制量总数 M 确定主控器模拟量输出点数，假定这 M 路模拟信号中有 P 路单端信号；有 Q 路差分信号，则主控制器模拟量输出点数为

$$P_{Aout} = 1.2(P + 2Q) \tag{4-13}$$

设所有控制单元中所有模拟控制量的最大幅值为 U_{Amax}；则主控制器模拟量幅值 U_{Con} 应该满足

$$U_{Con} \geqslant U_{Amax} \tag{4-14}$$

根据所有控制单元的数字控制量总数为 N，则主控制器数字输出量总数为

$$P_{Dout} = 1.2N \tag{4-15}$$

可以根据模拟量数量 P_{Aout} 和幅值条件 $U_{Con} \geqslant U_{Amax}$ 以及数字量数量 P_{Dout} 确定主控制器的具体型号。

（2）控制电路具体设计。将主控制器的 I/O 口分别与每个控制单元的控制信号相连，完成控制电路设计。

4）电气总控制原理图绘制

先绘制主电路；之后绘制控制电路；最后把控制电路与所有步进电机控制系统原理图、直流伺服电机控制系统原理图、交流伺服电机控制系统原理图、液压缸电液伺服控制系统原理图相连，完成电气总控制原理图设计。图 4-29 为某一变位机电气原理总图。

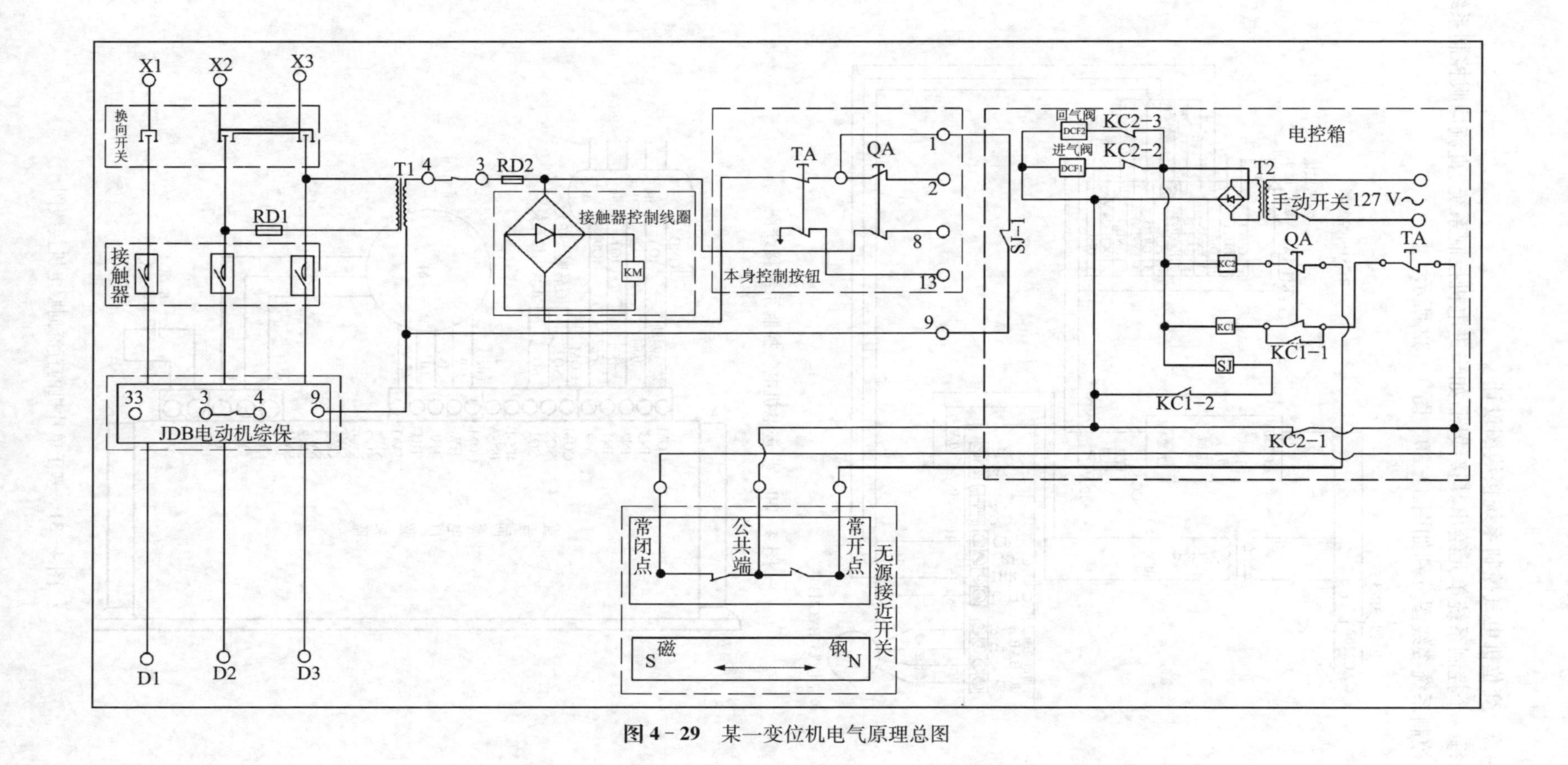

图 4-29　某一变位机电气原理总图

4.3.4.7 变位机电气控制系统接线图设计

对于每一个控制系统单元绘出其接线图，如步进电机控制系统、直流伺服控制系统和交流伺服电机控制系统接线图分别如图 4－30～图 4－32 所示。

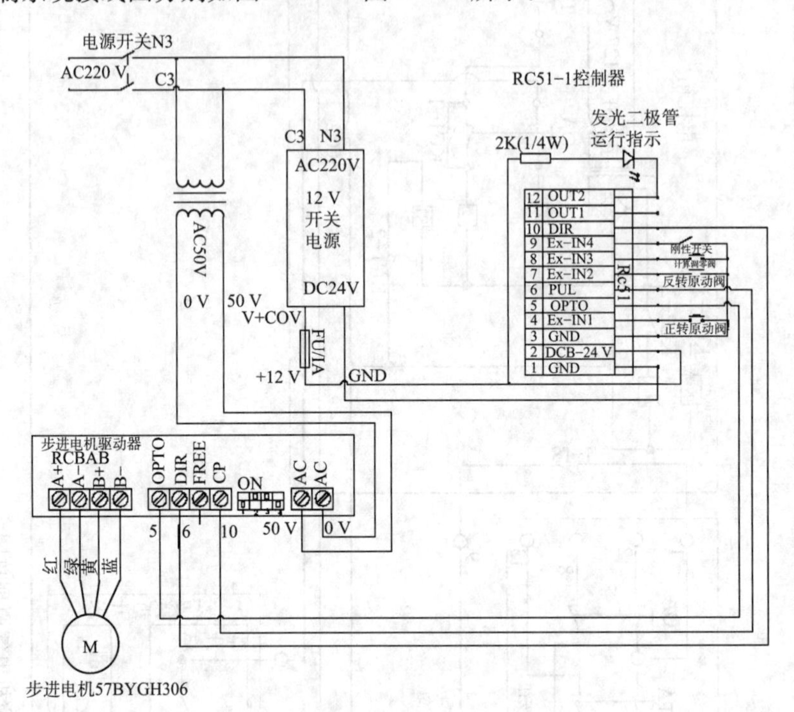

图 4－30 步进电机电气控制系统接线图

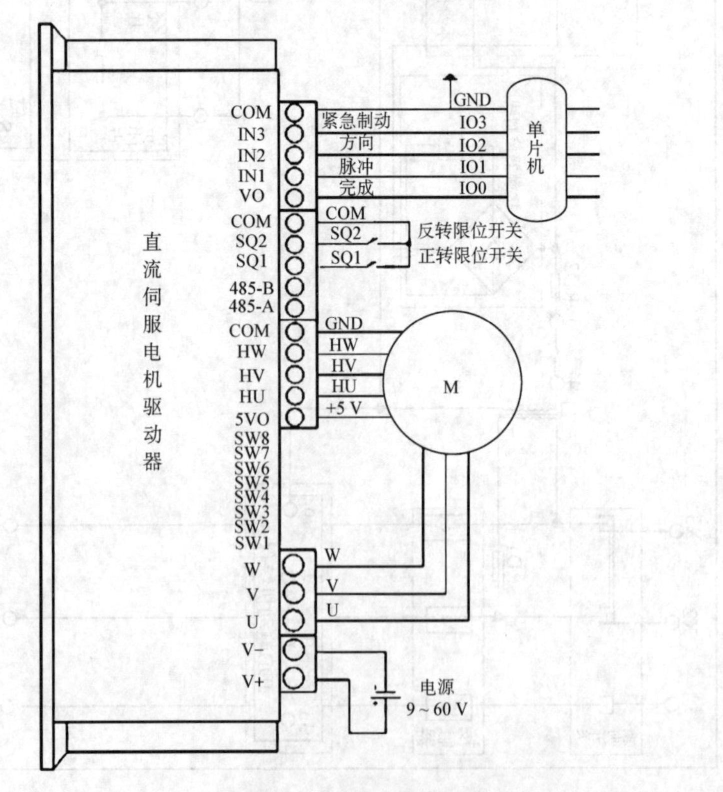

图 4－31 基于单片机的直流伺服电机接线图

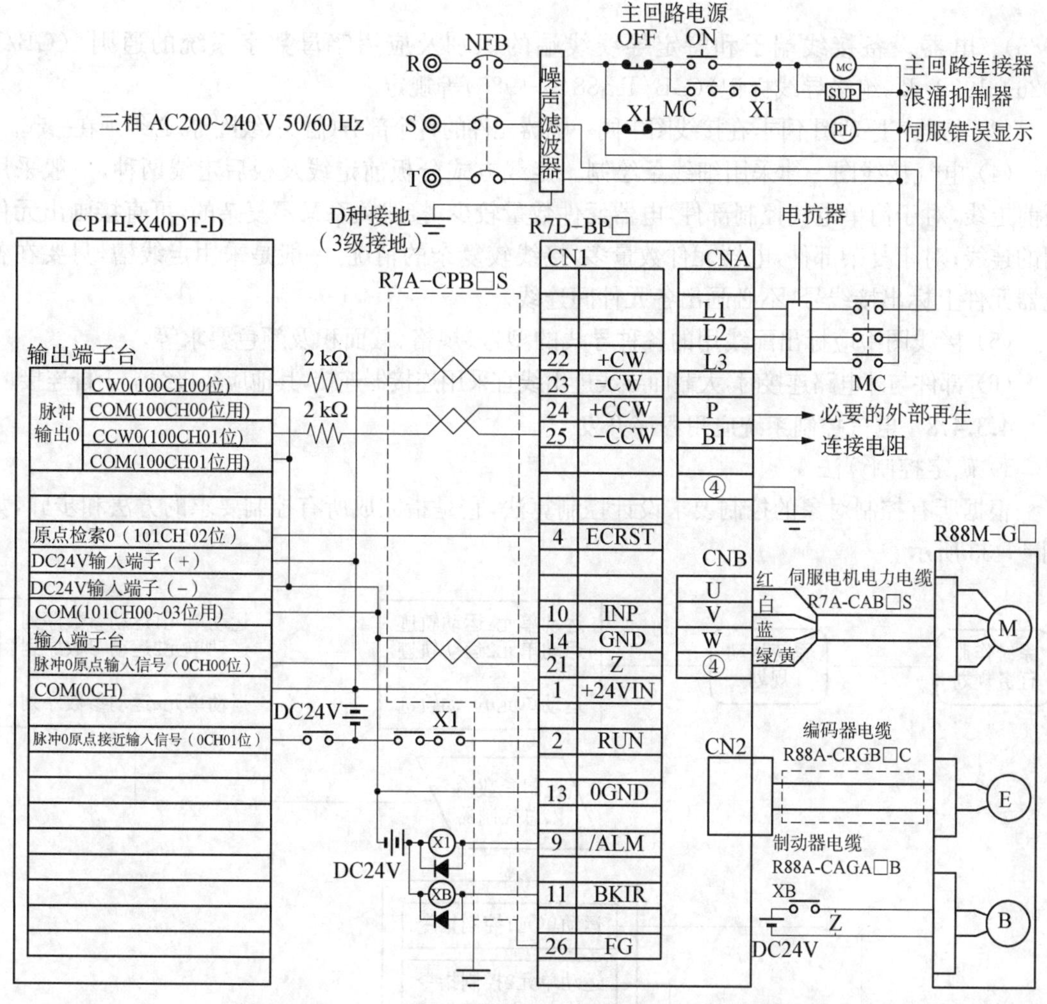

图 4－32 基于 PLC 的交流伺服电机电气控制系统接线图

将主电路、控制电路和每一个控制单元连接，获得电气控制系统接线图。电气控制系统接线图设计方案关系着整个系统的稳定及后期维护的便利。清晰可见的接线方式为以后调试带来方便也为后期问题查找节省时间。主要接线原则包括：强弱电的分开，模拟量的屏蔽，在强电磁变频器要穿管，接地铜牌，当然这是为了更好地接线，即更好地运行服务，这是布线的问题。

1）接线规范

接线规范至今没有具体规定，约定习惯如下：

(1) 合理的线鼻子选型及质量的保证，不会产生虚接。

(2) 用专业的剥线工具，为确保不会产生毛刺及线体拉伸，剥线长度最好依照各器件规范中提到的建议长度。

(3) 保证牢固和清晰的线号，为之后方便地查线和维护奠定基础。

2）接线图绘制原则

(1) 接线图相接线表的绘制应符合中《控制系统功能表图的绘制》(GB/T 6988.6—1993)的规定。

(2) 所有电气元件及其引线应标注与电气原理图中相一致的文字符号及接线号。原理图中的项目代号、端子号及导线号的编制分别应符合《电气技术中的项目代号》(GB/T 5094—

1985)、《电器设备接线端子和特定导线线端的识别及应用字母数字系统的通则》(GB/T 4026—1992)及《绝缘导线标记》(GB/T 4884—1985)等规定。

(3) 与电气原理图不同,在接线图中同一电器元件的各个部分(触头、线圈等)必须画在一起。

(4) 电气接线图一律采用细线条绘制。走线方式分板前走线及板后走线两种,一般采用板前走线,对于简单电气控制部件,电器元件数量较少,接线关系又不复杂的,可直接画出元件间的连线;对于复杂部件,电器元件数量多,接线较复杂的情况,一般是采用走线槽,只要在各电器元件上标出接线号,不必画出各元件间连线。

(5) 接线图中应标出配线用的各种导线的型号、规格、截面积及颜色要求等。

(6) 部件与外电路连接时,大截面导线进出线宜采用连接器连接,其他应经接线端子排连接。

4.3.4.8 电气控制系统应用程序开发

1) 确定控制算法

根据所有控制对象的控制要求设计控制算法,它是指完成所有控制要求的方法和步骤,如图 4-33 所示。

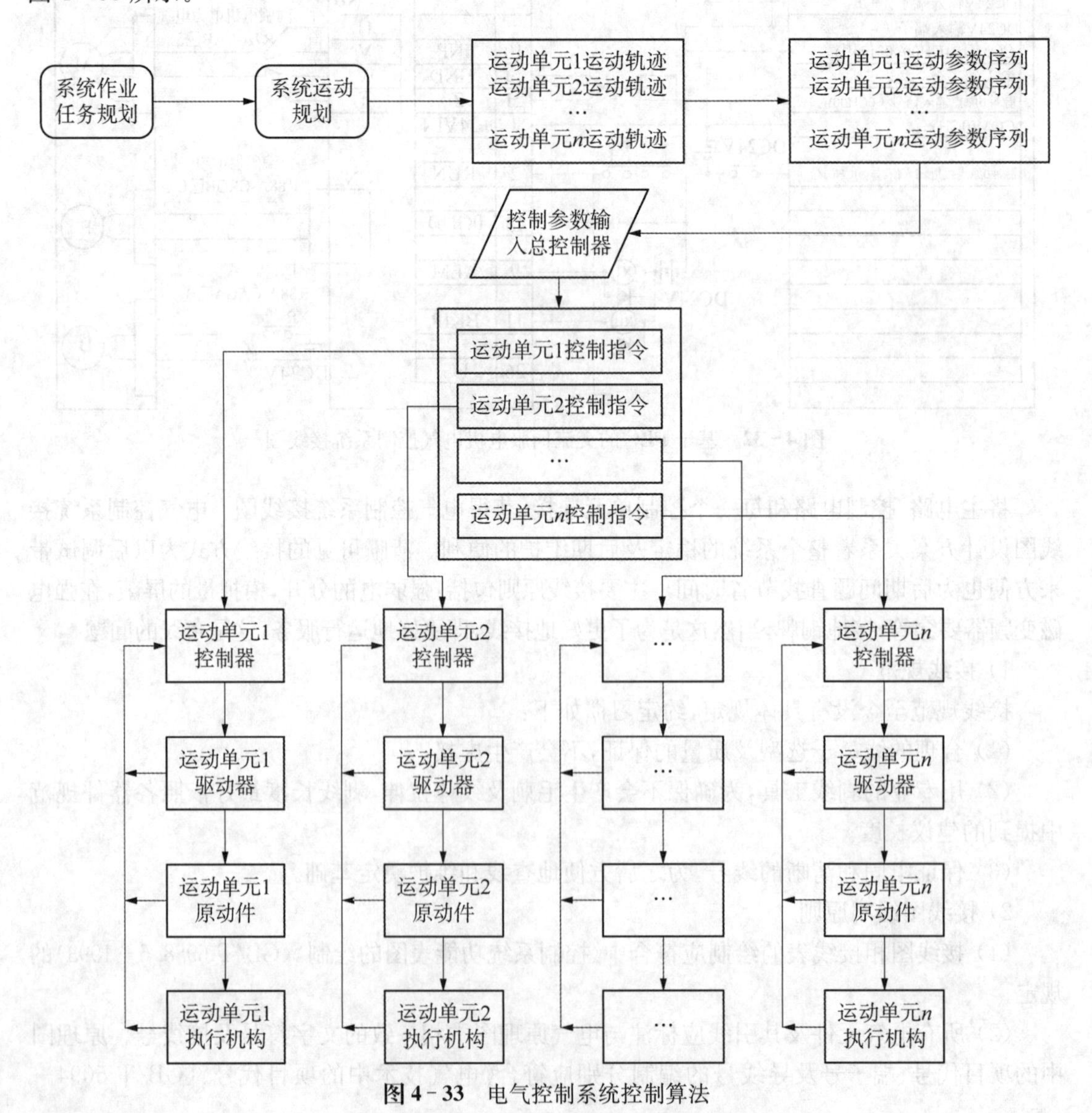

图 4-33 电气控制系统控制算法

2）选择应用程序开发平台

应用程序开发平台依赖于控制系统的类型或者主控器的类型，如基于PLC、单片机、专用总线（PXI总线、VXI总线、VME总线等）以及基于IPC的PCI总线、PCIE总线控制系统等，都有相应的应用程序开发平台。

3）设计控制系统时序

为了保证系统工作的有序进行，需要根据系统作业任务规划确定每个运动单元的运行时序，如图4-34所示。

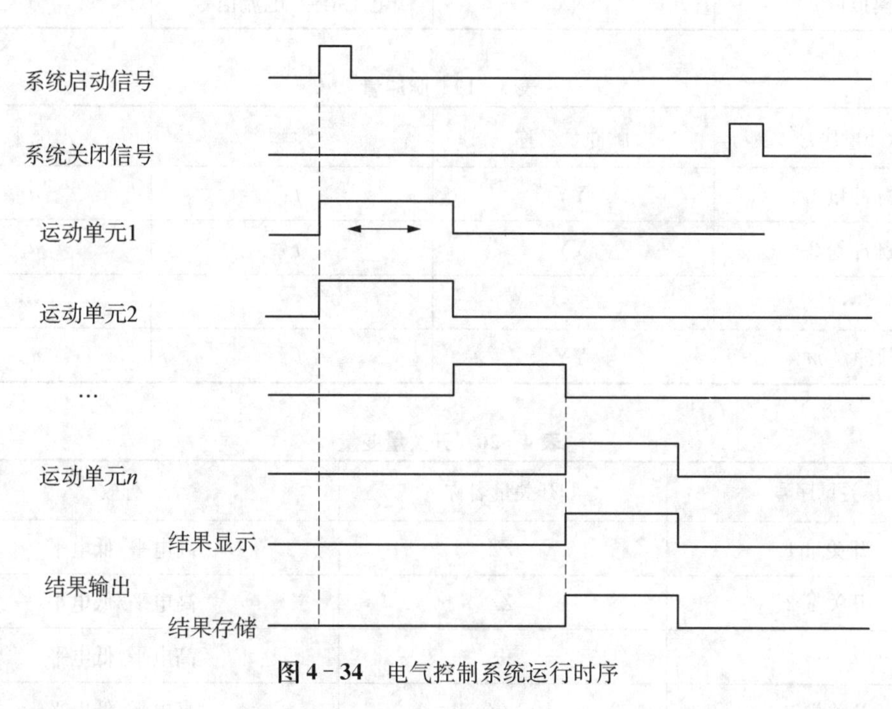

图4-34 电气控制系统运行时序

4）开发应用程序

按照图4-33所示算法，依据表4-9所示控制对象类型和数量，结合表4-13控制系统类型，以及控制计算机的类型（PLC、工控机或专用计算机）选择相应的软件开发平台将其“翻译”成应用程序。

4.3.5 变位机检测系统设计

变位机中的检测系统是指连接输入、输出并具有特定功能的部分，可完成机电一体化系统的运行状态参数的检测及显示，故障报警，以及控制系统中控制参数的检测及反馈功能。它一般由传感器、信号调理器、数据采集、信号处理、结果显示与存储等组成。

4.3.5.1 变位机检测系统的功能定义和设计指标量化

变位机中，检测系统的作用是为保证每一个运动单元（步进电机控制系统，直流伺服电机控制系统、交流伺服电机控制系统、液压缸电液比例/伺服控制系统以及整个系统的正常运行提供必要的参数检测，这些参数可能是运动单元的运动参数，如位移、速度和加速度等；也可能是运动单元的状态参数，甚至是环境参数。这些参数在电气系统的设计阶段可以确定。

被测对象分为模拟量、脉冲量和开关量三种。可以根据变位机系统运行状态参数、模拟量控制变量和脉冲量和开关量控制变量进行确定，可以这些参量汇总，见表4-18～表4-20。

表 4-18 模拟量控制变量

模拟量序号	模拟量名称	信号类型	信号幅值
模拟量 1	XX	电压信号/电流信号	A_1
模拟量 2	XX	电压信号/电流信号	A_2
…		电压信号/电流信号	…
模拟量 l	XX	电压信号/电流信号	A_l

表 4-19 脉冲量

脉冲量序号	脉冲量名称	频率	电平
脉冲量 1	YY	f_1	u_1
脉冲量 2	YY	f_2	u_2
…	…		…
脉冲量 m	YY	f_m	u_m

表 4-20 开关量变量

开关量序号	开关量名称	有效
开关量 1	ZZ	高电平/低电平
开关量 2	ZZ	高电平/低电平
…	…	高电平/低电平
开关量 n	ZZ	高电平/低电平

针对上述对象，需要确定每一个被测对象的计量单位、测量方法和测量要求，从而为确定测量传感器、信号调理器、I/O 接口类型、数据处理和分析算法奠定基础。

4.3.5.2 变位机测量模型的确定

1) 模拟量测量模型的确定

检测系统设计要求中的每一个被测模拟量，其测量模型的确定要根据测量模式来确定，这里的测量模式是指直接测量或间接测量。对于直接测量，被测量可以由传感器的测量结果直接确定；对于间接测量，被测量 y 有若干个直接测量量的值 $x_1, x_2, \cdots, x_k$ 利用函数关系式 $y=f(x_1, x_2, \cdots, x_k)$ 通过运算获得，其测量模型变为 $y=f(x_1, x_2, \cdots, x_k)$。由此，可以将检测系统设计要求中的所有被测量的测量模型汇总，见表 4-21。

表 4-21 检测系统测量模型

检测系统被测量类型	测量模型	传感器直接测量参量
直接测量	$y_1=x_1$	x_1
	$y_2=x_2$	x_2

（续表）

检测系统被测量类型	测量模型	传感器直接测量参量
直接测量	…	…
	$y_m = x_m$	x_m
间接测量	$y_{m+1} = f_{m+1}(x_{m+1}^1, x_{m+1}^2, \cdots, x_{m+1}^p)$	$x_{m+1}^1, x_{m+1}^2, \cdots, x_{m+1}^p$
	$y_{m+2} = f_{m+1}(x_{m+2}^1, x_{m+2}^2, \cdots, x_{m+2}^q)$	$x_{m+2}^1, x_{m+2}^2, \cdots, x_{m+2}^q$
	…	…
	$y_n = f_n(x_n^1, x_n^2, \cdots, x_n^r)$	$x_n^1, x_n^2, \cdots, x_n^r$

2）脉冲量测量模型的确定

检测系统设计要求中的每一个脉冲量，其测量模型要根据被测量的要求来确定。

例如，采用编码器可以测量角位移 φ、角速度 ω，则测量模型，即它们分别与脉冲信号的脉冲数 n 以及脉冲频率 f 的关系为 $\varphi=k_1 n$，$\omega=k_2 f$；其中 k_1 和 k_2 为比例系数。脉冲量的测量模型也可能与脉冲量的周期或幅值相关，这都取决于测量原理和被测对象的要求。可以把所有脉冲量的测量模型汇总，见表 4-22。

表 4-22　脉冲量测量模型

脉冲量名称	测量模型	说　明
脉冲量 1	$y_1 = F_1(f_1/A_1/T_1/n_1)$	f_i—脉冲信号 i 的频率； A_i—脉冲信号 i 的幅值； T_i—脉冲信号 i 的周期； n_i—脉冲信号 i 的数量
脉冲量 2	$y_2 = F_2(f_2/A_2/T_2/n_2)$	
…	…	
脉冲量 m	$y_m = F_m(f_m/A_m/T_m/n_m)$	

3）开关量测量模型的确定

单个开关量为通断信号，只有“1”和“0”两种状态。检测系统设计送，对于每一个开关量，其测量模型要根据被测量的要求来确定。可以把所有开关量的测量模型汇总，见表 4-23。

表 4-23　开关量测量模型

脉冲量名称	测量结果	测量模型
开关量 1	高电平/低电平	电路接通/电路断开；目标有/目标无；目标到位/目标非到位；…
开关量 2	高电平/低电平	
…	…	
开关量 n	高电平/低电平	

4.3.5.3　变位机检测系统硬件的确定

基于表 4-18～表 4-20 所示模拟量、脉冲量和开关量的信息，依据图 4-35 完成检测系统硬件选型，包括传感器、信号调理器、模数转换器（ADC）、计算机等。

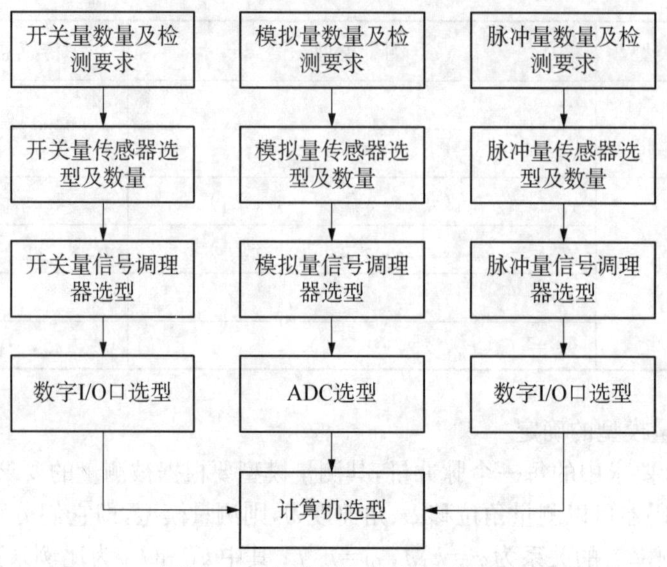

图 4-35 检测系统硬件选型方法

1) 传感器的确定

传感器的选择需要确定其理论参数。传感器理论参数要根据表 4-18 所示系统的性能技术指标来确定,包括量程、静态指标(线性度、分辨力、迟滞、漂移、重复性、灵敏度、非线性度)和动态指标(幅频特性、相频特性),见表 4-24。依据这些指标,首先确定每一个被测量所需要的传感器的类型和型号。

表 4-24 传感器技术参数确定

参 数	直接测量量 i 技术指标	传感器的理论技术指标
量程	R_M^i	$R_T^i = k_r R_M^i : k_r = 1.2 \sim 1.5$
不确定度	u_M^i	$u_T^i = u_M^i/4$
线性度	δ_{Mlin}^i	$\delta_{Tlin}^i = \delta_{lin}^i/4$
分辨力	δ_{Mres}^i	$\delta_{Tres}^n = \delta_{Mres}^i/4$
迟滞	δ_{Mlag}^i	$\delta_{Tlag}^i = \delta_{Mlag}^i 1/4$
漂移	δ_{Mdri}^n	$\delta_{dri}^i = \delta_{Mdri}^n/4$
重复性	δ_{Mrea}^n	$\delta_{Trea}^n = \delta_{Mrea}^i 1/4$
灵敏度	δ_{Mse}^n	$\delta_{Tse}^i = \delta_{Mse}^i 1/4$
回程误差	δ_{hy}^l	$\delta_{hy}^l/4$
幅频特性	幅频特性 AFC_M^i	(1.5~2)AFC^i 频率范围
	幅值不确定度 u_{MAF}^i	$u_{AF}^i/4$
相频特性	相频特性 PFC_M	(1.5~2)PFC^i 频率范围
	不确定度 u_{MPF}^i	$u_{TPF}^i = u_{MPF}^i/4$

对于每一个直接测量，可以用表 4-26 确定主要参数，由此可以进行传感器的选择。理论上，只要选择的实际传感器的主要技术参数满足上述要求，都可以使用。但由于不同类型的传感器的输出结果有差异，所以还需要考虑传感器输出信号的匹配问题。

选用传感器时，应注意以下问题：

(1) 分辨率、精度、量程。传感器的分辨率和精度至少应比系统检测精度高一个数量级，以弥补各种误差和干扰对检测结果的影响。对于惯量较大的参量，应保证其正常变化范围在 10%～90%传感器量程内；对于惯量较小的参量，传感器的上限量程可取该参量正常变化值上限的 1.5 倍。

(2) 输出信号匹配。应尽量选择具有标准输出信号的传感器，即输出 4～20 mA 电流信号(传送距离≥10 m)或者 0～5 V、0～10 V 电压信号(传送距离≤10 m)，以便与计算机 I/O 接口信号相匹配。否则需要调理电路将传感器的输出信号变换成标准信号。

(3) 动态特性。根据被测信号的幅频和相频特性选择传感器，最好使得被测信号的动态特性在传感器的动态特性的前 1/3 范围内。

2) 信号调理器的选择

一旦每个传感器的幅值变换要求、幅频特性和相频特性等调理要求确定后，综合起来可以确定信号调理器的类型、通道数和增益，见表 4-25。

表 4-25 信号调理器的其他技术指标确定

项目	说 明	备 注
类型	直流信号调理、交流信号调理或交直流两用信号调理器	取决于传感器的输出信号是直流还是交流；有些信号调理器通过切好开关或者跳线可以完成交流/直流切换
增益	$G \geqslant 10/V_{T\min}$	对于电压输出，$V_{T\min}$ 为所有传感器输出的最小电压信号值；如果传感器输出是 4～20 mA 电流信号，则可以串联一个 250 Ω 的标准电阻变换成电压输出；ADC 一般要求输入标准信号，如 0～5 V、±5 V 或 0～10 V
通道数	$N \geqslant n+3$	n 为传感器的数量
幅频特性	幅频特性 AFC_T^i	$AFC_{SC}^i=(1.5\sim 2)AFC_T^i$ 频率范围
	幅值不确定度 u_{TAF}^i	$u_{SCAF}^i=u_{TAF}^i/4$
相频特性	相频特性 PFC_T^i	$PFC_{SC}^i=(1.5\sim 2)PFC_T^i$ 频率范围
	不确定度 u_{TPF}^i	$u_{SCPF}^i=u_{TPF}^i/4$

根据所有传感器的数量和信号调理要求，确定信号调理器的类型、通道数和增益。

3) 模数转换器(ADC)的选择

ADC 的主要技术参数包括量程、不确定度、信号极性、分辨率、带宽、最低有效位、带宽、采样率、采样保持、量化误差等，可依据表 4-26 所示原则和方法逐一确定。

表 4-26 ADC 的主要技术参数确定

项目		技术指标	说明
量程		R_{AD}^{i}	$R_{AD}^{i}=k_{r}R_{SC}^{i}$; $k_{r}=1.2\sim1.5$
不确定度		动态测量不确定度/静态测量不确定度	根据仪器测量不确定度确定
通道数		$N_{AD}>N_{SC}$	设计阶段，一般应预留 15%
信号极性		单极性方式/极性方式	根据信号调理器输出信号是正电压、负电压或正负电压决定
分辨率		8 位、9～12 位、13 位以上	8 位以下的 ADC 称为低分辨率 ADC，9～12 位的称为中分辨率转换器，13 位以上的称为高分辨率转换器。10 位 ADC 以下误差较大，11 位以上对减小误差并无太多贡献
最低有效位		$LSB=R_{AD}^{i}/2^{n}$	n 为数据采集卡分辨率，即位数
最高采样率	低通信号	$f_{max}>(5\sim10)N_{AD}f_{sinmax}$	被测信号频率范围：$0\sim f_{max}$；N_{AD} 为 ADC 通道数；f_{sinma} 为被测信号的最高频率
	带通信号	$f_{max}>(5\sim10)\cdot N_{AD}(f_{sigmin}\sim f_{sigmax})$	被测信号频率范围：$f_{sigmin}\sim f_{sigmax}$
带宽		$BW_{ADC}>(5\sim10)BW_{sig}$	BW_{sig} 为被测信号带宽
采样保持		捕捉时间(TAC)、孔径时间(TAP)、保持建立时间(THS)、衰减率(DR)、传动误差	对于信号的变化幅度＜LSB(最低有效位数)的直流和变化缓慢的模拟信号时可不用采样保持器。对于其他模拟信号一般都要加采样保持器
量化误差		LSB/2	
微分线性度		DNL	高速采样时要考虑
增益误差			精密测量时尽可能选取较小值
温度漂移			工作环境温度变化大则尽可能选取较小值
电源抑制比			工作环境高噪声环境则尽可能选取较小值
信噪比			工作环境高噪声环境则尽可能选取较小值
噪声系数			工作环境高噪声环境则尽可能选取较小值
总谐波失真			需要对信号进行频谱分析时尽可能小
无杂散动态范围			需要对信号进行频谱分析时尽可能小

对于表 4-26 中的低通信号和带通信号，其采样率的选取不同。根据奈奎斯特-香农采样定理，对于频率范围为 $0 \sim f_{smax}$ 的低通信号，若采样率 $f_{sam} > 2f_{smax}$，则不会出现混叠现象，即可以利用相等时间间隔取得的采样点数据，毫无失真地重建模拟信号波形。其原因可以从信号的时域和频域分析中得出。应该指出的是，工程上一般取 $f_{sam} \geqslant (5 \sim 10) f_{max}$，这是考虑到测量环境的电磁干扰的影响，特别是高频干扰的影响。

4）I/O 接口类型的确定

I/O 接口完成数据采集、A/D 转换以及 D/A 转换等功能。根据所采用 I/O 接口设备类型，常用的接口类型分为 PC 总线测量系统、串行接口（serial port）总线测量系统和现场（field）总线等。

5）计算机的确定

测量用的计算机主要有普通 PC 机、工控机和专用计算机三种类型。其选择依据为：①普通 PC 机：用于测量环境中电磁干扰较少、机箱无屏蔽、成本较低的场合。②工控机：用于测量环境中电磁干扰较严重、数据处理量较大、机箱需要屏蔽，且成本高的场合。③专用计算机：用于测量环境中电磁干扰较严重、测量对象较多、数据处理量较大、成本较高，且需要使用专用的测控总线，如 VXI 总线、PXI 总线的场合。

4.3.5.4 变位机检测算法设计

检测系统测量总算法包括完成测量系统中的信号采集、信号处理和结果输出模块的运行。常用的检查算法如图 4-36 所示。

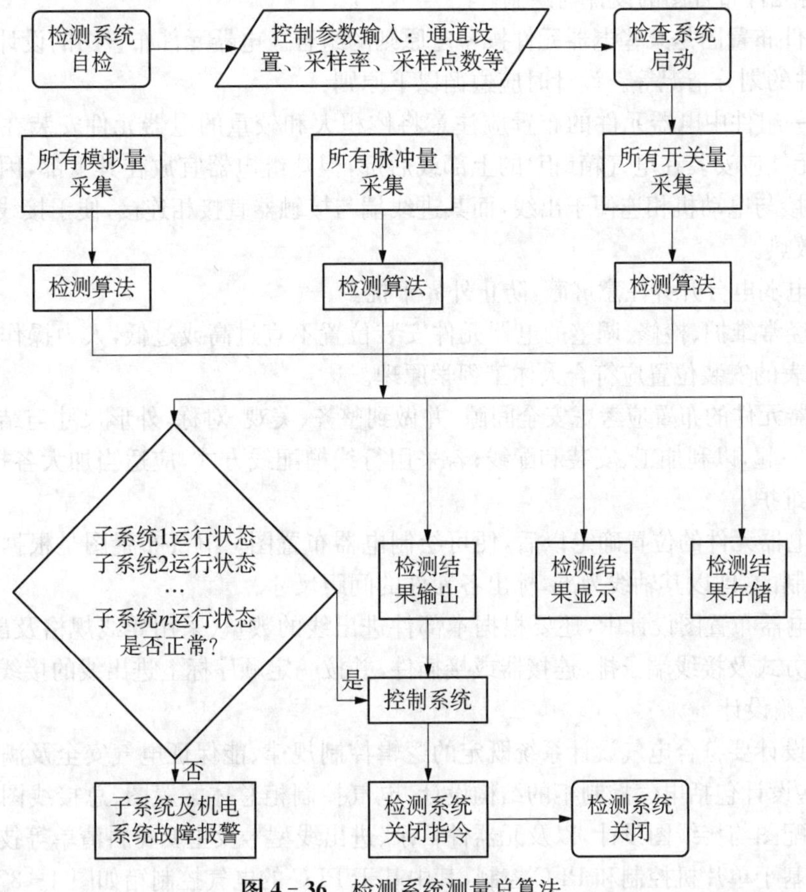

图 4-36 检测系统测量总算法

4.3.6 变位机电气设备的总体布置设计

电气设备总体配置设计任务是根据电气原理图的工作原理与控制要求，先将控制系统划分为几个组成部分。总体配置设计是以电气系统的总装配图与总接线图形式来表达的，图中应以示意形式反映出各部分主要组件的位置及各部分接线关系、走线方式及使用的行线槽、管线等。

1) 组件划分的原则

(1) 应把功能类似的元件组合在一起。

(2) 尽可能减少组件之间的连线数量，同时把接线关系密切的控制电器置于同一组件中。

(3) 应将强弱电控制器分离，以减少干扰。

(4) 把外形尺寸、重量相近的电器组合在一起，以求整齐、美观。

(5) 把需经常调节、维护和易损元件组合在一起，以便于检查与调试。

2) 电气控制设备不同的组件之间的接线方式

(1) 开关电器、控制板的进出线一般采用接线端头或接线鼻子连接，这可按电流大小及进出线数选用不同规格的接线端头或接线鼻子。

(2) 电气柜(箱)、控制箱、柜(台)之间以及它们与被控制设备之间，采用接线端子排或工业连接器连接。

(3) 弱电控制组件、印制电路板组件之间应采用各种类型的标准接插件连接。

(4) 电气柜(箱)、控制箱、柜(台)内的元件之间的连接，可以借用元件本身的接线端子直接连接，过渡连接线应采用端子排过渡连接，端头应采用相应规格的接线端子处理。

3) 电器元件布置图的设计与绘制

电气元件布置图是某些电器元件按一定原则的组合。电器元件布置图的设计依据是部件原理图、组件的划分情况等。设计时应遵循以下原则：

(1) 同一组件中电器元件的布置应注意将体积大和较重的电器元件安装在电器板的下面，而发热元件应安装在电气箱(柜)的上部或后部，但热继电器宜放在其下部，因为热继电器的出线端直接与电动机相连便于出线，而其进线端与接触器直接相连接，便于接线并使走线最短，且宜于散热。

(2) 强电弱电分开并注意屏蔽，防止外界干扰。

(3) 要经常维护、检修、调整的电器元件安装位置不宜过高或过低，人力操作开关及需经常监视的仪表的安装位置应符合人体工程学原理。

(4) 电器元件的布置应考虑安全间隙，并做到整齐、美观、对称，外形尺寸与结构类似的电器可安放在一起，以利加工、安装和配线；若采用行线槽配线方式，应适当加大各排电器间距，以利布线和维护。

(5) 各电器元件的位置确定以后，便可绘制电器布置图。电气布置图是根据电器元件的外形轮廓绘制的，即以其轴线为准，标出各元件的间距尺寸。

(6) 在电器布置图设计中，还要根据本部件进出线的数量、采用导线规格及出线位置等，选择进出线方式及接线端子排、连接器或接插件，并按一定顺序标上进出线的接线号。

4) 电气箱设计

电气箱设计要符合电气设计系统既定的逻辑控制规律、能保证电气安全及满足生产工艺的要求，这些设计包括电气控制柜的结构设计、电气控制柜总体配置图、总接线图设计及各部分的电器装配图与接线图设计，以及元器件目录、进出线型号及主要材料清单等技术资料。变位机一般可基于单片机控制和 PLC 控制，其中基于 PLC 的电气控制箱如图 4-37 所示。

图 4-37　典型的电气控制柜结构布局图

为了满足电气控制设备的制造和使用要求，必须进行合理的电气控制工艺设计。这些设计包括电气控制柜的结构设计、电气控制柜总体配置图、总接线图设计及各部分的电器装配图与接线图设计，同时还要有部分的元件目录、进出线号及主要材料清单等技术资料。

电气控制柜或控制箱设计需要考虑以下几个方面：

(1) 根据操作需要及控制面板、箱、柜内各种电气部件的尺寸确定电气箱、柜的总体尺寸及结构形式，非特殊情况下，应使电气控制柜总体尺寸符合结构基本尺寸与系列。

(2) 根据电气控制柜总体尺寸及结构形式、安装尺寸，设计箱内安装支架，并标出安装孔、安装螺栓及接地螺栓尺寸，同时注明配作方式。柜、箱的材料一般应选用柜、箱用专用型材。

(3) 根据现场安装位置、操作、维修方便等要求，设计电气控制柜的开门方式及形式。

总之，根据以上要求，应先勾画出电气控制柜箱体的外形草图，估算出各部分尺寸，然后按比例画出外形图，再从对称、美观、使用方便等方面进一步考虑调整各尺寸比例。电气控制柜外表确定以后，再按上述要求进行控制柜各部分的结构设计，绘制箱体总装图及各面门、控制面板、底板、安装支架、装饰条等零件图，并注明加工要求，再视需要为电气控制柜选用适当的门锁。当然，电气柜的造形结构各异，在柜体设计中应注意吸取各种形式的优点。对非标准的电器安装零件，应根据机械零件设计要求，绘制其零件图，凡配合尺寸应注明公差要求，并说明加工要求。

还要根据各种图纸，对电气控制柜需要的各种零件及材料进行综合统计，按类别列出外购成品件的汇总清单表、标准件清单表、主要材料消耗定额表及辅助材料定额表等，以便采购人员、生产管理部门按设备制造需要备料，做好生产准备工作，也便于成本核算。

5）非标准零件图的设计

电气控制装置通常都需要制作单独的电气控制柜或控制箱。对于电控箱而言，根据所选元件的尺寸，综合考虑和选择电控箱的规格。国家有统一标准规格的电控箱柜台，也有非标的，非标的可根据选择的电气元件进行规格设计。

参考文献

[1] 王政. 焊接工装夹具及变位机械——性能·设计·选用[M]. 北京：机械工业出版社，2001.

[2] 刘鸿文. 材料力学Ⅰ[M]. 6版. 北京：高等教育出版社，2017.

[3] 闻邦椿，等. 机械设计手册[M]. 6版. 北京：机械工业出版社，2018.

思考与练习

1. 设计一个如图4-38所示固定式旋转变位机，采用步进电机＋蜗轮蜗杆减速器驱动或伺服电机＋蜗轮蜗杆减速器驱动，设计要求如下。

回转部分：

(1)回转半径：450 mm；(2)重复定位精度：0.005 mm；(3)回转速度：0.5～10 r/min；(4)伺服电机功率 0.75 kW；(5)伺服电机转速 2 000 r/min；(6)最大承载 50 kg。

设计内容：

(1) 确定旋转电机额定功率和转速，并确定蜗轮蜗杆减速电机的型号；

(2) 确定翻转电机额定功率和转速，并确定蜗轮蜗杆减速电机的型号；

(3) 计算工作台的摩擦力矩及惯性力矩的大小；

(4) 完成PLC选型；

(5) 完成电气控制系统原理图设计。

(a) 固定式旋转变位机

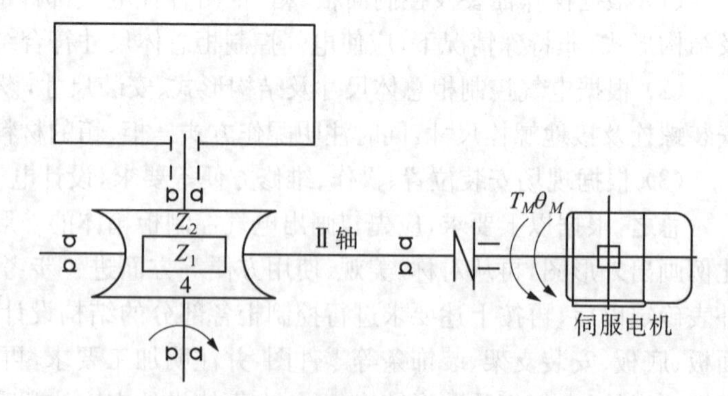

(b) 固定式旋转变位机传动方案

图4-38 固定式旋转变位机

2. 设计一个如图4-39所示座式变位机，采用电机＋蜗轮蜗杆减速器＋齿轮传动，设计要求如下。

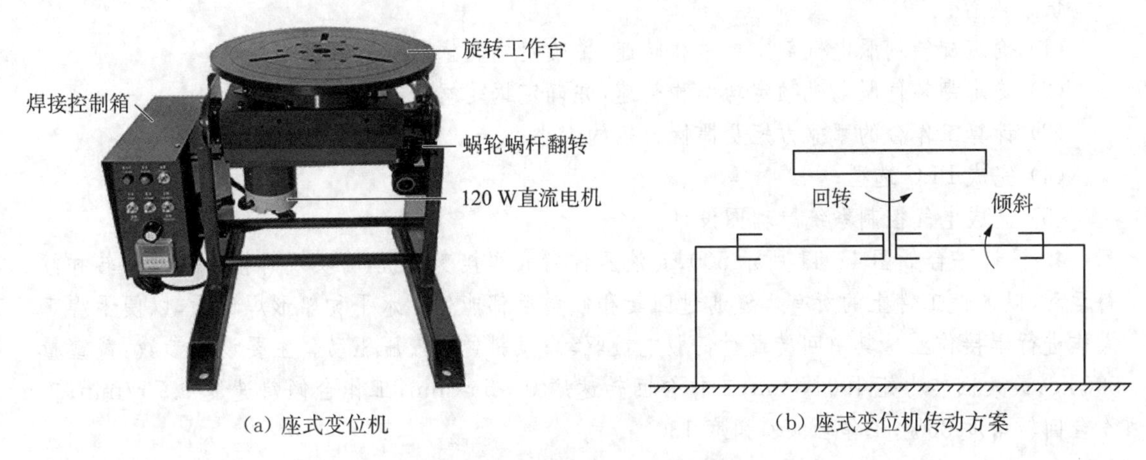

(a) 座式变位机　(b) 座式变位机传动方案

图 4-39　200 kg 焊接变位机

(1)电源:AC 220 V;(2)承载能力:(水平/垂直)200 kg/100 kg;(3)最大偏心距:150 mm;最大中心距 1:(4)工作台直径 400 mm,设备通孔直径 160 mm,工作台高度 500 mm;(5)旋转速度 0.5～10 r/min,拟采用永磁直流无级调速电机+蜗轮蜗杆减速器驱动,旋转角度 0～360°;(6)翻转角度 0～90°,永磁直流无级调速电机+蜗轮蜗杆减速器驱动。

设计内容:

(1) 确定旋转电机额定功率和转速,并确定蜗轮蜗杆减速电机的型号;

(2) 确定翻转电机额定功率和转速,并确定蜗轮蜗杆减速电机的型号;

(3) 计算工作台的摩擦力矩及惯性力矩的大小;

(4) 完成 PLC 选型;

(5) 完成电气控制系统原理图设计。

3. 设计一个如图 4-40 所示焊接变位机,设计要求为:

回转部分:

(1)回转半径:450 mm;(2)重复定位精度:0.005 mm;(3)工作台回转速度 0～1 r/min;(4)伺服电机功率 0.75 kW;(5)伺服电机转速 3 000 r/min;(6)最大承载 100 kg。

摆动部分:

(1)摆动角度:110°～−70°;(2)重复定位精度:0.01°;(3)伺服电机功率:21 kW;(4)伺服电机转速:3 000 r/min;(5)最大承载:500 kg。

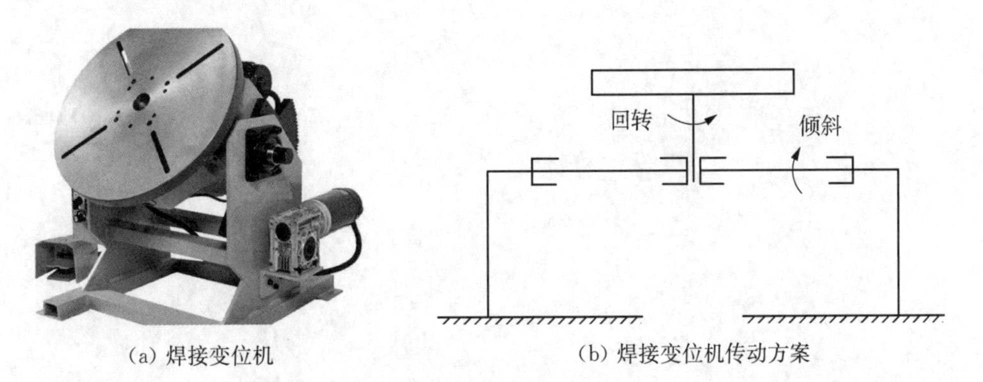

(a) 焊接变位机　(b) 焊接变位机传动方案

图 4-40　座式变位机

设计内容：

(1) 确定旋转伺服电机额定功率和转速，并确定蜗轮蜗杆减速电机的型号；

(2) 确定翻转伺服电机额定功率和转速，并确定蜗轮蜗杆减速电机的型号；

(3) 计算工作台的摩擦力矩及惯性力矩的大小；

(4) 完成PLC选型；

(5) 完成电气控制系统原理图设计。

4. 设计一台如图4-41所示500 kg液压伸臂式焊接变位机，可实现焊接工件的回转和倾斜运动，以便使工件上的所有焊缝通过回转和倾斜后都能处于水平和船形焊位置，以便于焊工操作进行焊接作业。其中回转通过伺服电机驱动；倾斜通过液压驱动。主要设计参数：载重量500 kg；最大回转力矩100 N·m；工作台回转速度0～5 r/min；工作台倾斜速度0.7 r/min；工作台回转角度360°；工作台倾斜角度130°。

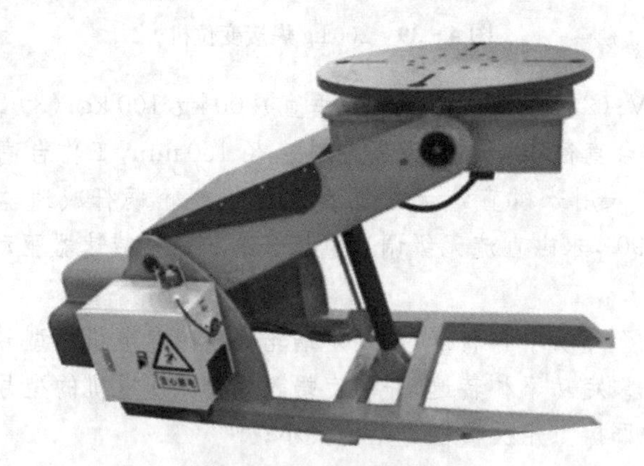

图4-41 液压式变位机

设计内容：

(1) 确定旋转伺服电机额定功率和转速，并确定蜗轮蜗杆减速电机的型号；

(2) 确定翻转伺服电机额定功率和转速，并确定蜗轮蜗杆减速电机的型号；

(3) 计算工作台的摩擦力矩及惯性力矩的大小；

(4) 完成PLC选型；

(5) 完成液压系统原理图设计；

(6) 完成电气控制系统原理图设计。

第5章

机器人作业夹具设计

◎ 学习成果达成要求

1. 了解夹具的功能。
2. 掌握夹具的定位方法。
3. 了解常用的夹紧机构、复合夹紧机构、偏心轮夹紧机构和柔性加紧机构。
4. 掌握夹紧机构设计方法。
5. 了解机器人作业加紧机构的应用。

对任何使用机器人作业成形的结构件,夹具始终是极为重要的组成部分。夹具起着零件的装夹、定位、减小加工变形等重要作用。可以说,零部件的尺寸精度主要取决于夹具的制造精度。因此,对机器人作业夹具,一般都有较高的精度要求,而对夹具上决定工件定位的构件的加工、安装位置精度的要求则更高。本章着重介绍机器人作业夹具的功能、定位方法、夹紧结构和夹具的设计方法,为掌握机器人作业夹具的设计提供基础。

5.1 夹具的功能

夹具是指机械制造过程中用来固定加工对象,使之占有正确的位置,以接受施工或检测的装置,又称卡具。从广义上说,在工艺过程中的任何工序,用来迅速、方便、安全地安装工件的装置,都可称为夹具。

夹具的功能通常是指定位功能和夹紧功能,具体体现在:

(1) 保证加工精度。用机床夹具装夹工件,能准确确定工件与刀具、机床之间的相对位置关系,可以保证加工精度。

(2) 提高生产效率。机床夹具能快速地将工件定位和夹紧,可以减少辅助时间、提高生产效率。

(3) 减轻劳动强度。机床夹具采用机械、气动、液动夹紧装置,可以减轻工人的劳动强度。

(4) 扩大机床的工艺范围。利用机床夹具,能扩大机床的加工范围;例如,在车床或钻床上使用镗模可以代替镗床镗孔,使车床、钻床具有镗床的功能。

5.1.1 定位功能

在装焊作业中,焊件按图样要求,在夹具中得到确定位置的过程称为定位。定位的作用是保证工件在夹具中相对于机床有一个正确的位置。定位分为完全定位、欠定位和过定位三种,其中欠定位在有些情况下是允许存在的，而过定位则不能存在。通常消除过定位的方法有用菱形销、浮动支撑等。

焊件在夹具中要得到确定的位置，必须遵循物体定位的"六点定位原理"。但对焊接金属结构件来说，被装焊的零件多是些成形的板材和型材，未组焊前刚度小、易变形，所以常以工作平台的台面作为焊件的安装基面进行装焊作业，此时，工作平台还有定位器的作用。另外，对焊接金属结构的每个零件，不必都设六个定位支承点来确定其位置，因为各零件之间都有确定的位置关系，可利用先装好的零件作为后装配零件某一基面上的定位支承点，这样就可以简化夹具结构，减少定位器的数量。

为了保证装配精度，应将焊件几何形状比较规则的边和面与定位器的定位面接触，并得到完全的覆盖。在夹具体上布置定位器时，应注意不妨碍焊接和装卸作业的进行，同对要考虑焊接变形的影响。如果定位器对焊接变形有限制作用，则多做成拆卸式或退让式的。操作式定位器应设置在便于操作的位置上。

5.1.2 夹紧功能

夹紧是使这个正确的位置保持不变，从而保证零件的加工精度。装配、焊接焊件时，焊件所需的夹紧力，按性质可分为四类：第一类是在焊接及随后的冷却过程中，防止焊件发生焊接残余变形所需的夹紧力；第二类是为了减少或消除焊接残余变形，焊前对焊件施以反变形所需的夹紧力；第三类是在焊件装配时，为了保证安装精度，使各相邻焊件相互紧贴，消除它们之间的装配间隙所需的夹紧力，或者，根据图样要求，保证给定间隙和位置所需的夹紧力；第四类是在具有翻转或变位功能的夹具或胎具上，为了防止焊件翻转变位时在重力作用下不致坠落或移位所需的夹紧力。

上述四类夹紧力，除第四类可用理论计算求得与工程实际较接近的计算值外，其他几类，则由于计算理论的不完善性、焊件结构的复杂性、装配施焊条件的不稳定性等因素的制约，往往计算结果与实际相差很大，对有些复杂结构的焊件，甚至无法精确计算。因此，在工程上，往往采用模拟件或试验件进行试验的方法来确定夹紧力，它的方法有两种：一种是经试验得到试件焊接残余变形的类型和尺寸后通过理论计算，求出使焊件恢复原状所需的变形力，也就是焊件所需的夹紧力。这种方法，对于梁、柱、拼接大板等一些简单结构的焊件还比较有效，计算出的夹紧力与工程实际较接近；但对于复杂结构的焊件，例如机座、床身、大型内燃机缸体、减速机机壳等焊接机器零件，计算仍然是困难的。另一种方法是在上述试验的基础上，实测出矫正焊接残余变形所需的力和力矩，以作为焊件所需夹紧力的依据。

焊件所需夹紧力的确定方法，要随焊件结构形式不同而异。所确定的夹紧力要适度，既不能过小而失去夹紧作用，又不能过大而使焊件在焊接过程中的拘束作用太强，以致出现焊接裂纹。因此在设计夹具时，应使夹紧机构的夹紧力能在一定范围内调节，这在气动、液压、弹性等夹紧机构中是不难实现的。

在进行焊接工装夹具的设计计算时，首先要确定装配、焊接时焊件所需的夹紧力，然后根据夹紧力的大小、焊件的结构形式、夹紧点的布置、安装空间的大小、焊接机头的焊接可达性等因素来选择夹紧机构的类型和数量，最后对所选夹紧机构和夹具体的强度和刚度进行校核。

5.2 常用的定位方法

5.2.1 定位方法确定

工件在夹具中要想获得正确定位，首先应正确选择定位基准，其次则是选择合适的定位元件。工件定位时，工件定位基准和夹具的定位元件接触形成定位副。应采用六个按照一定规则布置的约束点，限制工件的六个自由度，使工件实现完全定位。常见的情况有四种：

(1) 平面。定位可采用1～3根支承钉；采用1～2块条形支承板；采用一块矩形支承板。

(2) 圆孔。定位可采用短圆柱销、长圆柱销、两段短圆柱销；菱形销、长销小平面组合、短销大平面组合：固定锥销、浮动锥销、固定锥销和浮动锥销组合；长圆柱心轴、短圆柱心轴、小锥度心轴。

(3) 外圆柱面。定位可采用一块短V形销、两块短V形销、一块长V形销：一个短定位套、两个短定位套、一个长定位套。

(4) 圆锥孔。定位可采用固定顶尖、浮动顶尖、锥度心轴。

5.2.2 定位基准

定位基准是指在加工时，用以确定工件在机床上或夹具中正确位置所采用的基准，称为定位基准。在工艺规程设计中，正确选择定位基准，对保证零件加工要求、合理安排加工顺序有着至关重要的影响。定位基准有精基准与粗基准之分，用毛坯上未经加工的表面作为定位基准，这种定位基准称为粗基准。用加工过的表面作定位基准，这种定位基准成为精基准。

在选择定位基准时往往先根据零件的加工要求选择精基准，由工艺路线向前反推，最后考虑选用哪一组表面作为粗基准才能把精基准加工出来。

1) 精基准的选择原则

(1) 基准重合原则：应尽可能选择被加工表面的设计基准作为精基准，这样可以避免由于基准不重合引起的定位误差。

(2) 统一基准原则：应尽可能选择用同一组精基准加工工件上尽可能多的表面，以保证各加工表面之间的相对位置精度。

(3) 互为基准原则：当工件上两个加工表面之间的位置精度要求比较高时，可以采用两个加工表面互为基准反复加工的方法。

(4) 自为基准原则：一些表面的精加工工序，要求加工余量小而均匀，常以加工表面自身作为精基准。

上述4项选择精基准的原则，有时不能同时兼顾，只能根据主次抉择。

2) 粗基准的选择原则

(1) 第一道工序用粗基准原则。工件加工的第一道工序要用粗基准，粗基准选择得正确与否，不但与第一道工序的加工有关，还将对工件加工的全过程产生重大影响。

(2) 合理分配加工余量的原则：从保证重要表面加工余量均匀考虑，应选择重要表面作粗基准。

(3) 便于装夹的原则：为使工件定位稳定，夹紧可靠，要求所选用的粗基准尽可能平整、光洁，不允许有锻造飞边、铸造浇冒口切痕或其他缺陷，并有足够的支承面积。

(4) 粗基准一般不得重复使用的原则。

上述4项选择粗基准的原则，有时不能同时兼顾，只能根据主次抉择。

5.2.3 六点定位原理

如图 5-1a 所示，任一刚体在空间都有六个自由度，即沿着 x、y、z 三个坐标轴移动的自由度 $\boldsymbol{x}$、$\boldsymbol{y}$、$\boldsymbol{z}$，以及绕此三个坐标轴的转动自由度 $\widehat{x}$、$\widehat{y}$、$\widehat{z}$。假设工件也是一个刚体，要使它在夹具中完全定位，就必须限制它在空间的六个自由度。如图 5-1b 所示，用六个定位支承点与工件接触，并保证支承点合理分布，每个定位支承点限制工件的一个自由度，便可将工件的六个自由度完全限制，工件在空间的位置也就被唯一地确定。

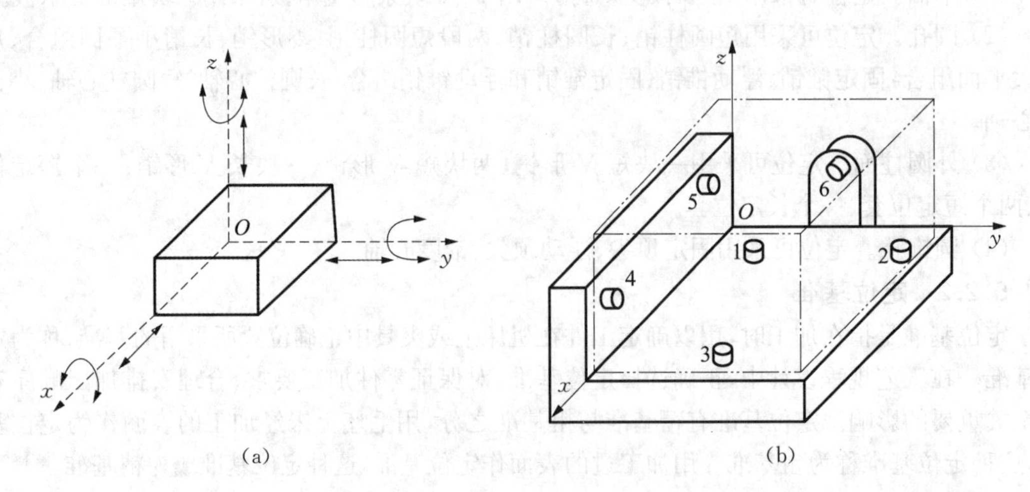

图 5-1 零件在空间中的自由度

由此可见，要使工件完全定位，就必须限制工件在空间的六个自由度，即工件的“六点定位原理”。

在应用工件“六点定位原理”进行定位问题分析时，应注意如下几点：

(1) 定位就是限制自由度，通常用合理布置定位支承点的方法来限制工件的自由度。

(2) 定位支承点限制工件自由度的作用，应理解为定位支承点与工件定位基准面始终保持紧贴接触。若两者脱离，则意味着失去定位作用。

(3) 一个定位支承点仅限制一个自由度，一个工件仅有六个自由度，所设置的定位支承点数目，原则上不应超过六个。

(4) 分析定位支承点的定位作用时，不考虑力的影响。工件的某一自由度被限制，是指工件在这一方向上有确定的位置，并非指工件在受到使其脱离定位支承点的外力时，不能运动，欲使其在外力作用下不能运动，是夹紧的任务；反之，工件在外力作用下不能运动，即被夹紧，也并非是说工件的所有自由度都被限制了。所以，定位和夹紧是两个概念，不能混淆。

(5) 定位支承点是由定位元件抽象而来的，在夹具中，定位支承点总是通过具体的定位元件体现，至于具体的定位元件应转化为几个定位支承点，需结合其结构进行分析。表 5-1 列出了常见典型定位方式及定位元件转化的支承点数目和限制的自由度数。需注意的是，一种定位元件转化成的支承点数目是一定的，但具体限制的自由度与支承点的布置有关。

表5-1 常见定位方式及定位元件转化的支承点数目和所限制的自由度

工件定位基准面	定位元件	定位方式及所限制的自由度	工件定位基准面	定位元件	定位方式及所限制的自由度
平面	支承钉	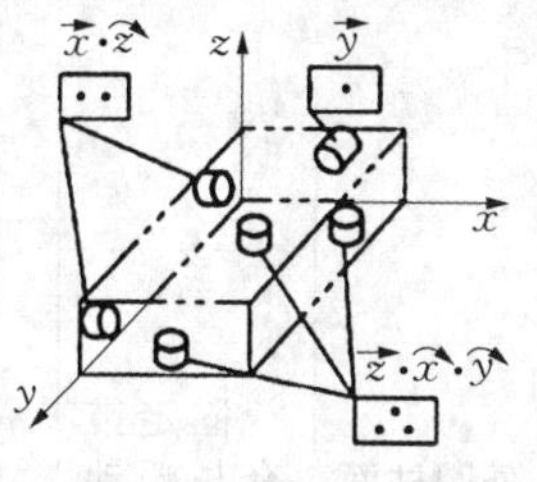	圆孔	锥销	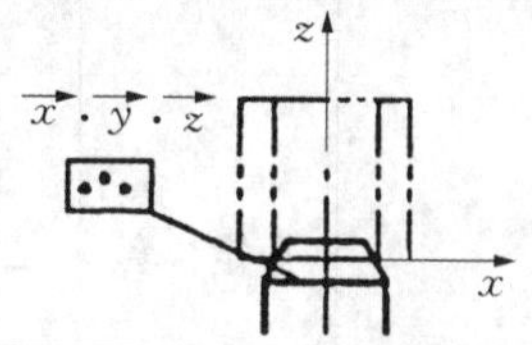
	支承板	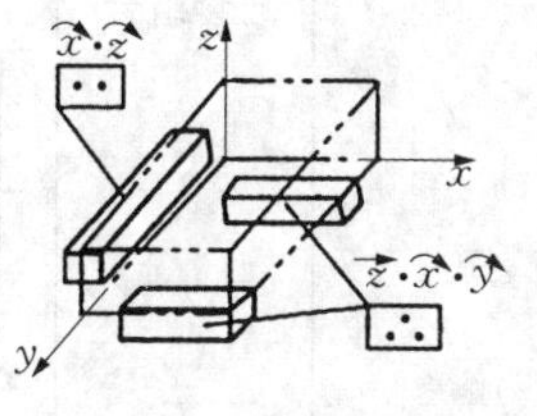		固定锥销与浮动锥销组合	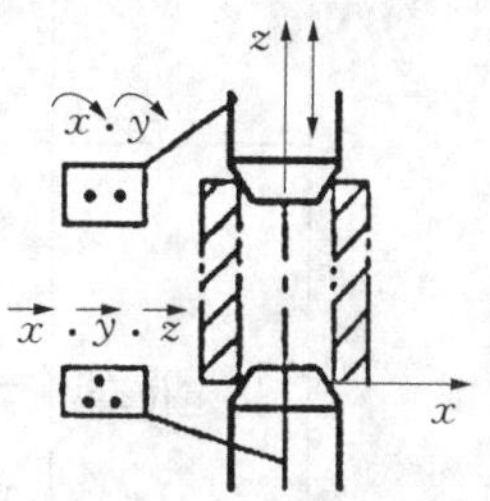
	固定支承与自位支承	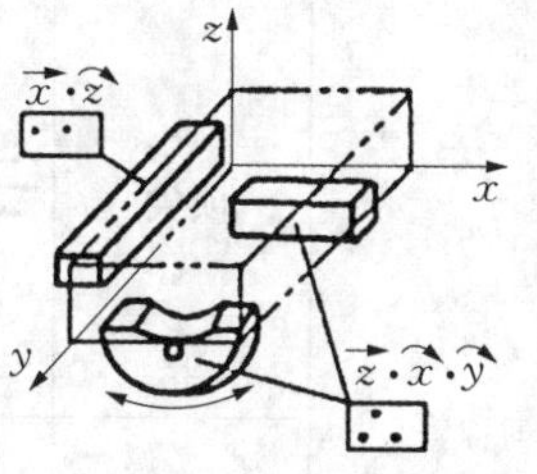	外圆柱面	支承板或支承钉	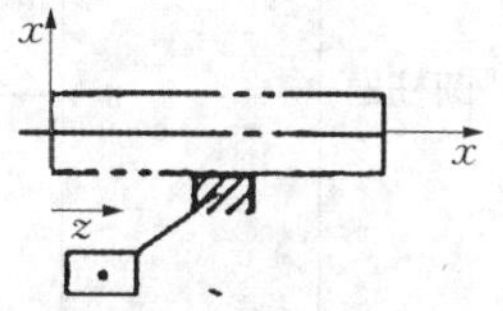
					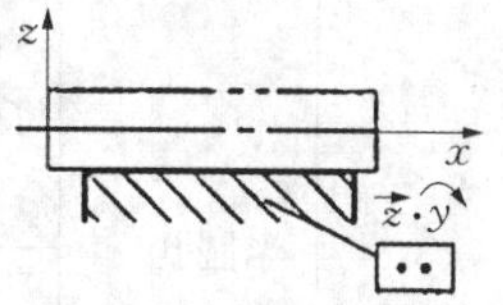
	固定支承与辅助支承	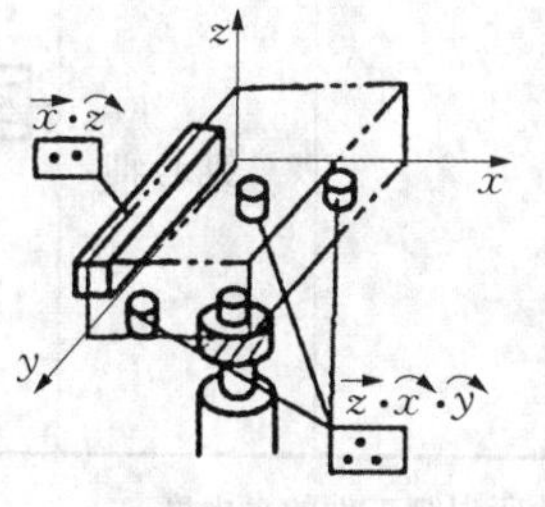		V形块	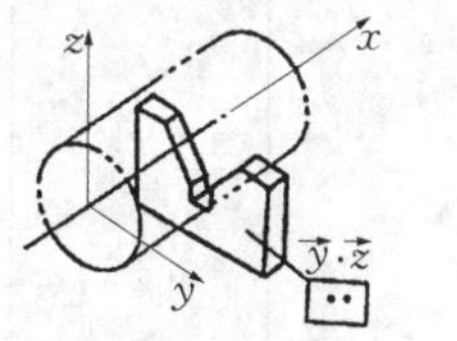
圆孔	定位销（心轴）	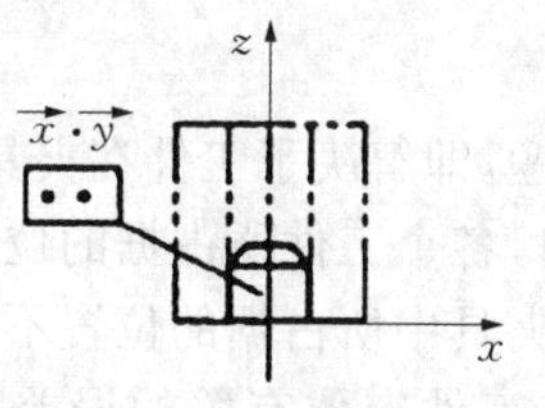			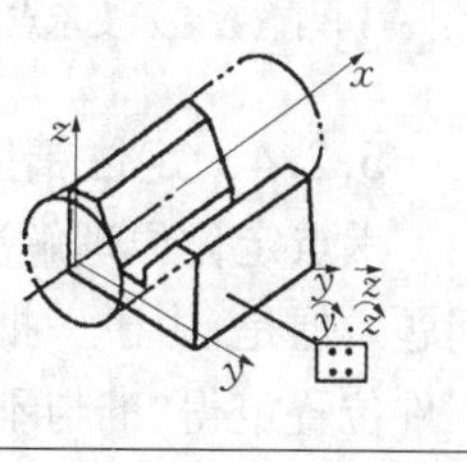
		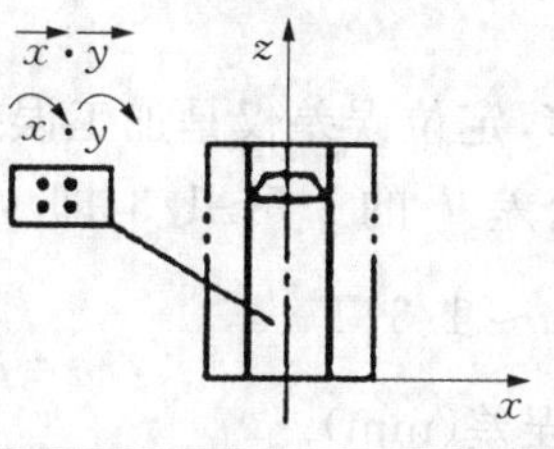			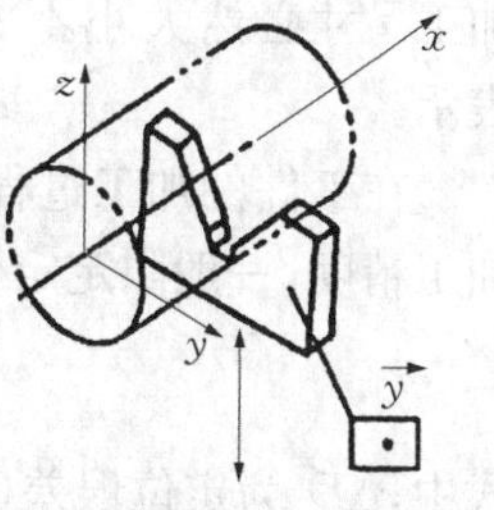

（续表）

工件定位基准面	定位元件	定位方式及所限制的自由度	工件定位基准面	定位元件	定位方式及所限制的自由度
外圆柱面	短定位套	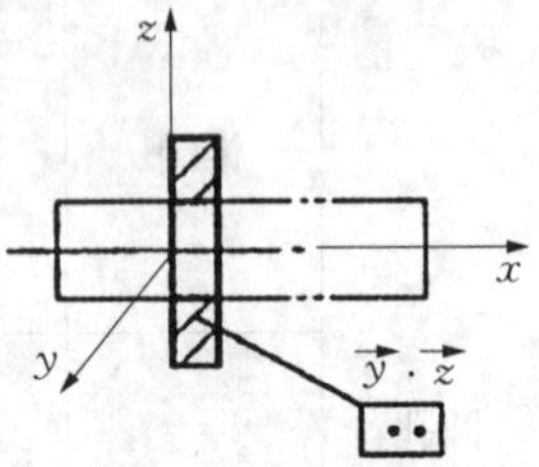 $\vec{y}\cdot\vec{z}$	外圆柱面	固定锥套与浮动锥套组合	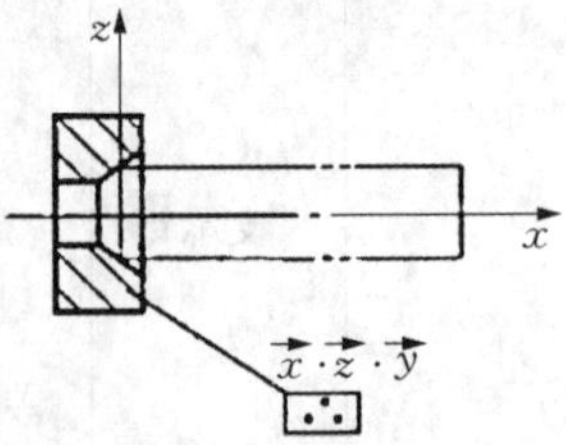 $\vec{x}\cdot\vec{z}\cdot\vec{y}$
	长定位套	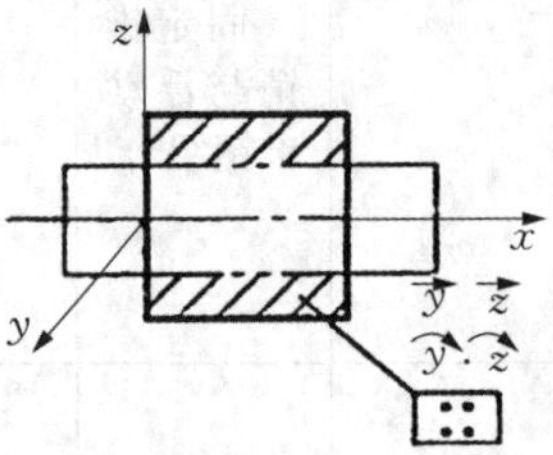 $\vec{y}\cdot\vec{z}$ $\overset{\frown}{y}\cdot\overset{\frown}{z}$			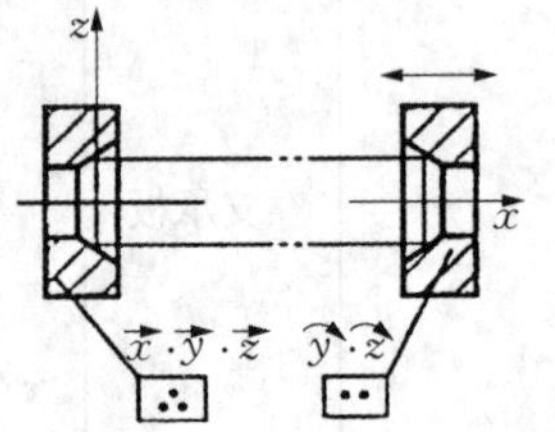 $\vec{x}\cdot\vec{y}\cdot\vec{z}$　$\overset{\frown}{y}\cdot\overset{\frown}{z}$
	半圆孔	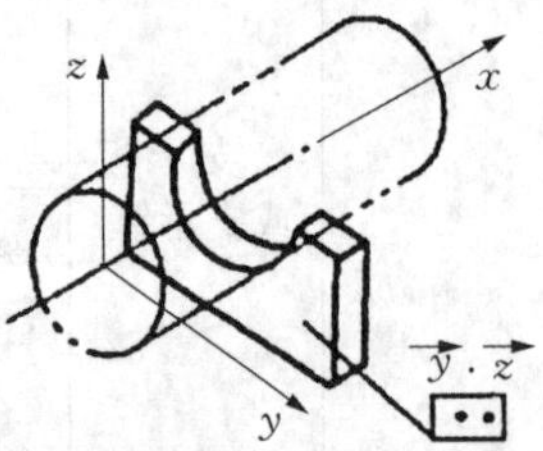 $\vec{y}\cdot\vec{z}$	10 锥孔	顶尖	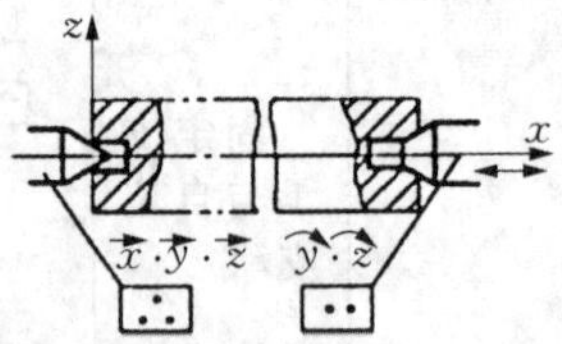 $\vec{x}\cdot\vec{y}\cdot\vec{z}$　$\overset{\frown}{y}\cdot\overset{\frown}{z}$
		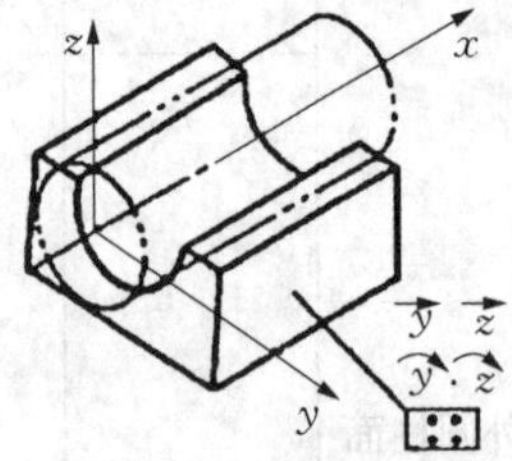 $\vec{y}\cdot\vec{z}$ $\overset{\frown}{y}\cdot\overset{\frown}{z}$		锥心轴	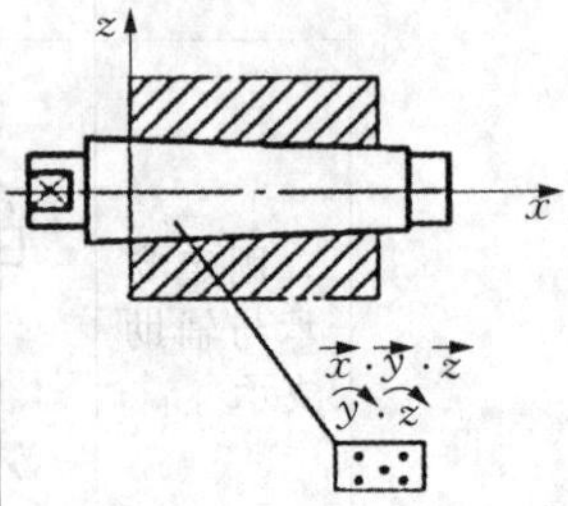 $\vec{x}\cdot\vec{y}\cdot\vec{z}$ $\overset{\frown}{y}\cdot\overset{\frown}{z}$

注：[··]内点数表示支承点的数目，$\vec{y}$，$\overset{\frown}{y}$ 等外注表示定位元件所限制工件的自由度。

5.2.4 定位精度确定

六点定位原理解决了约束工件自由度的问题，即解决了工件在夹具中位置“定与不定”的问题。但是，由于一批工件逐个在夹具中定位时，各个工件所占据的位置不完全一致，即出现工件位置定得“准与不准”的问题。如果工件在夹具中所占据的位置不准确，加工后各工件的加工尺寸必然大小不一，形成误差。这种只与工件定位有关的误差称为定位误差，用 ΔD 表示。

在工件的加工过程中，产生误差的因素很多，定位误差仅是加工误差的一部分，为了保证加工精度，一般限定定位误差不超过工件加工公差 T 的 1/5～1/3，即

$$\Delta D \leqslant (1/5 \sim 1/3)T \tag{5-1}$$

式中，ΔD 为定位误差(mm)；T 为工件的加工误差(mm)。

5.2.5 其他定位问题分析

1）完全定位和不完全定位

对于图 5－1b 中的长方体工件，xOy 平面上的定位支承点限制了工件的三个自由度 **x**、**y**、**z**，yOz 平面上的两个定位支承点限制了工件的两个自由度 **x**、**z**，xOz 平面上的一个定位支承点限制了工件沿 y 轴移动的自由度 **y**。因而，这样分布的六个定位支承点，限制了工件全部六个自由度，称为工件的"完全定位"。然而，工件在夹具中并非都需要完全定位，究竟应限制哪几个自由度，需根据具体加工要求确定。如图 5－2a 所示，在工件上铣键槽，在沿三个轴的移动和转动方向上都有尺寸及位置要求，所以加工时必须限制全部六个自由度，即要"完全定位"。图 5－2b 中，在工件上铣台阶面，在 y 方向无尺寸要求，故只需限制五个自由度，即不限制工件沿 y 轴的移动自由度 **y**，对工件的加工精度无影响，工件在这一方向上的位置不确定只影响加工时的进给行程而已。这种允许少于六点的定位称为"不完全定位"或"部分定位"。因 5－2c 中铣削工件上平面，只需保证 z 方向的高度尺寸及上平面与工件底面的位置要求，因此只要在底平面上限制三个自由度 **x**、**y**、**z** 就已足够，亦为"不完全定位"。显然，在此情况下，不完全定位是合理的定位方式。

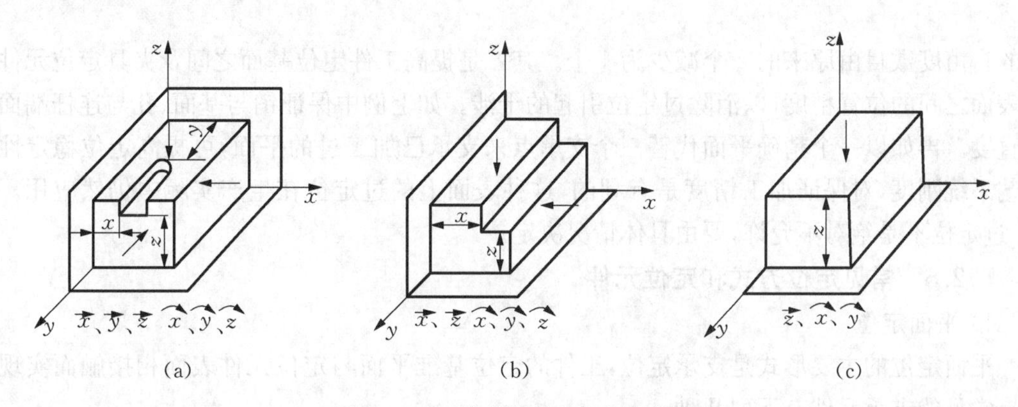

图 5－2 工件应限制自由度的确定

2）过定位和欠定位

在加工中，如果工件的定位支承点数少于应限制的自由度数，必然导致达不到所要求的加工精度。这种工件定位点不足的情况，称为"欠定位"。如图 5－1 中，若在 zOx 平面内不设置定位支承点，则在定程切削中就难以保证 y 方向的尺寸要求。显然，欠定位在实际生产中，是绝对不允许的。

反之，若工件的某一个自由度同时被一个以上的定位支承点重复限制，则对这个自由度的限制会产生矛盾，这种情况被称为"过定位"或"重复定位"。

如图 5－3a 所示，加工连杆大孔的定位方案中，长圆柱销 1 限制 **x**、**y**、$\widehat{x}$、$\widehat{y}$ 四个自由度，支承板 2 限制 $\widehat{x}$、$\widehat{y}$、**z** 三个自由度。其中，$\widehat{x}$、$\widehat{y}$ 被两个定位元件重复限制，产生过定位。若工件孔与端面垂直度误差较大，且孔与销间隙又很小，则定位情况如图 5－3b 所示，定位后工件歪斜，端面只有一点接触。若长圆柱销刚度好，压紧后连杆将变形；若刚度不足，压紧后长圆柱销将歪斜，工件也可能变形（图 5－3c），两者都会引起加工大孔的位置误差，使连杆两孔的轴线不平行。

消除过定位及其干涉有两种途径：其一是改变定位元件的结构，以减少转化支承点的数目，消除被重复限制的自由度。如生产中常用的一面两销定位方案，其中一销为菱形销，其限

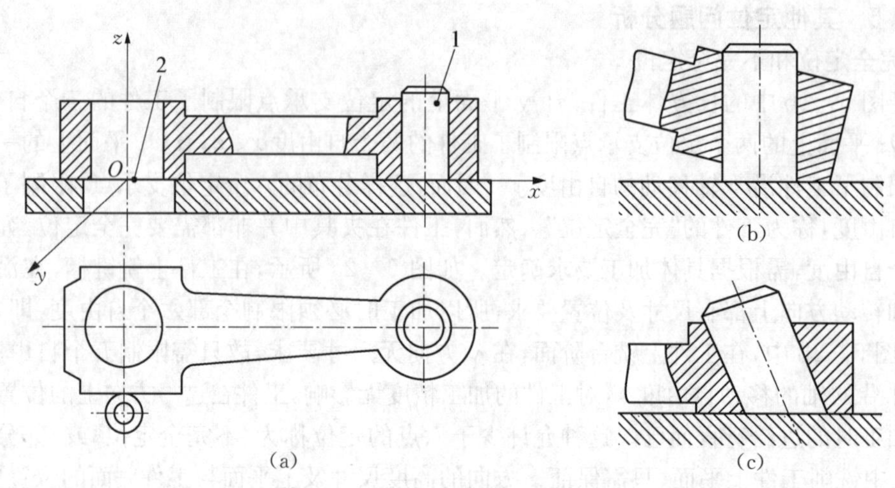

1—长圆柱销；2—支承板

图 5-3 过定位案例

制的自由度数目由原来的 2 个减少为 1 个。其二是提高工件定位基面之间及夹具定位元件工作表面之间的位置精度，以消除过定位引起的干涉。如上例中保证销与基面、孔与连杆端面的垂直度。再如以一个精确平面代替三个支承点来支承已加工过的平面，可提高定位稳定性和工艺系统刚度，对保证加工精度是有利的，这种表面上的过定位在生产实际中仍然应用。因此，过定位不是绝对不允许，要由具体情况决定。

5.2.6 常见定位方式和定位元件

1) 平面定位

平面定位的主要形式是支承定位，工件的定位基准平面与定位元件表面相接触而实现定位。常见的支承元件有下列几种：

(1) 固定支承。支承的高矮尺寸是固定的，使用时不能调整高度。

① 支承钉。图 5-4 所示为用于平面定位的几种常用支承钉，它们利用顶面对工件进行定位。其中图 5-4a 为平顶支承钉，常用于精基准面的定位。图 5-4b 为圆顶支承钉，多用于粗基准面的定位。图 5-4c 为网纹顶支承钉，常用在要求较大摩擦力的侧面定位。图 5-4d 为带衬套支承钉，由于它便于拆卸和更换，一般用于批量大、磨损快、需要经常修理的场合。支承钉限制一个自由度。

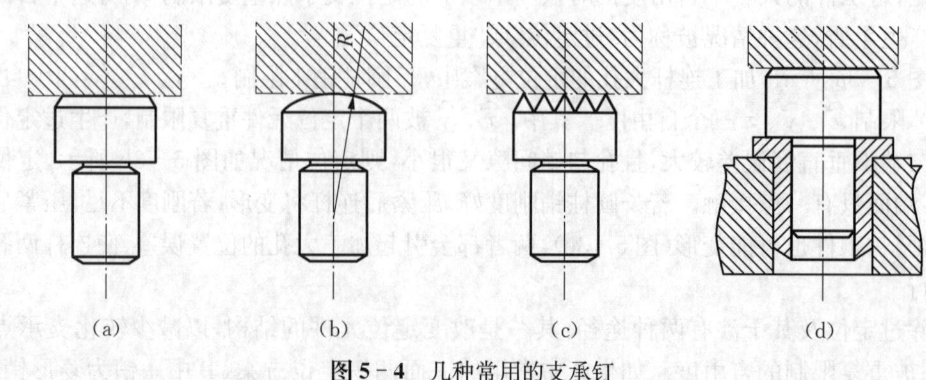

图 5-4 几种常用的支承钉

② 支承板。有较大的接触面积，工件定位稳固。一般较大的精基准平面定位多用支承板作为定位元件。图 5-5 是两种常用的支承板。其中，图(a)为平板式支承板，结构简单、紧凑，但不易清除落入沉头螺孔中的切屑，一般用于侧面定位；图(b)为斜槽式支承板，它在结构上做了改进，即在支承面上开两个斜槽为固定螺钉用，使清屑容易，适用于底面定位。短支承板限制一个自由度，长支承板限制两个自由度。

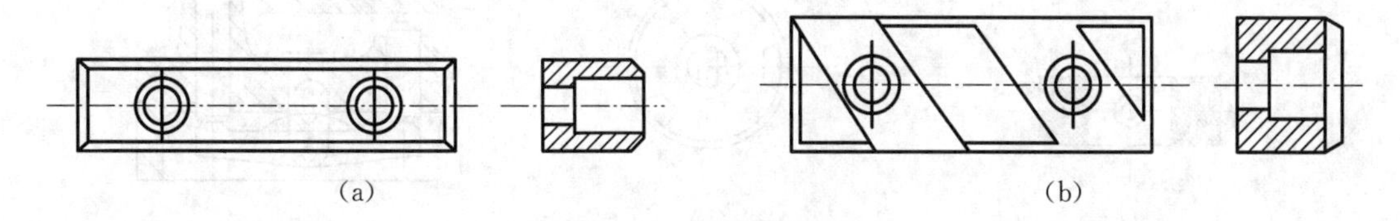

图 5-5 两种常用的支承板

(2) 可调支承。其顶端位置可以在一定的范围内调整。图 5-6 为几种常用的可调支承典型结构，按要求高度调整好调整支承钉 1 后，用螺母 2 锁紧。可调支承用于未加工过的平面定位，以调节补偿各批毛坯尺寸误差，一般不是对每个加工工件进行调整，而是一批工件毛坯调整一次。

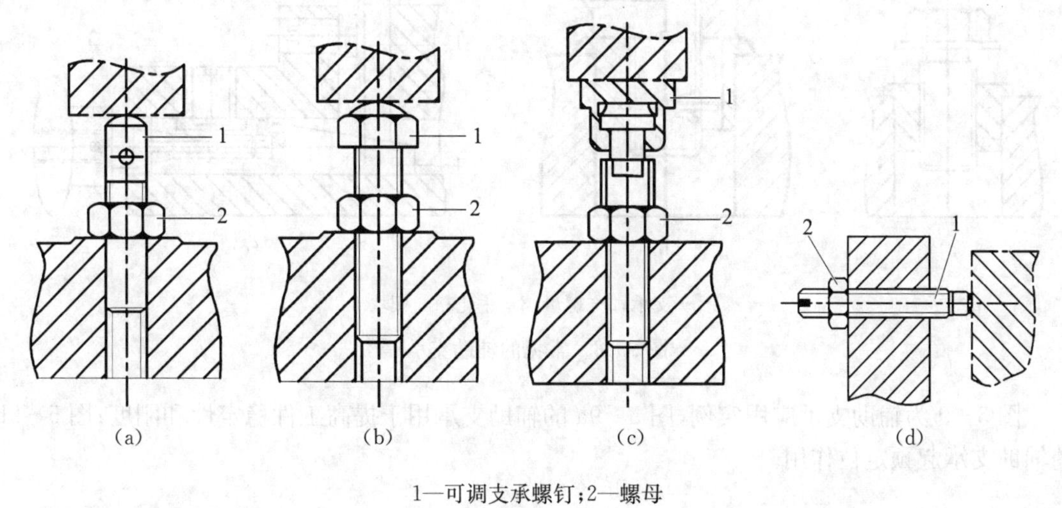

1—可调支承螺钉；2—螺母

图 5-6 几种常用的可调支承

(3) 自位支承。又称浮动支承，在定位过程中，支承本身所处的位置随工件定位基准面的变化而自动调整并与之相适应。图 5-7 是几种常见的自位支承结构，尽管每一个自位支承与工件之间可能是二点或三点接触，但实质上仍然只起一个定位支承点的作用，只限制工件的一个自由度，常用于毛坯表面、断续表面、阶梯表面定位。

(4) 辅助支承。为在工件实现定位后才参与支承的定位元件，不起定位作用，只能提高工件加工时刚度或起辅助定位作用。图 5-8 为常用的几种辅助支承类型，图 5-8a、b 为螺旋式辅助支承，用于小批量生产；图 5-8c 为推力式辅助支承，用于大批量生产。

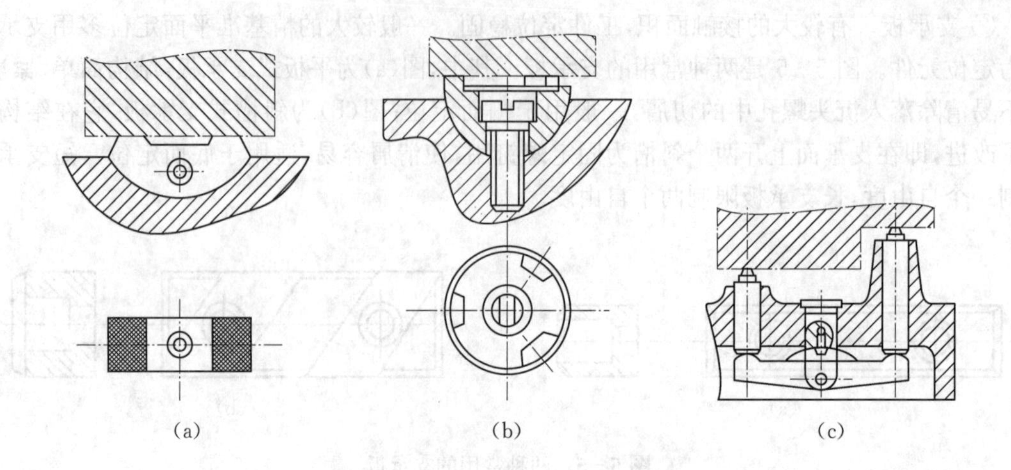

图 5-7　几种常用的自位支承结构

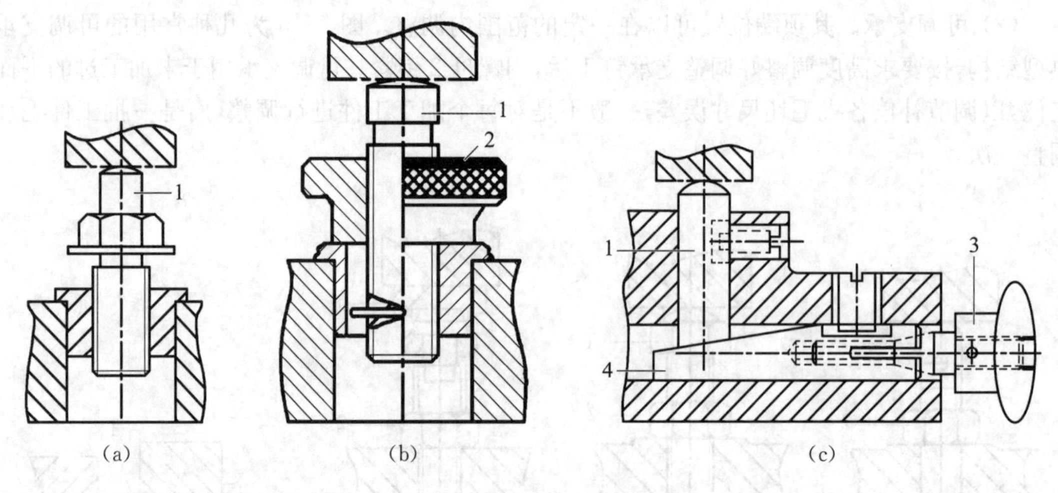

1—支承；2—螺母；3—手轮；4—楔块

图 5-8　常见的辅助支承

图 5-9 为辅助支承应用实例，图 5-9a 的辅助支承用于提高工件稳定性和刚度；图 5-9b 的辅助支承起预定位作用。

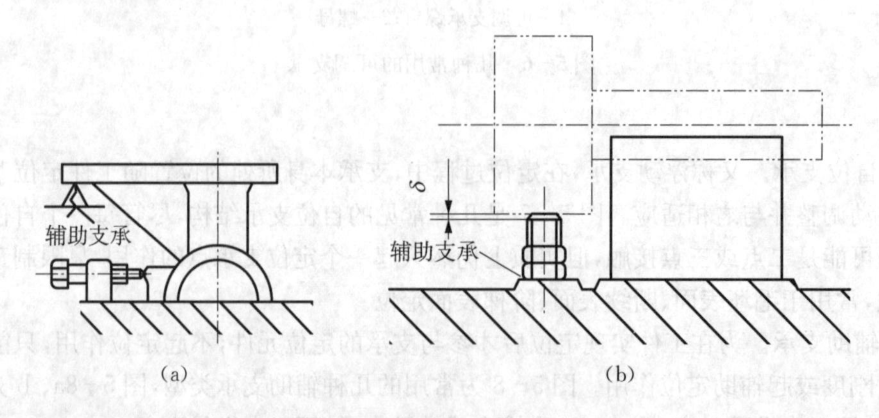

图 5-9　辅助支承应用实例

2）圆孔定位

工件以圆孔定位大都属于定心定位(定位基准为孔的轴线)，常用的定位元件有定位销、圆柱心轴、圆锥销、圆锥心轴等。圆孔定位还经常与平面定位联合使用。

(1) 定位销。图5-10为几种常用的圆柱定位销，其工作部分直径 d 通常根据加工要求和考虑便于装夹，按g5、g6、f6或f7制造。图5-10a、b、c所示定位销与夹具体的连接采用过盈配合；图5-10d为带衬套的可换式圆柱销结构，这种定位销与衬套的配合采用间隙配合，故其位置精度较固定式定位销低，一般应用于大批量生产中。

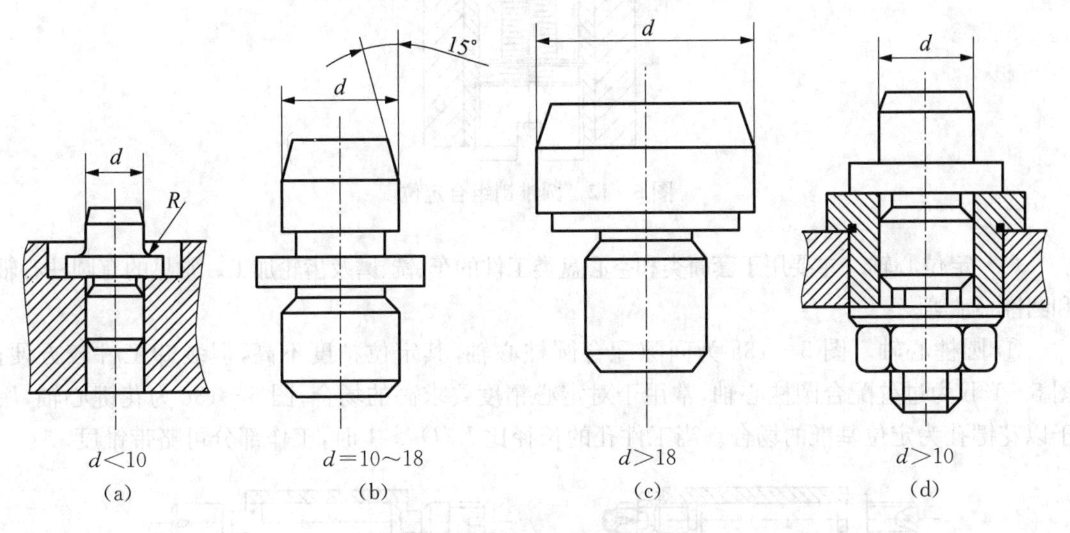

图5-10 几种常用的圆柱定位销

为便于工件顺利装入，定位销的头部应有15°倒角。短圆柱销限制工件两个自由度，长圆柱销限制工件的四个自由度。

(2) 圆锥销。在加工套筒、空心轴等类工件时，也经常用到圆锥销，如图5-11所示。图5-11a用于粗基准，图5-11b用于精基准。它限制了工件 x、y、z 三个移动自由度。

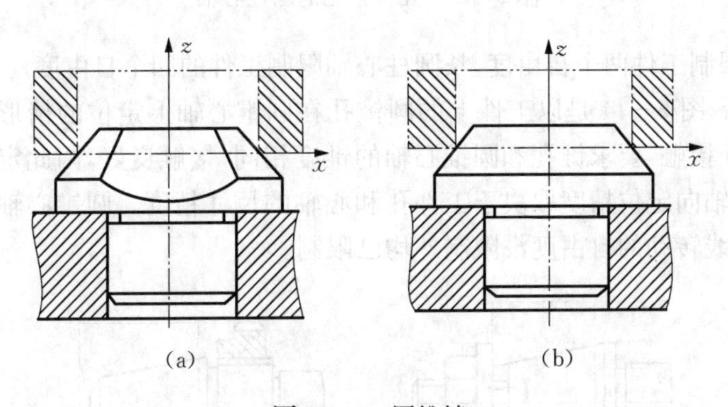

图5-11 圆锥销

工件在单个圆锥销上定位容易倾斜，所以圆锥销一般与其他定位元件组合定位。如图5-12所示，工件以底面作为主要定位基面，采用活动圆锥销，只限制 x、y 两个转动自由度，即使工件的孔径变化较大，也能准确定位。

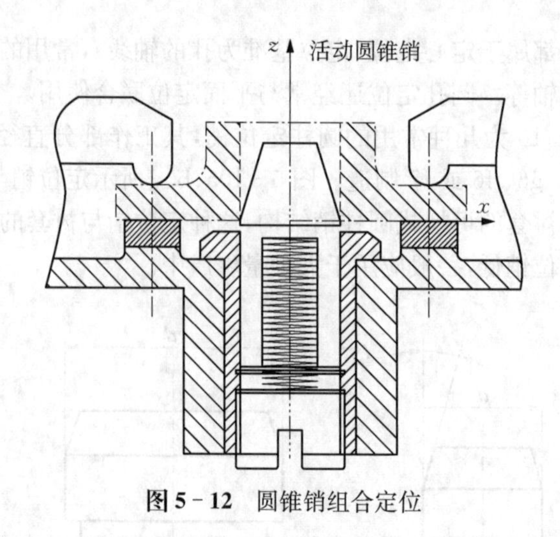

图 5-12 圆锥销组合定位

(3) 定位心轴。主要用于套筒类和空心盘类工件的车、铣、磨及齿轮加工。常见的有圆柱心轴和圆锥心轴等。

① 圆柱心轴。图 5-13a 为间隙配合圆柱心轴,其定位精度不高,但装卸工件较方便;图 5-13b 为过盈配合圆柱心轴,常用于对定心精度要求高的场合;图 5-13c 为花键心轴,用于以花键孔为定位基准的场合。当工件孔的长径比 $L/D>1$ 时,工作部分可略带锥度。

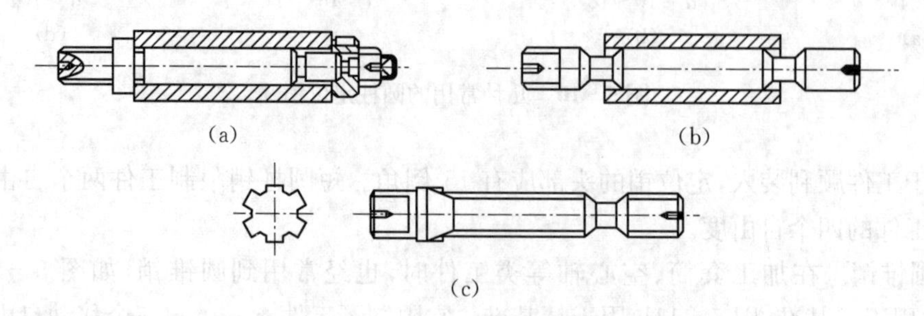

图 5-13 几种常见的圆柱心轴

短圆柱心轴限制工件两个自由度,长圆柱心轴限制工件的四个自由度。

② 圆锥心轴。图 5-14 是以工件上的圆锥孔在圆锥心轴上定位的情形。这类定位方式是圆锥面与圆锥面接触,要求锥孔和圆锥心轴的锥度相同,接触良好,因此定心精度与角向定位精度均较高,而轴向定位精度取决于工件孔和心轴的尺寸精度。圆锥心轴限制工件的五个自由度,即除绕轴线转动的自由度没限制外均已限制。

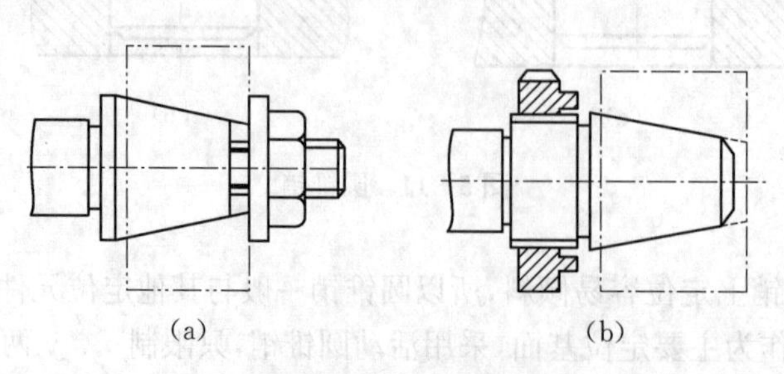

图 5-14 圆锥心轴

3）外圆柱面定位

工件以外圆柱面作定位基准时，根据外圆柱面的完整程度、加工要求和安装方式，可以在V形块、定位套、半圆套及圆锥套中定位。其中最常用的是在V形块上定位。

（1）V形块。有固定式和活动式之分。图5-15为常用固定式V形块，图5-15a用于较短的精基准定位；图5-15b用于较长的粗基准（或阶梯轴）定位；图5-15c用于两段精基准面相距较远的场合；图5-15d中的V形块是在铸铁底座上镶淬火钢垫而成，用于定位基准直径与长度较大的场合。

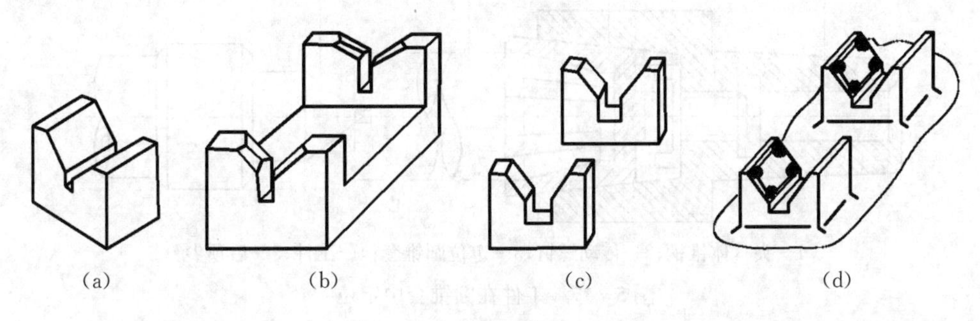

图5-15 常用固定式V形块

根据工件与V形块的接触母线长度，固定式V形块可以分为短V形块和长V形块，前者限制工件两个自由度，后者限制工件四个自由度。

V形块定位的优点是：

① 对中性好，即能使工件的定位基准轴线对中在V形块两斜面的对称平面上，在左右方向上的不会发生偏移，且安装方便；

② 应用范围较广。不论定位基准是否经过加工，不论是完整的圆柱面还是局部圆弧面，都可采用V形块定位。

V形块上两斜面间的夹角一般选用60°、90°和120°，其中以90°应用最多。其典型结构和尺寸均已标准化，设计时可查国家标准或手册。V形块的材料一般用20钢，渗碳深0.8～1.2 mm，淬火硬度为60～64 HBC。

（2）定位套。工件以外圆柱表面为定位基准在定位套内孔中定位，这种定位方法一般适用于精基准定位，如图5-16所示。图5-16a为短定位套定位，限制工件两个自由度，图5-16b为长定位套定位，限制工件四个自由度。

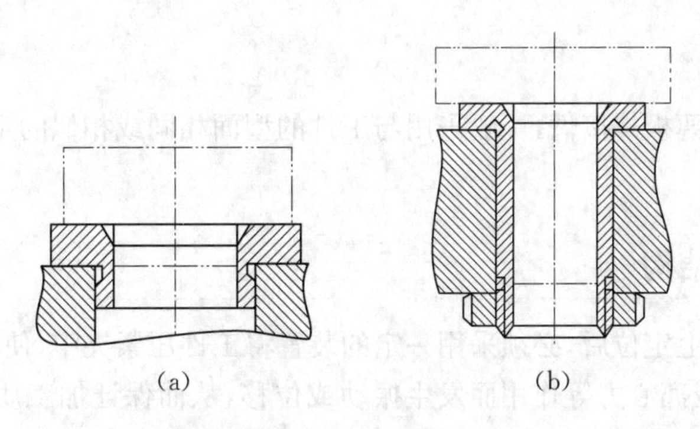

图5-16 工件在定位套内定位

(3) 圆锥套。工件以圆柱面为定位基准面在圆锥孔中定位时,常与后顶尖(反顶尖)配合使用。如图 5-17 所示,夹具体锥柄 1 插入机床主轴孔中,通过传动螺钉 2 对定位圆锥套 3 传递扭矩,工件 4 圆柱左端部在定位圆锥套 3 中通过齿纹锥面进行定位,限制工件的三个移动自由度;工件圆柱右端锥孔在后顶尖 5(当外径小于 6 mm 时,用反顶尖)上定位,限制工件两个转动自由度。

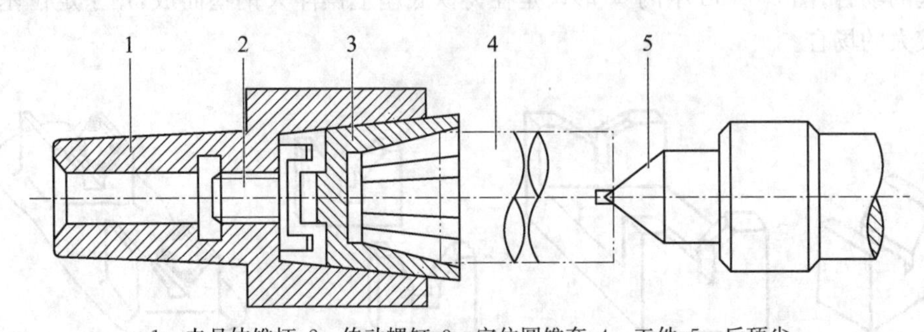

1—夹具体锥柄;2—传动螺钉;3—定位圆锥套;4—工件;5—后顶尖

图 5-17 工件在圆锥套中定位

4) 组合表面定位

在实际加工过程中,工件往往不是采用单一表面的定位,而是以组合表面定位。常见的有平面与平面组合、平面与孔组合、平面与外圆柱面组合、平面与其他表面组合、锥面与锥面组合等(图 5-18)。

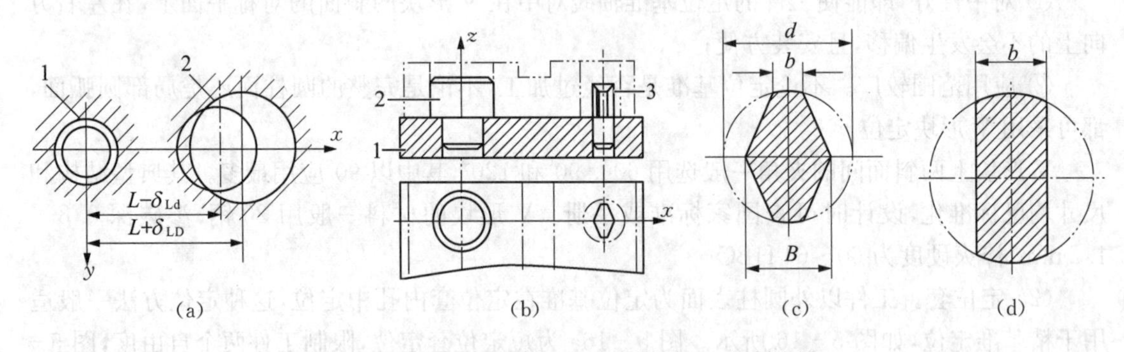

(a)1、2—孔;(b)1—平面;2—短圆柱销;3—短削边销

图 5-18 一面两孔组合定位情况

5) 型面定位

对于复杂外形的薄板焊接件,一般采用与工件的型面相同或相似的定位件来定位,这就是所谓的型面定位。

5.3 常用的夹紧结构

工件在定位元件上定位后,必须采用一定的装置将工件压紧夹牢,使其在加工过程中不会因受切削力、惯性力或离心力等作用而发生振动或位移,从而保证加工质量和生产安全,这种装置称为夹紧装置。常用夹紧装置包括以下几种:

5.3.1 螺旋夹紧机构

螺旋夹紧机构是指螺旋副与其他元件(压板、垫片、螺钉等)相结合,对工件实施夹紧的机构(图5-19)。螺旋夹紧机构在生产中使用极为普遍,螺旋夹紧机构结构简单,夹紧行程大,且自锁性能好,增力比大,是手动夹紧中用的最多的一种夹紧机构。常用的夹紧形式有单个螺旋夹紧机构、螺旋压板夹紧机构。

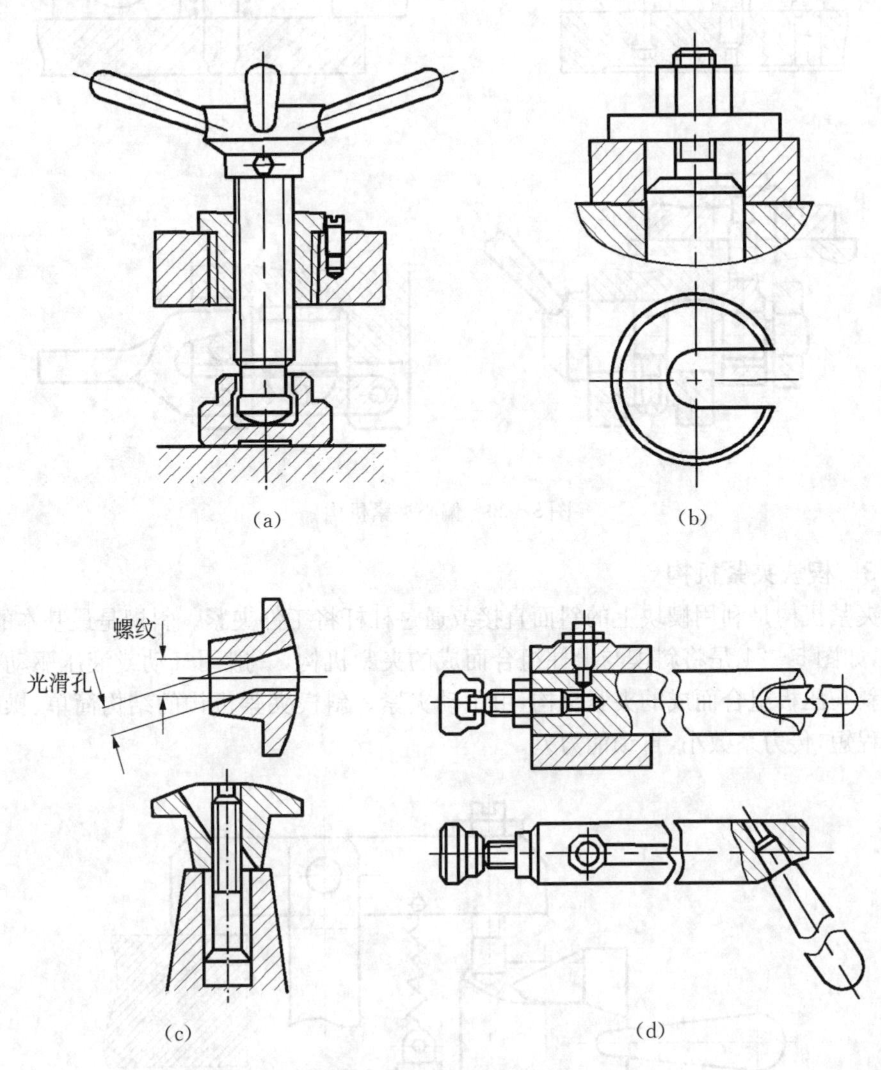

图5-19 螺旋夹紧机构

5.3.2 偏心夹紧机构

偏心夹紧机构是依靠偏心轮回转时的半径逐渐增大而产生夹紧力来夹紧工件的,用偏心件直接或间接夹紧工件的机构称为偏心夹紧机构。常用的偏心件是偏心轮和偏心轴,如图5-20所示为常用的偏心夹紧机构。其中图5-20a、b所示为偏心轮夹紧机构,图5-20c中所示为偏心轴夹紧机构,图5-20d中所示为偏心叉夹紧机构。偏心夹紧机构操作方便、夹紧迅速,但夹紧力和行程较小,一般用于切削力不大、振动小、夹压面公差小的场合。

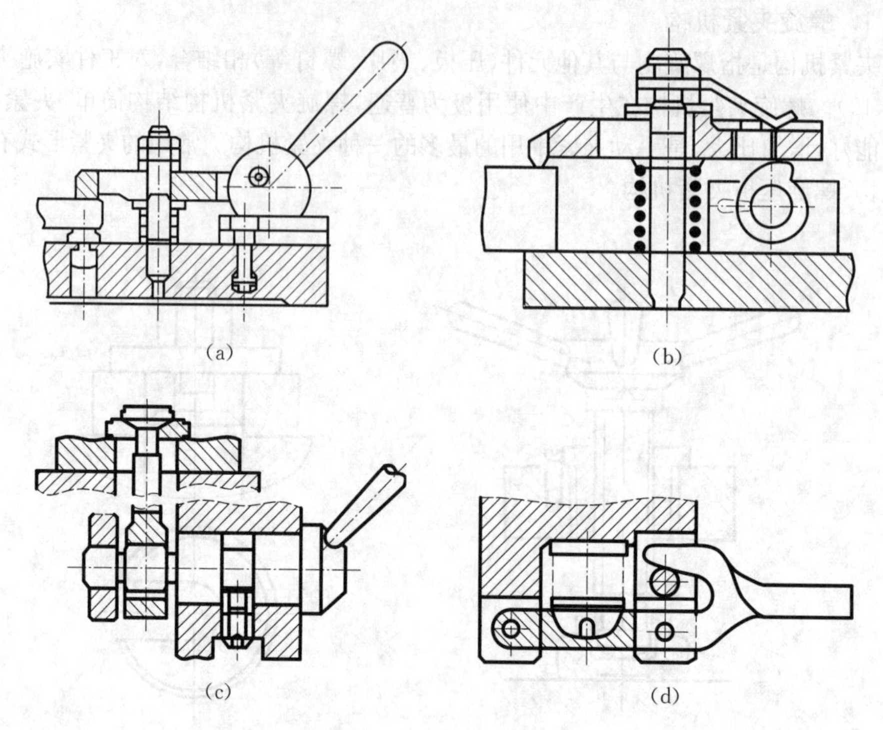

图 5-20　偏心夹紧机构

5.3.3　楔块夹紧机构

斜楔夹紧机构是利用楔块上的斜面直接或通过杠杆将工件夹紧。斜楔是最基本的增力和镜紧元件，如图 5-21 是将斜楔与滑柱组合而成的夹紧机构，一般用气动或液压驱动；该机构是由端面斜与压板组合而成的夹紧机构，由手动夹紧。斜楔夹紧机构的结构简单、操作方便，但夹紧行程短，传力系数小，自锁能力差。

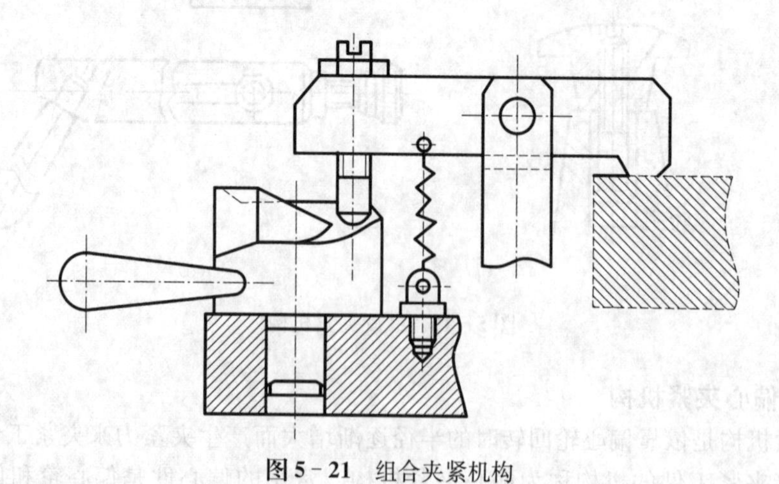

图 5-21　组合夹紧机构

5.3.4　弹簧夹紧机构

弹簧夹紧机构的主要特点是开合速度快，夹紧敏捷。由于用圆偏心轮来实现夹紧，其制作容易，所以在焊接工装夹具中应用最为广泛。其机构简单，体积小，操作方便迅速，一般用于半

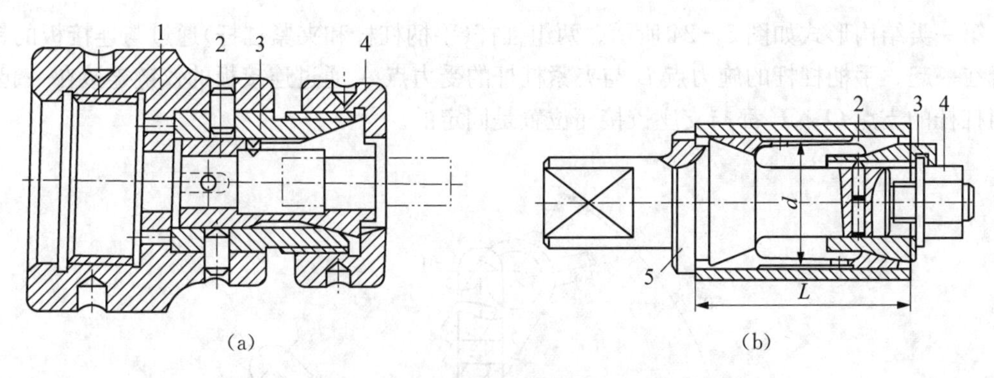

1—夹具体；2—弹性筒夹；3—锥套；4—螺母；5—心轴

图5-22 弹簧夹头和弹簧心轴

精加工或静加工场合(图5-22)。

5.3.5 杠杆夹紧机构

气缸(液压缸)推力通过杠杆进一步扩力或缩力后实现夹紧作用的机构即为杠杆夹紧机构(图5-23),其形式多样,适用范围广,在装焊生产线上应用较多。

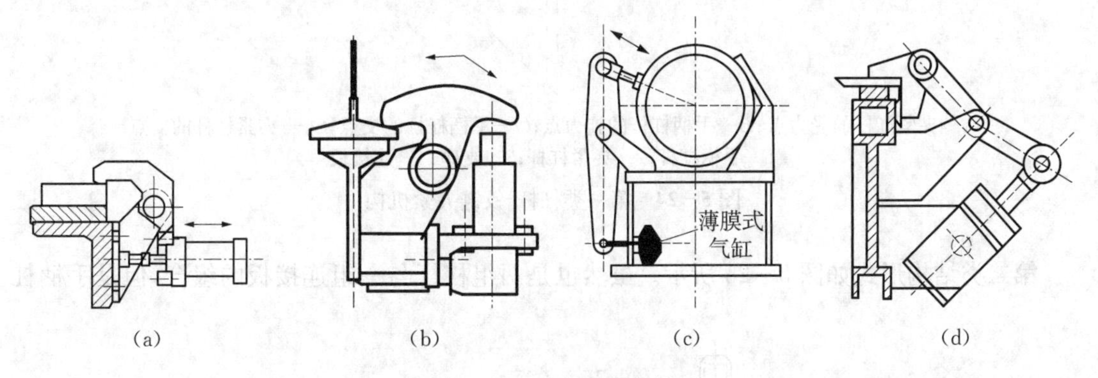

图5-23 杠杆夹紧机构

5.3.6 定心夹紧机构

在工件定位时,常常将工件的定心定位和夹紧结合在一起,这种机构称为定心夹紧机构。定心夹紧机构的特点如下：

(1) 定位和夹紧是同一元件；

(2) 元件之间有精确的联系；

(3) 能同时等距离地移向或退离工件；

(4) 将工件定位基准的误差对称地分布开来。

常见的定心夹紧机构包括:利用斜面作用的定心夹紧机构、利用杠杆作用的定心夹紧机构以及利用薄壁弹性元件的定心夹紧机构等。

5.3.7 复合夹紧机构

5.3.7.1 杠杆-铰链夹紧机构

杠杆-铰链夹紧机构是由杠杆连接板及支座相互铰接而成的复合夹紧机构。根据三者不同的铰接组合,共有五种基本类型。读者可以这五种类型为基础,结合夹紧要求,设计出所需要的杠杆-铰链夹紧机构。

第一类结构形式如图 5-24 所示。两组杠杆(手柄杠杆和夹紧杠杆)通过与连接板的铰接组合在一起。手柄杠杆的施力点 B 与夹紧杠杆的受力点 A 通过连接板的铰链连接在一起,而两组杠杆的支点 O、O_1 都与支座铰接而位置是固定的。

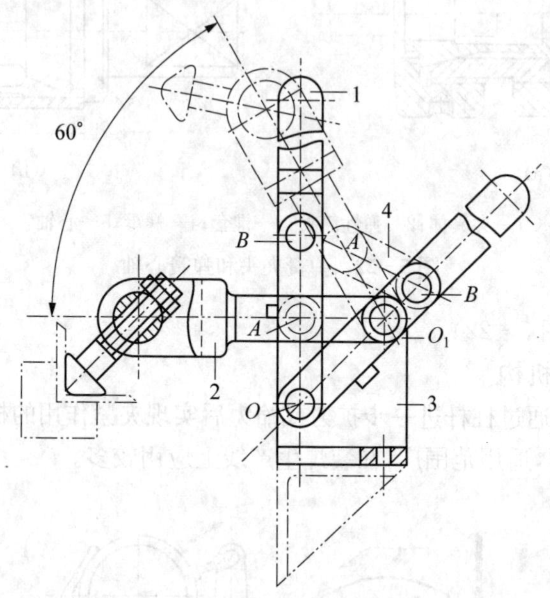

A—夹紧杠杆的受力点;B—手柄杠杆的施力点;O—手柄杠杆的支点;O_1—夹紧杠杆的支点
1—手柄杠杆;2—夹紧杠杆;3—支座;4—连接板

图 5-24 第一类杠杆-铰链夹紧机构

第二类结构形式如图 5-25 所示。虽然也是两组杠杆与一组连接板的组合,但是手柄杠

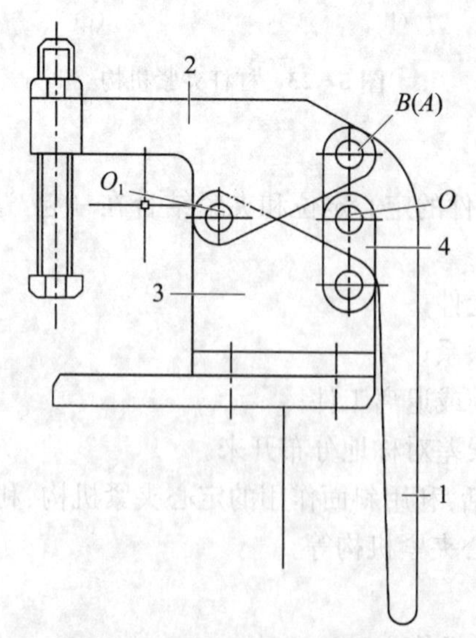

A—夹紧杠杆的受力点;B—手柄杠杆的施力点;O—手柄杠杆的支点;O_1—夹紧杠杆的支点
1—手柄杠杆;2—夹紧杠杆;3—支座;4—连接板

图 5-25 第二类杠杆-铰链夹紧机构

杆的施力点 B 是与夹紧杠杆的受力点 A 铰接在一起的，而手柄杠杆在支点 O 处是与连接板铰接的。因此，手柄杠杆的支点 O 可以绕 C 点回转，连接板的另一端（C 点）和夹紧杠杆的支点 O 均与支座铰接而位置是固定的。同理，也可设计成夹紧杠杆在支点处与连接板铰接，夹紧杠杆的支点转动，连接板的另一端和手柄杠杆的支点均与支座铰接而位置固定。这实际上是将图 5-24 中的手柄杠杆视作夹紧杠杆，夹紧杠杆视作手柄杠杆。

第三类结构形式如图 5-26 所示。它是一组杠杆与一组连接板的组合，手柄杠杆的支点 O 与支座铰接而位置固定。

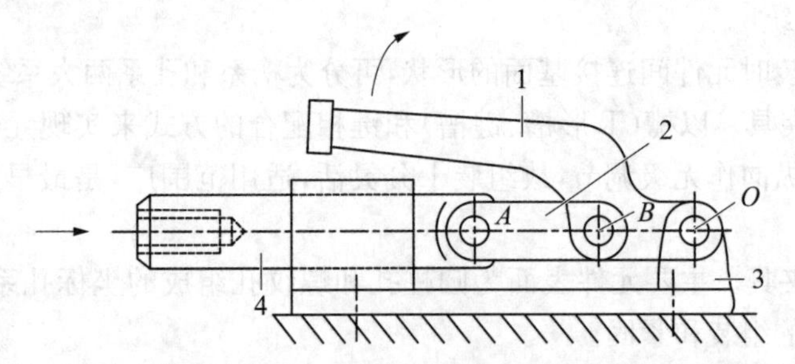

B—手柄杠杆的施力点；O—手柄杠杆的支点；A—伸缩夹头的受力点
1—手柄杠杆；2—连接板；3—支座；4—伸缩夹头

图 5-26 第三类杠杆-铰链夹紧机构

第四类结构形式如图 5-27 所示。它也是一组杠杆与一组连接板的组合，但是手柄杠杆的支点与连接板铰接，因此，手柄杠杆的支点 O 可以绕连接板的支点 C 回转。

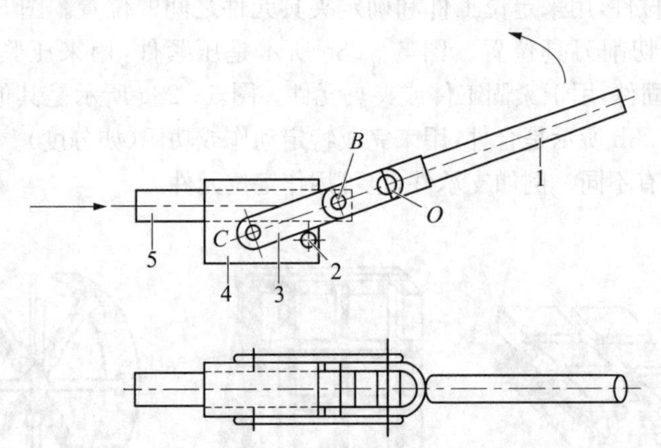

O—手柄杠杆的支点；B—手柄杠杆的施力点；C—伸缩夹头的受力点
1—手柄杠杆；2—挡销；3—连接板；4—支座；5—伸缩夹头

图 5-27 第四类杠杆-铰链夹紧机构

以上第二、四类与第一、三类相比，由于手柄杠杆在支点处与连接板铰接在一起，所以将手柄杠杆扳动一个很小的角度，夹紧杠杆或压头就会有很大的开度；但其自锁性能不如第一、三类可靠。

5.3.7.2 组合夹具

1) 组合夹具及其特点

组合夹具是在机床夹具零部件标准化基础上发展起来的一种新型的工艺装备。它是由一套结构、尺寸已规格化、系列化和标准化的通用元件和合件组装而成的。

可见，组合夹具就是一种零部件可以多次重复使用的专用夹具。经生产实践表明，与一次性使用的专用夹具相比，它是以组装代替设计和制造，故具有以下特点：

(1) 灵活多变、适应范围广，可大大缩短生产准备周期。

(2) 可节省大量人力、物力，减少金属材料的消耗。

(3) 可大大减少存放专用夹具的库房面积，简化了管理工作。

(4) 不足之处是外形尺寸较大、笨重，且刚性较差。此外，由于所需元件的储备量大，故一次性投资费用较高。

2) 组合夹具系统

组合夹具按组装时元件间连接基面的形状，可分为槽系和孔系两大系统。

(1) 槽系组合夹具。以槽(T形槽、键槽)和键相配合的方式来实现元件间的定位。因元件的位置可沿槽的纵向作无级调节，故组装十分灵活，适用范围广，是最早发展起来的组合夹具系统。

(2) 孔系组合夹具。主要元件表面为圆柱孔和螺纹孔组成的坐标孔系，通过定位销和螺栓来实现元件之间的组装和紧固。

3) 组合夹具的组装

组合夹具的组装就是根据工件的加工要求并按一定的程序选取有关元件和合件进行组合拼装，从而获得所需夹具的过程。

图5-28所示是常用的槽系中型系列组合夹具元件和组件图。图5-28a所示是基础件，用作夹具体底座的基础元件。图5-28b所示是支撑件，主要作夹具体的支架或角架等。图5-28c所示是定位件，用来定位工件和确定夹具元件之间的位置。图5-28d所示是导向件，用于确定或导引切削刀具位置。图5-28e所示是压紧件，用来压紧工件或夹具元件。图5-28f所示是紧固件，用于紧固工件或夹具元件。图5-28g所示是其他件，它们在夹具中起辅助作用。图5-28h所示是合件，用来完成特定动作或功用(如分度)。上述是各元件的主要功用，实际情况可有不同。例如支承件，也可用作定位元件。

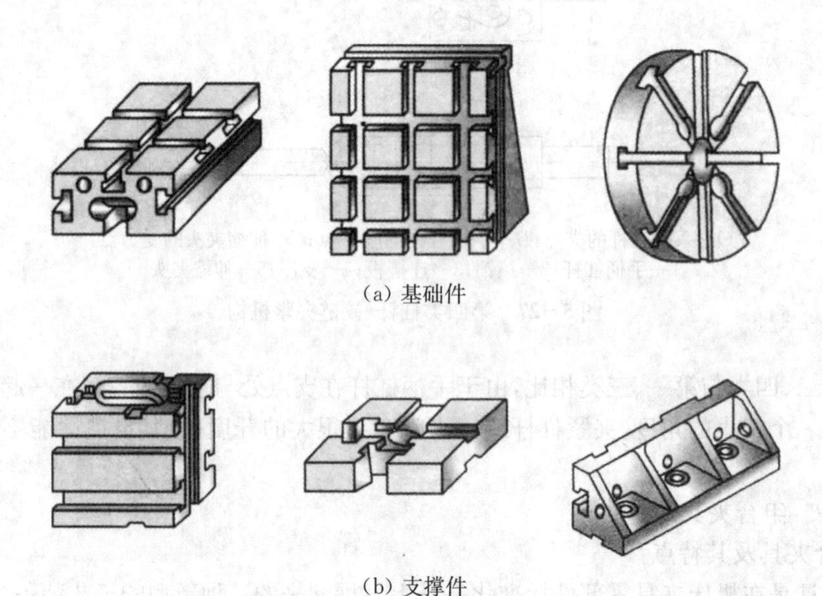

(a) 基础件

(b) 支撑件

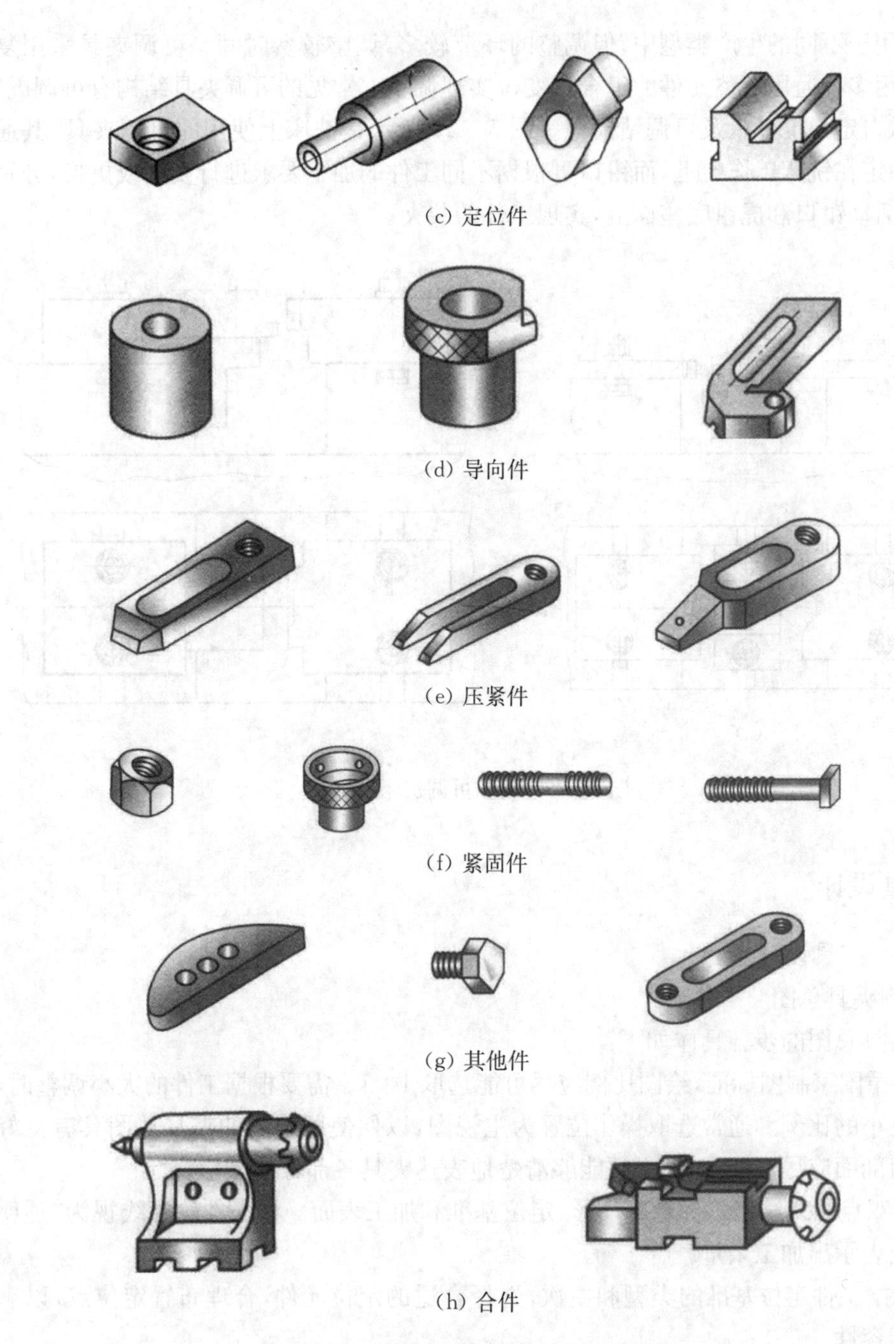

(c) 定位件

(d) 导向件

(e) 压紧件

(f) 紧固件

(g) 其他件

(h) 合件

图5-28 组合夹具的标准元件和组合件

5.3.7.3 可调夹具

由于科学技术的进步和生产的发展，产品更新换代的周期缩短、品种规格增多，从而导致多种品种小批量生产类型的比重逐步增大，由此产生了可调夹具、组合夹具等新的夹具形式。

采用这类夹具可以大大地减少夹具数量，节省设计与制造夹具的费用，减少金属消耗，降低生产成本，缩短生产周期，是实现机床夹具标准化、系列化、通用化的有效途径。这类夹具只要更换或调整个别定位、夹紧、导向元件，就可以用于多种零件的加工，所以它不仅适合多品种、小批量生产的需，也适合少品种、较大批量生产中应用。其次通用可调夹具适用的加工范围更广、可用于不同的生产类型中,但调整的环节较多,调整较费时间。可调夹具采用复合调整方式,利用多种通用调整元件的组合和变位实现调整。常见的可调夹具结构有可调虎钳、通用可调三爪自定心卡盘以及可调钻模等。图 5 - 29 所示是铣床上使用的可调夹具,其通用底座可长期固定在铣床工作台上,而钳口可根据不同工件的加工要求进行设计或更换,分别装在固定钳口、活动钳口和虎钳底座面上,实现工件的装夹。

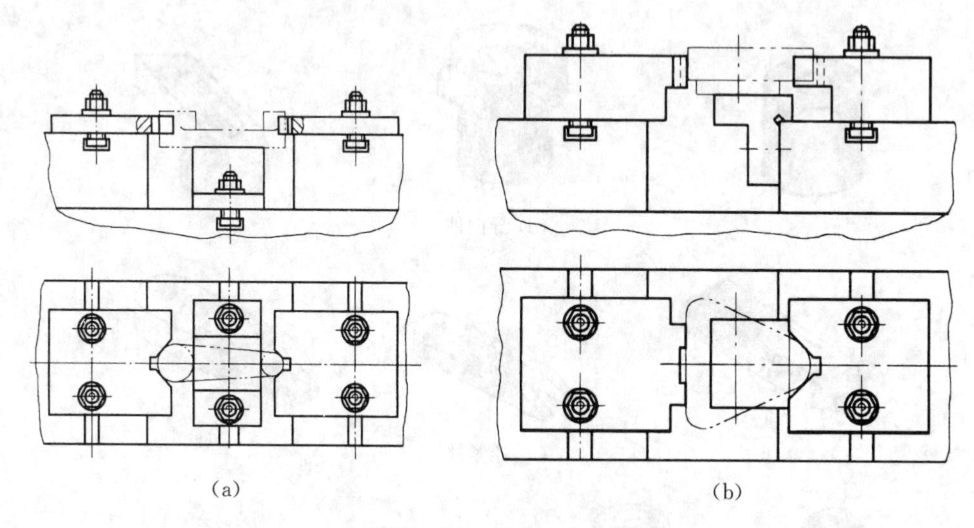

图 5 - 29 通用可调铣床夹具

5.4 夹具设计

5.4.1 夹具设计步骤

1) 绘制夹具总图

绘制夹具总图的步骤具体如下:

(1) 遵循国家制图标准,绘图比例应尽可能选取 1∶1。需要根据工件的大小调整时,也可用更大或更小的比例。通常选取操作位置为主视图,以便使所绘制的夹具总图具有良好的直观性。视图剖面应尽可能少,但必须能够清楚地表达夹具各部分的结构。

(2) 用双点画线绘出工件轮廓外形、定位基准和加工表面。将工件轮廓线视为“透明体”,并用网纹线表示出加工余量。

(3) 根据工件定位基准的类型和主次,选择合适的定位元件,合理布置定位点,以满足定位设计的相容性。

(4) 根据定位对夹紧的要求,按照“夹紧五原则”(工件不移动原则、工件不变形原则、工件不振动原则、安全可靠原则、经济实用原则)选择最佳夹紧状态及技术经济合理的夹紧系统,画出夹紧工件的状态。对空行和较大的夹紧机构,还应用双点画线画出放松位置,以表示出和其他部分的关系。

(5) 围绕工件的几个视图依次绘出对刀、导向元件以及定向键等。

(6) 最后绘制出夹具体及连接元件,把夹具的各组成元件和装置连成一体。

(7) 确定并标注有关尺寸。

夹具总图上应标注的有以下五类尺寸:

① 夹具的轮廓尺寸，即夹具的长、宽、高尺寸。若夹具上有可动部分，应包括可动部分极限位置所占的空间尺寸。

② 工件与定位元件的联系尺寸。常指工件以孔在心轴或定位销上(或工件以外圆在内孔中)定位时，工件定位表面与夹具上定位元件间的配合尺寸。

③ 夹具与刀具的联系尺寸。用来确定夹具上对刀、导引元件位置的尺寸。对于铣、刨床夹具，是指对刀元件与定位元件的位置尺寸；对于钻、镗床夹具，则是指钻(镗)套与定位元件间的位置尺寸、钻(镗)套之间的位置尺寸，以及钻(镗)套与刀具导向部分的配合尺寸等。

④ 具内部的配合尺寸。它们与工件、机床、刀具无关，主要是为了保证夹具装置后能满足规定的使用要求。

⑤ 夹具与机床的联系尺寸。用于确定夹具在机床上正确位置的尺寸。对于车、磨床夹具，主要是指夹具与主轴端的配合尺寸；对于铣、刨床夹具，则是指夹具上的定向键与机床工作台上的T形槽的配合尺寸。标注尺寸时，常以夹具上的定位元件作为相互位置尺寸的基准。

上述尺寸公差的确定可分为两种情况处理：一是夹具上定位元件之间，对刀、导引元件之间的尺寸公差，直接对工件上相应的加工尺寸发生影响，可根据工件的加工尺寸公差确定，一般可取为工件加工尺寸公差的1/3～1/5；二是定位元件与夹具体的配合尺寸公差、夹紧装置各组成零件间的配合尺寸公差等，则应根据其功用和装配要求，按一般公差与配合原则决定。

(8) 规定总图上应控制的精度项目，标注相关的技术条件。夹具的安装基面、定向键侧面以及与其相垂直的平面(称为三基面体系)是夹具的安装基准，也是夹具的测量基准，因而应该以此作为夹具的精度控制基准来标注技术条件。在夹具总图上应标注的技术条件(位置精度要求)有如下方面：

① 定位元件之间或定位元件与夹具体底面间的位置要求，其作用是保证工件加工面与工件定位基准面间的位置精度。

② 定位元件与连接元件(或找正基面)间的位置要求。

③ 对刀元件与连接元件(或找正基面)间的位置要求。

④ 定位元件与导引元件的位置要求。

⑤ 夹具在机床上安装时的位置精度要求。

上述技术条件是保证工件相应的加工要求所必需的，其数量应取工件相应技术要求所规定数值的1/3～1/5。当工件没注明要求时，夹具上的那些主要元件间的位置公差，可以按经验取为(100∶0.02)～(100∶0.05) mm，或在全长上不大于0.03～0.05 mm。

(9) 编制零件明细表。夹具总图上还应画出零件明细表和标题栏，写明夹具名称及零件明细表上所规定的内容。

2) 校核夹具精度

在夹具设计中，当结构方案拟订之后，应该对夹具的方案进行精度分析和估算；在夹具总图设计完成后，还应该根据夹具有关元件的配合性质及技术要求，再进行一次复核。这是为确保产品加工质量而必须进行的误差分析。

3) 绘制夹具零件工作图

夹具总图绘制完毕后，对夹具上的非标准件要绘制零件工作图，并规定相应的技术要求。零件工作图应严格遵照所规定的比例绘制。视图、投影应完整，尺寸要标注齐全，所标注的公差及技术条件应符合总图要求，加工精度及表面光洁度应选择合理。

在夹具设计图纸全部完毕后，还有待于精心制造、实践和使用来验证设计的科学性。经试用后，有时还可能要对原设计做必要的修改。因此，要获得一项完善的优秀的夹具设计。设计人员通常应参与夹具的制造、装配、鉴定和使用的全过程。

4）评估设计质量

夹具设计质量评估，就是对夹具的磨损公差的大小和过程误差的留量这两项指标进行考核，以确保夹具的加工质量稳定和使用寿命。

5.4.2 夹紧机构设计和夹紧力计算

一个夹具在性能上的优劣，除了从定位性能上加以评定外，还需考核夹紧机构的可靠性、操作方便性。其机构的复杂程度基本决定了夹具的复杂程度。因此夹紧机构在夹具设计中占有重要地位。

1）夹紧机构设计应满足要求

（1）夹紧必须保证定位准确可靠，不能破坏定位。

（2）夹具和工件的变形必须在介许的范围内。

（3）夹紧机构必须安全可靠，要有足够的刚度和强度，手动式必须保证自锁，机动式应有联锁保护装置，夹紧行程必须足够。

（4）夹紧机构必须在操作上安全、省力、迅速、方便、符合工人操作习惯。

（5）机构复杂程度，自动化程度必须与工厂条件和生产纲领相适应。

2）夹紧力的确定

夹紧力包括方向、作用点、大小三要素，是设计中首先要解决的问题。

（1）方向的确定。应采取有利于工件准确定位的方向，不能破坏定位，一般要求主夹紧力应垂直于第一定位基准面：应与工件刚度高的方向一致，以利于减少工件变形；应尽可能与切削力、重力方向一致，以有利于减小夹紧力。

（2）作用点的选择。应将作用点与支承点进行点对点的对应，或在支承点的确定区域内，以避免破坏定位或造成较大的夹紧变形；作用点应作用在工件的刚度较高的部位：应与支承点尽量靠近切削部位，以提高工件切削部位的刚度和抗振性；夹紧力的反作用力不应使夹具产生影响加工精度的变形。

（3）夹紧力大小的确定。在需要准确确定夹紧力的场合，一般可经过实验确定：计算时应将夹具和工件看作一个刚性的系统，以切削力的作用点、方向、大小处于最不利于加紧时的状况为工件受力状况，根据切削力、夹紧力（运动中的工件考虑惯性力，大件考虑重力），以及夹紧机构的具体尺寸列出静力平衡方程，求出理论夹紧力，再乘以安全系数，作为实际所需夹紧力；一般情况下由于切削力可以近似估算，再根据工件和支承件之间的摩擦因数可以进行粗略的估算。

5.4.3 定位结构和夹紧结构设计

工件在夹具中要想获得正确定位，首先应正确选择定位基准，其次则是选择合适的定位元件。工件定位时，工件定位基准和夹具的定位元件接触形成定位副。

5.4.3.1 定位元件设计要求

（1）有足够的精度。定位元件具有足够的精度，才能保证工件的定位精度。

（2）有较好的耐磨性。由于定位元件的工作表面经常与工件接触和摩擦，容易磨损，为此要求定位元件限位表面的耐磨性要好，以保持夹具的使用寿命和定位精度。

（3）支承元件应有足够的强度和刚度。定位元件在加工过程中，受工件重力、夹紧力和切削力的作用，因此要求定位元件应有足够的刚度和强度，避免使用中变形和损坏。

(4) 定位元件应有较好的工艺性。定位元件应力求结构简单、合理,便于制造、装配和更换。

(5) 定位元件应便于清除切屑。定位元件的结构和工作表面形状应有利于清除切屑,以防切屑嵌入夹具内影响加工和定位精度。

5.4.3.2 夹紧装置设计要求

在机械加工过程中,工件会受到切削力、离心力、惯性力等的作用。为了保证在这些外力作用下,工件仍能在夹具中保持已由定位元件所确定的加工位置而不致发生振动和位移,在夹具结构中必须设置一定的夹紧装置将工件可靠地夹牢。

工件定位后,将工件固定并使其在加工过程中保持定位位置不变的装置,称为夹紧装置。

1) 夹紧装置组成

夹紧装置由动力源装置、传力机构、夹紧元件组成。

(1) 动力源装置。它是产生夹紧作用力的装置,分为手动夹紧和机动夹紧两种。手动夹紧的动力源来自人力,用时比较费时费力。为了改善劳动条件和提高生产率,目前在大批量生产中均采用机动夹紧。机动夹紧的动力源来自气压、液压、气液联动、电磁、真空等动力夹紧装置。

(2) 传力机构。它是介于动力源和夹紧元件之间传递动力的机构。传力机构的作用是:改变作用力的方向;改变作用力的大小;具有一定的自锁性能,以便在夹紧力一旦消失后,仍能保证整个夹紧系统处于可靠的夹紧状态,这一点在手动夹紧时尤为重要。

(3) 夹紧元件。它是直接与工件接触完成夹紧作用的最终执行元件。

2) 夹紧装置设计原则

在夹紧工件的过程中,夹紧作用的效果会直接影响工件的加工精度、表面粗糙度以及生产效率。因此,设计夹紧装置应遵循以下原则:

(1) 工件不移动原则。夹紧过程中,应不改变工件定位后所占据的正确位置,即在夹紧力的作用下,工件不应离开定位支承。

(2) 工件不变形原则。夹紧力的大小要适当、可靠,既要保证工件在加工过程中不产生移动和振动,又应使工件在夹紧力的作用下不致产生加工精度所不允许的变形。

(3) 工件不振动原则。对刚性较差的工件,或者进行断续切削,以及不宜采用气缸直接压紧的情况,应提高支承元件和夹紧元件的刚性,并使夹紧部位靠近加工表面,以避免工件和夹紧系统的振动。

(4) 安全可靠原则。夹紧传力机构应有足够的夹紧行程,手动夹紧要有自锁性能,以保证夹紧可靠。

(5) 经济实用原则。夹紧装置的自动化和复杂程度应与生产纲领相适应,在保证生产效率的前提下,其结构应力求简单,便于制造、维修,工艺性能好;操作方便、省力,使用性能好。

3) 夹紧机构设计要求

夹紧机构是指能实现以一定的夹紧力夹紧工件、选定夹紧点的功能的完整结构。它主要包括与工件接触的压板、支承件和施力机构。对夹紧机构通常有如下要求:

(1) 可浮动。由于工件上各夹紧点之间总是存在位置误差,为了使压板可靠地夹紧工件或使用一块压板实现多点夹紧,一般要求夹紧机构和支承件等要有浮动自位的功能。要使压板及支承件等产生浮动,可用球面垫圈、球面支承及间隙连接销来实现。

(2) 可联动。为了实现几个方向的夹紧力同时作用或顺序作用,并使操作值简便,设计中应广泛采用各种联动机构。

(3) 可增力。为了减小动力源的作用力，在夹紧机构中常采用增力机构。最常用的增力机构有螺旋、杠杆、斜面、铰链及其组合。杠杆增力机构的增力比行程的使用范围较大，结构简单。斜面增力机构的增力比较大，但行程较小，且结构复杂，多用于要求有稳定夹紧力的精加工的夹具中。

5.4.4 夹具的装配和调试

品质优良的机床夹具必须满足下列基本要求：

(1) 保证工件的加工精度。保证加工精度的关键，首先在于正确地选定定位基准、定位，加有的理精度的影响，注意夹具应有足够的刚度，多次重复使用的夹具还应注意相关元件的强度和耐磨性，确保夹具能满足工件的加工精度要求。

(2) 提高生产效率。专用夹具的复杂程度应与生产纲领相适应，应尽量采用各种快速高效的装夹机构，保证操作方便，缩短辅助时间，提高生产效率。

(3) 工艺性能好。专用夹具的结构应力求简单、合理，便于制造、装配、调整、检验、维修等。专用夹具的制造属于单件生产，当最终精度由调整或修配保证时，夹具上应设置调整和修配结构。

(4) 使用性能好。专用夹具的操作应简便、省力、安全可靠。在客观条件允许且又经济适用的前提下，应尽可能采用气动、液压等机械化夹紧装置，以减轻操作者的劳动强度。专用夹具还应排屑方便，必要时可设置排屑结构，防止切屑破坏工件的定位和损坏刀具，防止切屑的积聚带来大量的热量而引起工艺系统变形。

(5) 经济性好。专用夹具应尽可能采用标准元件和标准结构，力求结构简单、制造容易，以降低夹具的制造成本。因此，设计时应根据生产纲领对夹具方案进行必要的技术经济分析，以提高夹具在生产中的经济效益。

装夹表面会与夹具功能元件直接接触。显然，在一次安装中工件上需要进行加工的表面是不能做装夹表面的，也就是说装夹表面只能是非加工表面。这些表面可以是平面，也可以是圆柱面。这些表面必须是夹紧力的法向分力能够触及的表面，而且表面尺寸应足够大，这样才能保证定位和夹紧可靠。

夹具可及性是选择工件装夹(特别对于定位)面和点需要认真考虑的重要方面，它包括装夹表面可及性和工件装/卸载可及性两方面的内容，前者是工件每个单独表面的可到达性，它是定位和夹紧面选择的一个重要标准；后者是将工件从夹具上装/卸载的容易性。工件装夹表面可及性反映了将工件安装到夹具表面上的方便程度。在夹具设计过程中必须认真提取工件及夹具的有关几何信息，不仅应使工件的安装、夹紧以及卸载是可行的，而且应当是方便的、无障碍的、可靠的。

5.4.5 系统改进和优化

夹具的设计必须保证工件在整个加工过程中的稳定性，夹具元件与工件之间发生脱离或者夹具元件与工件之间发生任何微小的相对滑动均被认为夹具失稳的标准，最终导致工件与机床刀具之间的相对位置发生变化，引起加工误差，因此合理确定夹具布局和夹紧力的大小非常重要。另外，由于工件几何形状复杂多样，夹具体与刀具路径不能发生干涉，同时夹具应具有快速定位和装卸工件的特性，以便能够提高生产率，因此夹具的设计需要考虑较多的因素。夹具优化是指通过调整夹具布局和夹紧力的大小，以及多个夹紧元件的夹紧顺序等来减小工件的变形。

夹具的设计必须保证工件在整个加工过程中的稳定性，夹具元件与工件之间发生脱离或者夹具元件与工件之间发生任何微小的相对滑动均被认为夹具失稳的标准，最终导致工件与机床刀具之间的相对位置发生变化，引起加工误差，因此合理确定夹具布局和夹紧力的大小非常重要。另外，由于工件几何形状复杂多样，夹具体与刀具路径不能发生干涉，同时夹具应具有快速定位和装卸工件的特性，以便能够提高生产率，因此夹具的设计需要考虑较多的因素。

夹具优化是指通过调整夹具布局和夹紧力的大小，以及多个夹紧元件的夹紧顺序等来减小工件的变形。

5.5 机器人焊接夹具案例

自动化趋势背景下，很多结构工件的焊接加工等工作都利用机器人或者机械臂来完成。汽车焊接生产线是汽车制造中的关键，焊接生产线中的各种工装夹具又是焊装线的重中之重，焊接夹具的设计则是前提和基础。汽车制造四大工艺中，焊装尤其重要，而在焊装的前期规划中，车身焊接夹具的设计又是关键环节。

1）汽车车身的结构特点

如图 5－30 所示，汽车车身一般由外覆盖件、内覆盖件和骨架件组成，覆盖件的钢板厚度一般为 0.8～1.2 mm，有的车型外覆盖件钣金厚度仅有 0.6 mm、0.7 mm，骨架件的钢板厚度多为 1.2～2.5 mm，也就是说它们大都为薄板件。对焊接夹具设计来说，应考虑如下特点。

（1）刚性差、易变形。以轿车车身大侧围外板为例，一般材料厚度为 0.7～0.8 mm，绝大多数是 0.8 mm，拉延形成空腔后，刚性非常差，当和内板件焊接形成侧围焊接总成后才具有较强的刚性。

（2）结构形状复杂。汽车车身都是由薄板冲压件装焊而成的空间壳体，为了造型美观，并使壳体具有一定的刚性，组成车身的零件通常是经过拉延成形的空间曲面体，结构形状较为复杂。特别是随着现代汽车技术的发展和消费者对汽车品质和外观时尚的要求越来越高，车身结构设计也越来越复杂。

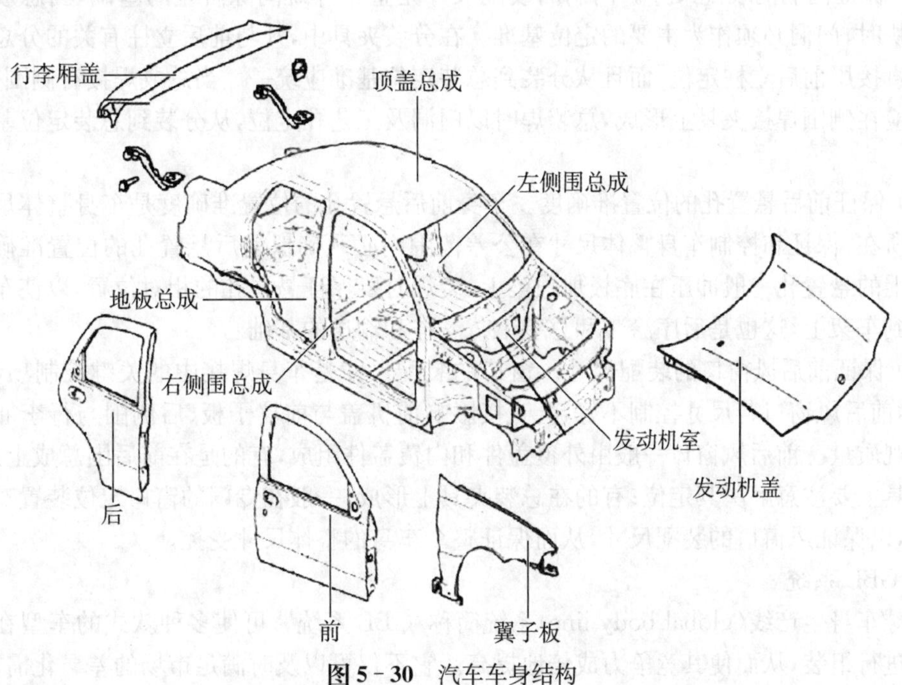

图 5－30　汽车车身结构

(3) 以空间三维坐标标注尺寸。汽车车身产品图以空间三维坐标来标注尺寸。为了表示覆盖件在汽车上的位置和便于标注尺寸,汽车车身一般每隔 200 mm 或 400 mm 划一坐标网线,而整车坐标系各有不同,这里以轿车为例,一般定义整车坐标系坐标原点如下:

① x 轴:车身的对称平面与主地板的下平面之间的交线,向车身后方为正,前方为负。

② y 轴:过前轮的中心连线且垂直于车身地板下平面的平面与车身对称平面之间的交线,向车身右侧为正,左侧为负。

③ z 轴:过两前轮中心且与主地板平面垂直的直线,向上为正,向下为负。

2) 车身焊装夹具设计方法

"六点定位原则"是汽车车身焊装夹具设计的主要方法,在设计车身焊装夹具时,常有两种误解:一是认为"六点定位原则"对薄板焊装夹具不适用;二是看到薄板焊装夹具上有超定位现象。产生这种误解的原因是,把限制六个方向运动的自由度理解为限制六个方向的自由度。焊接夹具设计的宗旨是限制六个方向运动的自由度,这种限制不仅依靠夹具的定位夹紧装置,而且依靠制件之间的相互制约关系。只有正确认识了薄板冲压件焊装生产的特点,同时又正确理解了"六点定位原则",才能正确应用这个原则。

从定位原则看,支承对薄板件来说是必不可少的,可消除由于工件受夹紧力作用而引起的变形。超定位使接触点不稳定,产生装配位置上的干涉,但在调整夹具时只要认真修磨支承面,其超定位引起的不良后果是可以控制在允许范围内的。

同样以轿车车身大侧围外板在夹具上的定位为例,其尾部涉及行李厢盖装配、尾灯装配、后保险杠装配等多种装配关系,尺寸精度要求较高。为保证侧围外板在焊接过程中的变形受控,外覆面在保证焊钳操作顺利的前提下,考虑多一些支承面只要修磨到位是非常必要的。

3) 车身分块和定位基准的选择

汽车车身焊接总成一般由底板、前围、后围、侧围和顶盖几大部分组成,不同的车型分块方式不同,在选择定位基准时,一般应做到以下几点:

(1) 保证门洞的装配尺寸。门洞的装配尺寸是整车外观间隙阶差的基础,当总成焊接无侧围分块时,门洞必须作为主要的定位基准。在分装夹具中,凡与前后立柱有关的分总成装焊都必须直接用前后立柱定位,而且从分装到总装定位基准应统一。当总成焊接有侧围分块时,则门洞应在侧围焊接夹具上形成,总装焊时以门洞及工艺孔定位,从分装到总装定位基准也应统一。

(2) 保证前后悬置孔的位置准确度。车身前后悬置孔的位置准确度是车身整体尺寸精度的关键所在,保证和控制车身整体尺寸在公差范围内必须确保前后悬置孔的位置准确度。车身底板上的悬置孔一般冲压在底板加强梁上,装焊时要保证悬置孔的相对位置,以使车身顺利地下落到车架上,这也是后序涂装和总装工艺悬挂和输送的基础。

(3) 保证前后风窗口的装配尺寸。窗口的装配尺寸是车身焊接中的关键控制项,涉及整车外观,前后风窗口若尺寸控制不好,会直接影响前机盖与前翼子板、后侧围与行李厢盖的装配及外观质量。前后风窗口一般由外覆盖件和内覆盖件组成,有的是在前后围总成上形成,在分装夹具上要注意解决其定位;有的在总装夹具上形成,一般在专门的窗口定位装置对窗口精确定位,以保证风窗口的装配尺寸,从而保证整个车身的整体尺寸受控。

4) GBL 系统

全球车身生产线(global body line)系统简称"GBL 系统",可使多种款式的车型在同一生产线上进行组装,从而使其竞争力成倍地提高。它不仅可以及时满足市场的差异化需求,同时还能提高生产效率，保持产品价格的竞争力。至此，一个比柔性生产线(flexible body line, FBL)更先进的GBL生产系统，出现在人们的视野内(图5-31)。

图5-31 广汽丰田GBL全自动车身焊装生产线

在汽车制造企业的流水线上，最核心的生产流水线是车身生产流水线，其中关键工段是车身焊接。将各个车身部件焊接在一起，必须有夹具固定部件位置。夹具是非常重要的辅助工具，它的合理性不但影响加工位置的精确性、焊接质量，也影响到工作效率和生产成本。丰田的GBL设计者就从这里进行了革新。以前的FBL要利用三套昂贵且高精度的夹具，它们从外面固定住加工车身，从车体的左、右和上方等三个位置将车体固定住，然后由机械手臂或者人工对车身进行焊接。这些托架与车身一起移动，直到完工为止。当一辆轿车车体上线时，传送机械从头顶上方的储放区运来三个一组的夹具，将它们运送到车身组装线的位置。如果顺序生产的下一部车是不同的车型，那么该系统将取来另外一组夹具，并将它们运送到组装线上(图5-32a)。

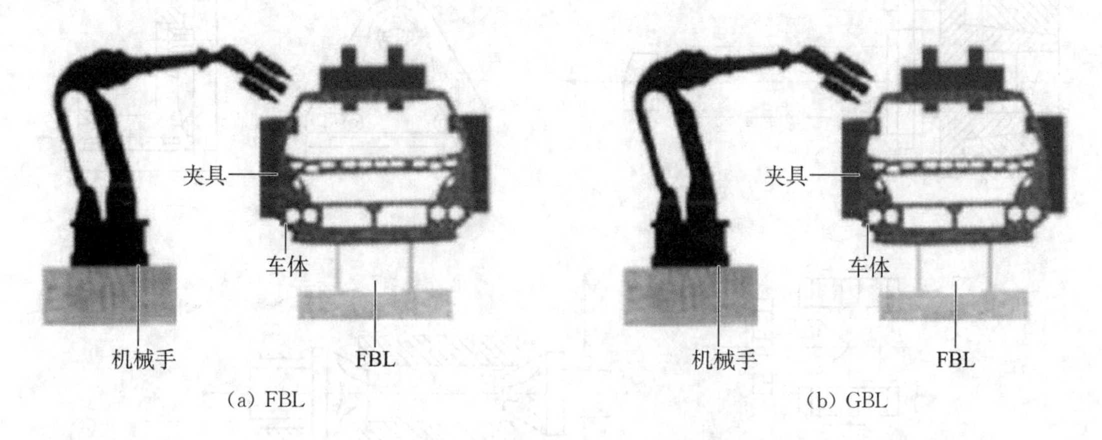

图5-32 GBL与FBL的对比示意图

在设计新系统时，丰田公司的工程师产生了“由内往外”制造的想法，这种想法就是GBL的核心之处。GBL将三套夹具缩减为一套，它的运行方式就是在车体内部由一台夹具支撑并固定车体。夹具从敞开的顶部伸入，在要焊接的地方固定住车身的侧面。当侧面焊接完毕后，夹具从车体中抽出，车体则随着生产线上移动到下一工位，以便进行下一步不需要特殊工具支撑下操作的焊接，并安上车顶盖（图 5-32b）。

这样，制造每一种车型只需要一个夹具装置，不仅简化了操作，而且增强了灵活性——多种车型可以在同一生产线生产。当然，这需要相当精确的定位尺寸的配合。这条生产线可以重复不断地将不同型号汽车的车身恰到好处地摆在机器人面前，机器人在不同车型上执行数以千计的点焊指令，对它们来说，唯一的改变只是焊接程序。

参考文献

[1] 王先逵. 机械制造工艺学[M]. 北京：机械工业出版社，2013.

[2] 夏智武，等. 工业机器人技术基础[M]. 北京：高等教育出版社，2018.

[3] 曾志新，等. 机械制造技术基础[M]. 武汉：武汉理工大学出版社，2001.

[4] 周正军，张志明. 工业机器人工装设计[M]. 北京：北京理工大学出版社，2017.

[5] 王纯祥. 焊接工装夹具设计及应用[M]. 2 版. 北京：化学工业出版社，2020.

[6] 徐发仁，等. 机床夹具设计[M]. 重庆：重庆大学出版社，1993.

思考与练习

1. 什么是夹具？夹具的功能有哪些？

2. 什么是“六点定位原理”？

3. 什么是完全定位、过定位及欠定位？

4. 根据六点定位原理，分析图 5-33 所示各定位方案中，各定位元件所限制的自由度。

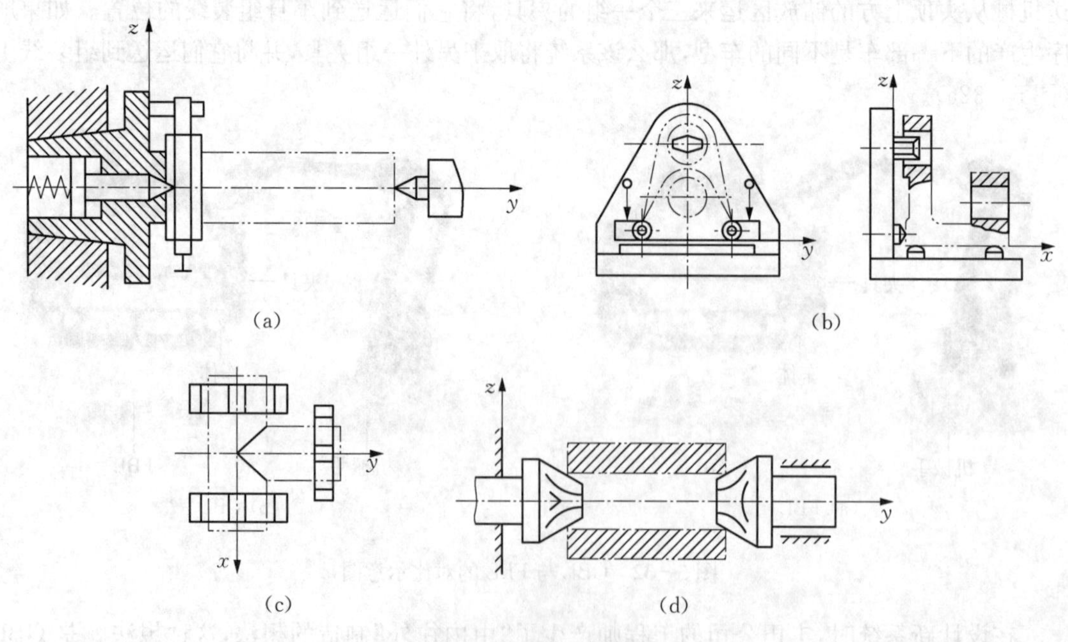

图 5-33 第 4 题图

5. 什么是固定支承、可调支承、自位支承和辅助支承？

第6章

机器人作业输送设备设计

◎ 学习成果达成要求

1. 了解常用转位机构的类型，掌握常用转位机构的设计方法。
2. 了解带式输送机的类型，掌握带式输送机的设计方法。
3. 了解链式输送机的类型，掌握链式输送机的设计方法。

机器人焊接作业、喷涂作业、装配作业、码垛作业等，一般需要配备输送设备，其功能是将工件运送到机器人作业指定的位置，并保持准确的位姿，为机器人作业做准备。

输送设备可以将物料在一定的输送线上，从最初的供料点到最终的卸料点间形成一种物料的输送流程。除进行物料输送外，输送设备还可以与生产流程中的工艺过程的要求相配合，形成有节奏的流水作业运输线。本章着重介绍转位机构、带式输送设备和链式输送设备的功能、设计方法和设计流程，从而为掌握机器人作业输送设备的选型和设计奠定基础。

6.1 转位机构设计

机器人喷涂、焊接、装配等作业有时需要工件按照工艺动作要求转位，以进行相应的操作，为此，需要如图6-1所示转位机构来实现该功能。这些转位机构按照工艺要求，做间歇性运动，即实现转位→停顿→作业→转位→停顿→作业，形成工作循环，在不同的工位，完成不同的作业。

6.1.1 常用转位机构的类型

常用转位机构包括槽轮机构、不完全齿轮机构、凸轮机构和蜗杆蜗轮机构。

图6-2所示槽轮机构，由拨销(安装在圆盘上)、槽轮和机架组成。图中，当圆盘1匀速连续转动时，通过圆销与槽轮2上的槽接触使槽轮转动；圆销脱离槽以后，槽轮便停止运动，此时圆盘上的锁止弧 mm 阻止槽轮因惯性而运动。因此，当原动连续回转时，从动件就能获得单向的间歇运动。当把图6-1中的工作台安装在图6-2的槽轮2上时，可以带动工件实现转位功能。

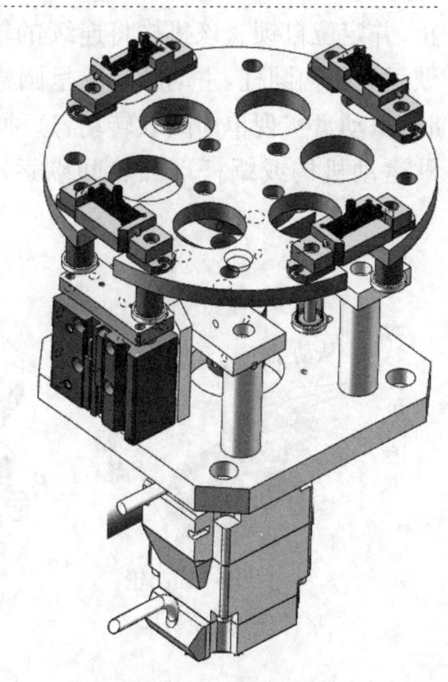

图6-1 转位机构

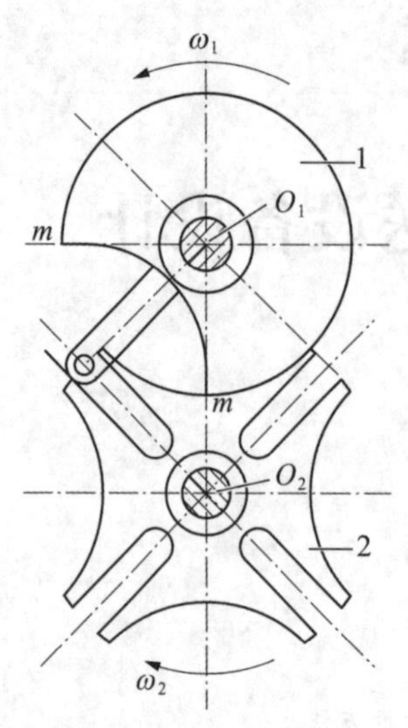

(a) 外啮合槽轮机构 (b) 外啮合槽轮机构实物图

图 6-2 槽轮机构

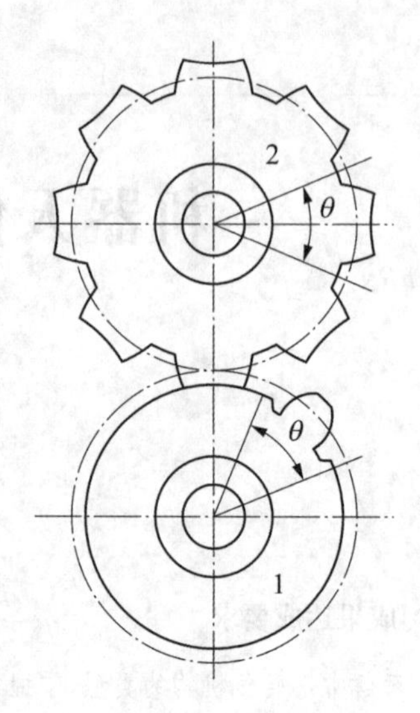

图 6-3 不完全齿轮机构

图 6-3 为不完全齿轮机构，由主动齿轮（下简称"主动轮"）、从动齿轮（下简称"从动轮"）和机架组成。图中，构件 1 为主动轮，构件 2 为从动轮。当主动轮的齿与从动轮的齿啮合时将推动从动轮转动，而当主动轮的齿与从动轮的齿脱离啮合时，从动轮将停止转动；两轮轮缘备有锁止弧，可以防止从动轮的游动，起到定位作用。不完全齿轮机构是由齿轮机构演变而得的一种间歇运动机构，这种机构的主动轮上只做出一个齿或几个齿，并根据运动时间和间歇时间的要求，在从动轮上做出与主动轮轮齿相啮合的轮齿的数目。当把图 6-1 中的工作台安装在从齿轮 2 上时，可以带动工件实现转位功能。

图 6-4 所示为凸轮式间歇运动机构，由主动凸轮、从动盘和机架组成。其中，图(a)为平行分度凸轮机构。该机构的平面凸轮轮廓面的非圆弧段驱使分度轮转位，圆弧段使分度轮静止，并定位自锁。该机构将连续的输入运动转化为间歇式的输出运动。图(b)为圆柱凸轮间歇运动机构圆柱，主动凸轮 1 呈圆柱形，滚子 3 均匀分布在从动盘 2 的端面；当凸轮连续转动时，从动盘实现单向间歇转动，这种机构常用于两交错轴间的分度传动。图(c)为弧面凸轮间歇运动机构或蜗杆形凸轮间歇运动机构，凸轮形状如同圆弧面蜗杆，滚子均匀分布在从动

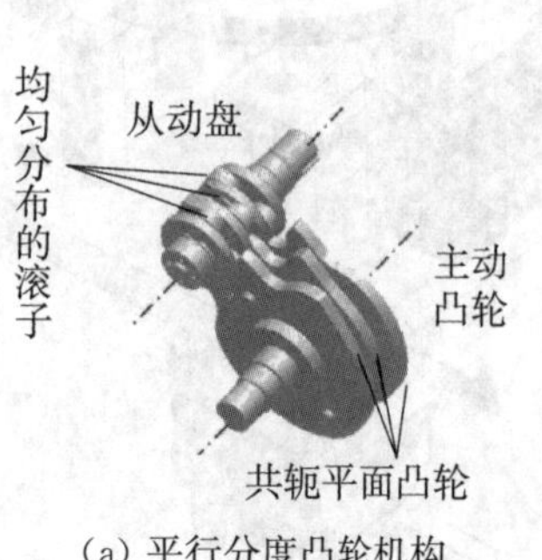

(a) 平行分度凸轮机构

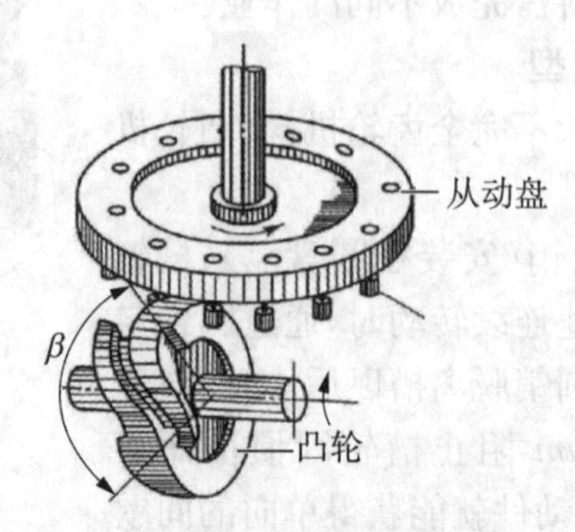

(b) 圆柱分度凸轮机构

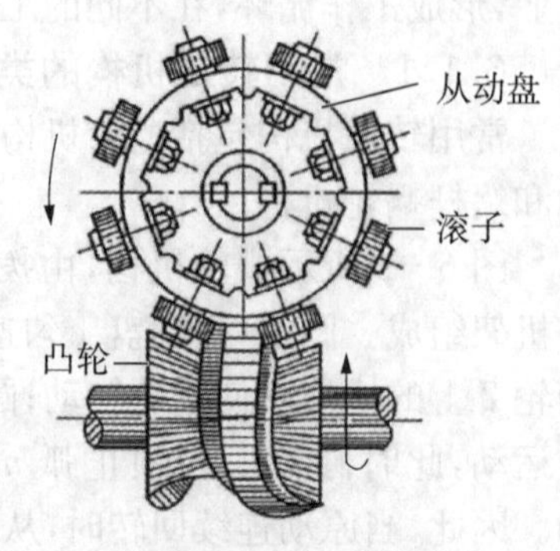

(c) 弧面分度凸轮机构

图 6-4 凸轮式间歇运动机构

盘的圆柱面上，犹如蜗轮的齿。可以通过调整凸轮和转盘的中心距来消除滚子与凸轮接触面间的间隙以补偿磨损。这种机构可在高速下承受较大的载荷，故常用在高速、高精度的分度转位机械中。当把图6-1中的工作台安装在图6-4的从动盘2上时，可以带动工件实现转位功能。

转位机构也可以利用步进电机或伺服电机驱动齿轮机构来实现，这是因为步进电机和伺服电机可以在0～360°范围内的任意角度实现精准运动，从而可以通过齿轮机构，使得如图6-1所示工作台在0～360°范围内的任意角度实现精准定位。常用的齿轮传动机构如图6-5所示。

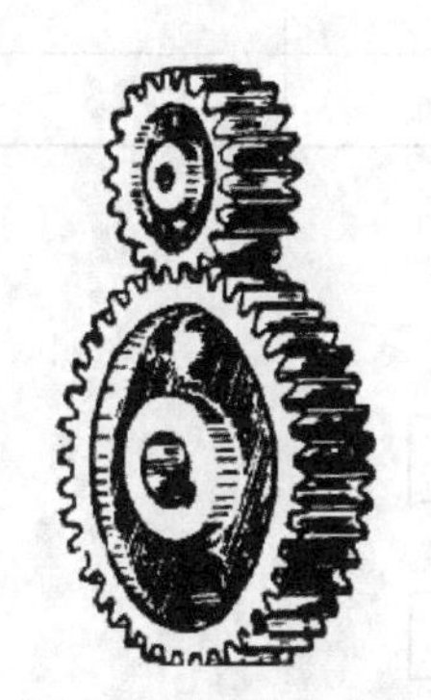
(a) 平行轴直齿轮传动

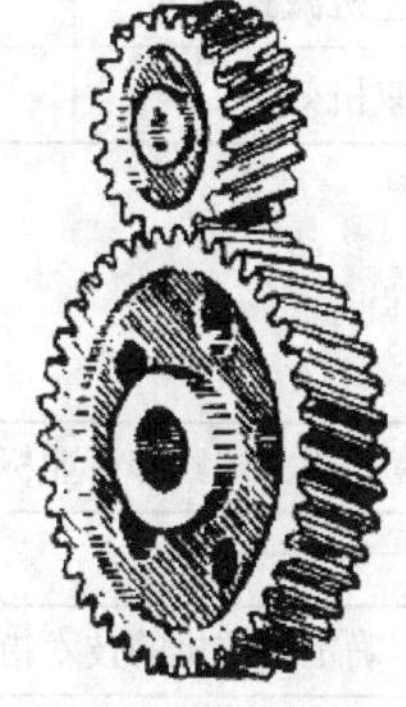
(b) 平行轴斜齿轮传动

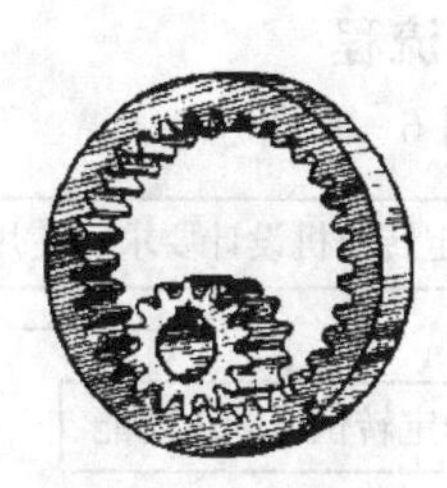
(c) 内啮合齿轮传动

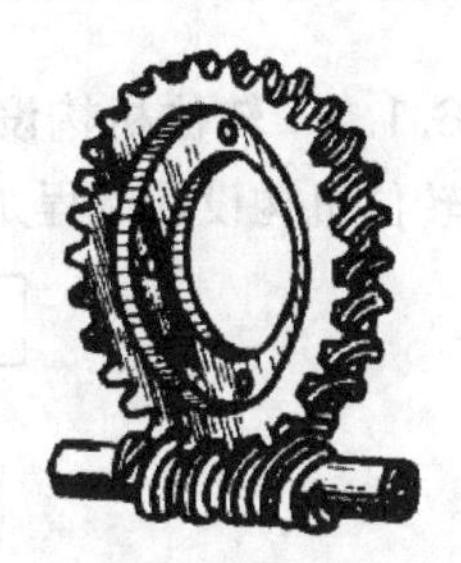
(d) 蜗杆蜗轮传动

图6-5　常用的齿轮传动机构

在上述齿轮机构中，蜗杆蜗轮机构最适合用于转位机构，这是因为这种齿轮机构传动具有传动比大、传动效率高、噪声小、具有自锁功能等优点。自锁，是指在某些情况下，蜗轮蜗杆传动可以防止反向旋转，即使外力作用于蜗轮，也不会使蜗杆反向旋转。这种特性特别适合转位机构定位的要求。

槽轮转位机构、不完全齿轮机转位构、凸轮转位机构、齿轮转位机构的应用场合见表6-1。

表6-1　常用转位机构的应用场合

转位机构类型	应用场合		
	转速	定位精度	载荷
槽轮机构	低速	低等	大
不完全齿轮机构	中速	中等	中
凸轮机构	高速	高等	中、小
齿轮转位机构	高速	高等	中、大

可以根据转位速度、定位精度和工作载荷大小选择合适的转位机构类型。

6.1.2　转位机构技术参数确定

为了设计和选用转位机构，需要确定转位机构的技术参数，常用的技术参数见表6-2。

表 6-2 转位机构的技术参数

技术参数名称	符号	量纲	技术参数名称	符号	量纲
总负载	G	kg	工件尺寸	$X \times Y \times Z$	mm^3
工位数	N	个	工件重量	G_P	kg
定位角	θ	$\theta = 360°/N$	分度盘中心至工件中心距离	L	mm
定位精度	P_A	度	定位时间	t	s
分度盘直径	D_T	mm	加减速时间比	A	
分度盘厚度	L_T	mm	减速机减速比	i	
分度盘重量	G_T	kg	减速机效率	η_R	

6.1.3 转位机构设计流程

转位机构设计流程如图 6-6 所示。

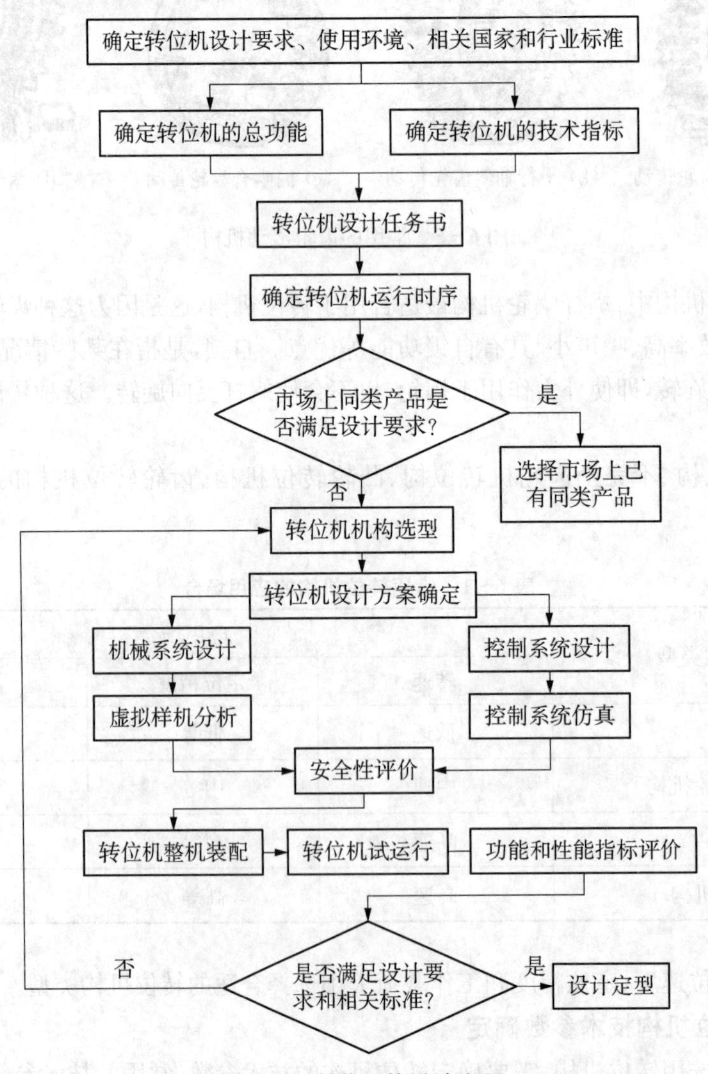

图 6-6 转位机构设计流程

如果市场上同类产品的功能、性能指标、尺寸、重量和价格能满足设计要求，则优先选择市场上已有的产品，否则需要自行设计。转位机构包括机械系统和控制系统两部分，它们都可以采用模块化的设计方法进行设计。

6.1.4 槽轮转位机构设计

槽轮机构有平面槽轮机构和空间槽轮机构两种类型；前者又分为外啮合槽轮机构和内啮合槽轮机构两种类型，如图 6 - 7 所示。

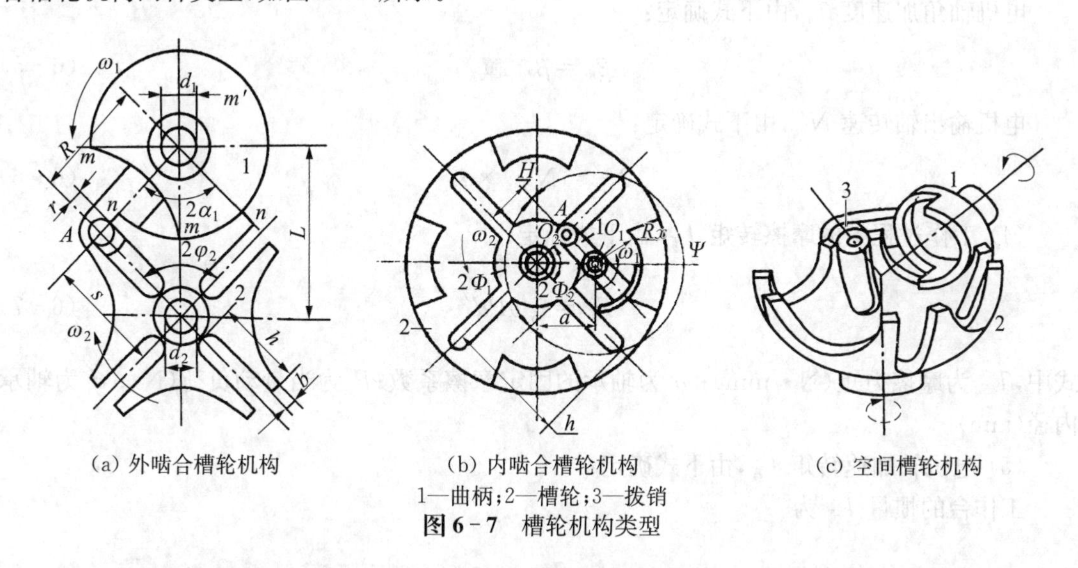

(a) 外啮合槽轮机构 (b) 内啮合槽轮机构 (c) 空间槽轮机构

1—曲柄；2—槽轮；3—拨销

图 6 - 7 槽轮机构类型

槽轮机构由带圆销的曲柄、具有径向槽的槽轮和机架组成，其工作过程如图 6 - 7 所示，从图 6 - 7 可以看出，槽轮机构常采用锁紧弧定位，即利用拨杆上的外凸圆弧—锁紧弧 mm 与槽轮上的内凹圆弧定位弧 B 的接触锁住槽轮。

1) 机械传动方案选择

槽轮转位机构一般可采用“电机＋减速器＋槽轮机构＋工作台”的传动方案；负载较小的场合，可以采用“电机＋槽轮机构＋工作台”的传动方案。

2) 确定槽轮机构技术参数

按表 6 - 2 确定槽轮机构技术参数。

3) 负载计算

根据工作盘及负载尺寸计算电机转速及电机减速转矩，并获得负载与电机转动惯量比。

(1) 电机加减速时间 t_0，由下式确定：

$$t_0 = t \times A \tag{6-1}$$

式中，A 为表 6 - 2 中的加减速时间比。

(2) 减速机输出轴角加速度 β_c，由下式确定：

$$\beta_c = \frac{\frac{2\pi\theta}{360}}{t_0(t - t_0)} \tag{6-2}$$

减速机输出轴最大转速 $N_{\max}$ 由下式确定：

$$N_{\max} = \frac{\beta_c \times t_0}{2\pi} \times 60 \tag{6-3}$$

(3) 减速器需用减速比[i],由下式确定:

$$[i] \leqslant \frac{1440}{N_{\max}} \tag{6-4}$$

可以根据上式计算的结果[i]和工作盘最大转速 $N_{\max}$,在标准减速器手册中选取相应的减速器型号,从而确定具体减速比[i]。

电机轴角加速度 β_m,由下式确定:

$$\beta_m = \beta_c \times i \tag{6-5}$$

电机输出轴转速 N_m,由下式确定:

$$N_m = N_{\max} \times i \tag{6-6}$$

(4) 工作过程中的摩擦转矩 T_F,由下式确定:

$$T_F = \frac{1}{2}\mu P d \tag{6-7}$$

式中,T_F 为摩擦力矩(N·mm);μ 为轴承的固定摩擦系数;P 为当量动负荷(N);d 为轴承内径(mm)。

(5) 电机轴加速转矩 J_A,由下式确定:

工作台的惯量 J_T 为

$$J_T = \frac{\pi}{32}\rho L_T D_T{}^4 \tag{6-8}$$

工件转动惯量 J_W 为

$$J_W = n \times \frac{1}{2}\frac{G_p}{g} D_W{}^4 \tag{6-9}$$

全负载转动惯量 J_A 为

$$J_A = J_T + J_W + J_R \tag{6-10}$$

式中,J_R 为减速器转动惯量。

负载折算到电机轴上的惯量 J_E 为

$$J_E = \frac{J_A}{i^2} \tag{6-11}$$

电机轴加速转矩 T_A 为

$$T_A = \frac{(J_E + J_M)\beta_m}{\eta_G} \tag{6-12}$$

式中,J_M 为电机转动惯量。

(6) 电机工作转矩,由下式确定:

$$T = k(T_A + T_F + T_L/i) \tag{6-13}$$

式中,k 为安全系数;T_L 为负载转矩;i 为减速器传动比。

(7) 负载与电机惯量比 I_R，由下式确定：

$$I_R = \frac{J_A}{i^2} / J_M \tag{6-14}$$

4) 驱动电机和减速器的选型

对于槽轮转位机构，一般采用电机＋减速器的传动方式。可以根据电机工作转矩 T、负载与电机惯量比 I_R、电机转速 N_m 选择普通交流电机的具体类型和型号；同时，可以根据总传动比和不同类型的减速器的减速比范围、运动传递方向的要求，参照表 4-4 确定“蜗杆减速器”“蜗杆减速器＋单级圆柱齿轮减速器”“蜗杆减速器＋圆锥齿轮减速器”的具体类型和型号。

5) 槽轮机构的运动特性系数

为了使槽轮开始转动和终止转动时的角速度为零以免刚性冲击，圆销进入或脱离槽轮的径向槽时，圆销中心的轨迹圆应与径向槽的中心线相切。由图 6-7a 可得槽轮 2 转动时拨杆 1 的转角为 $2\alpha_1$，对应的槽轮的转角(间角)为 $2\varphi_2$。由图 6-7a 可得

$$2\alpha_1 = \pi - 2\varphi_2 \tag{6-15}$$

设槽轮有 z 个均布槽，则

$$2\varphi_2 = \frac{2\pi}{z} \tag{6-16}$$

对于图 6-6 所示单圆销槽轮机构，若拨盘等速回转，则在一个运动循环内，总的运动时间 t 为

$$t = \frac{2\pi}{\omega_1} \tag{6-17}$$

在一个运动循环内槽轮的运动时间 t_d 为

$$t_d = \frac{2\alpha_1}{\omega_1} = \frac{2\pi - 2\varphi_2}{\omega_1} \tag{6-18}$$

在外槽轮机构结构图中，当主动拨盘 1 回转一周时，槽轮 2 的运动时间与主动拨盘转一周的总时间之比，称为槽轮机构的运动系数，并以 k 表示，即因为拨盘 1 一般为等速回转，所以时间之比可以用拨盘转角之比来表示。对于单圆销外槽轮机构，运动系数 k 为

$$k = \frac{2\pi - 2\varphi_2}{2\pi} = \frac{1}{2} - \frac{\varphi_2}{\pi} = \frac{1}{2} - \frac{1}{z} \tag{6-19}$$

因为运动系数 k 应大于零，所以外槽轮的槽数 $z \geqslant 3$。又由上式可知，其运动系数 $k < 0.5$，故这种单销外槽轮机构槽轮的运动时间总小于其静止时间。

如果在拨盘 1 上均匀分布 n 个圆销，则当拨盘转动一周时，槽轮将被拨动 n 次，故运动系数是单销的 n 倍，即

$$k = n\left(\frac{1}{2} - \frac{1}{z}\right) \tag{6-20}$$

又因 k 值应小于或等于 1，即：$k = n\left(\frac{1}{2} - \frac{1}{z}\right) \leqslant 1$，故

$$n \leqslant \frac{2z}{z-2} \tag{6-21}$$

由上式可得槽数与圆销数的关系如表 6-3 所示。

表 6-3 槽数与圆销数关系

槽数 z	3	4	5、6	≥7
圆销数	1～6	1～4	1～3	1～2

6）槽轮机构的选型

槽轮机构选型应注意以下问题：

（1）如果动力输出轴的方向要求与槽轮盘转向平行，应选择平面槽轮机构，如图 6-7a、b 所示；如果动力输出轴的方向要求与槽轮盘转向垂直，则应选择空间槽轮机构，如图 6-7c 所示。

（2）如果要求槽轮主动件和从动件转向相反，应选择外槽轮机构，如图 6-7a 所示；如果要求槽轮主动件和从动件转向相同，则应选择内槽轮机构，如图 6-7b 所示。

（3）如果工艺要求动停比＜1，则选用外槽轮机构；如果机构要求动停比＞1，则选择内槽轮机构。

（4）在槽轮槽数相等的情况下，如果要求工作过程尽可能平稳，则选择内槽轮机构；如果工作过程对槽轮机构起始位置和停止位置的冲击没有严格的要求，则选择外槽轮机构。

7）槽轮机构主要运动参数和几何参数的确定

图 6-8 为槽轮机构主要几何尺寸关系图。图中 O_1 为拨盘中心，O_2 为槽轮中心，R_1 为拨销的轨迹半径；R_2 为槽轮半径；L 为中心距，h 为槽轮槽深，R_T 为拨销半径，δ 为间隙。

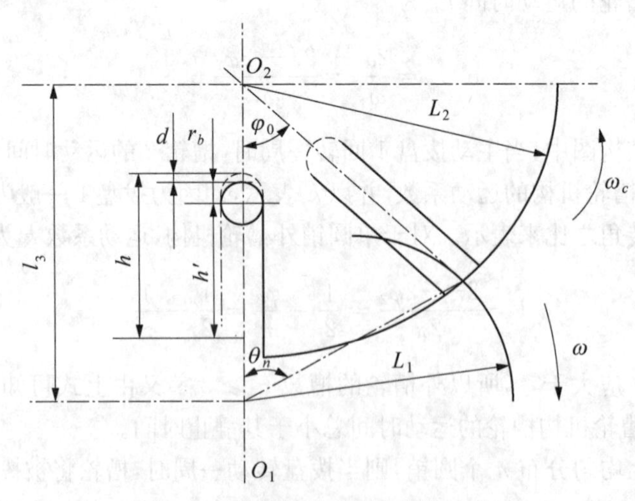

图 6-8 槽轮机构主要几何尺寸关系

设拨盘轴的直径为 d。为避免槽轮在启动和停歇时发生刚性冲击，圆销开始进入和离开轮槽时，轮槽的中心线应和圆销中心的运动圆周相切，从而决定了槽轮机构主要尺寸之间的关系，如图 6-9 所示槽轮机构的设计计算公式见表 6-4。

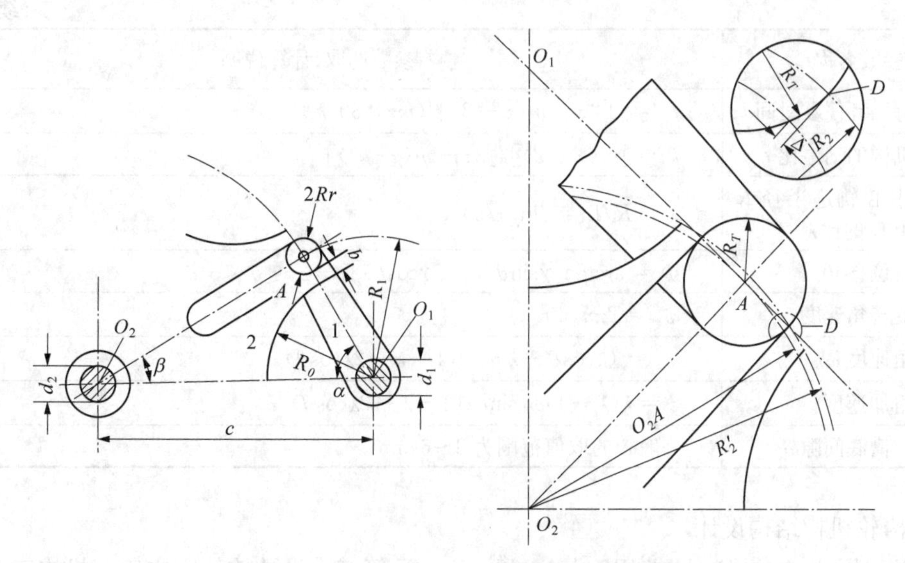

图 6-9 槽轮机构主要几何尺寸计算关系图

表 6-4 槽轮机构参数计算

参数名称	参数选取、计算说明
槽数 N	根据表 6-2 中旋转机构的工位数 N 确定，槽轮机构的角速度和角加速度的变化取决于槽数 $z=N$；在选择槽数时，槽数越少角加速度变化越大，运动平稳性能差，槽轮机构的振动、冲击和噪声将随之加大；另一方面，随着槽数的增加，槽轮的结构尺寸将加大，从动端的惯性力矩也随着加大。同时当槽数 $z>9$ 时，槽轮机构的动停比 K 变化趋于平稳，动力特性的改善也明显减弱，但随着槽数增加将给机构设计带来困难。在实际应用中，槽轮机构的槽数在 4～8 范围内选取
中心距 L	O_1O_2 根据现场工作条件确定
槽轮运动角 β	$2\beta=2\pi/z$
拨盘运动角 α	$2\alpha=\pi-2\beta$
拨盘上圆销数目 m	$m<2z/(z-2)$
圆销中心轨迹半径 R_1	$R_1=L\sin\beta$
槽轮外径 R_2	$R_2=L\sin\beta+R_T$
槽轮深度 h	$h=R+R-L+R_T+\delta$
拨盘回转轴直径 d_1	$d_1<2(L-R)$
槽轮轴直径 d_2	$d_2<2(L-R-R-\delta)$
拨盘上锁止弧所对中心角 γ	$\gamma=2(\pi/m-\alpha)$
锁止弧半径 R	$R=R_1-b-R_T$
槽轮每循环运动时间 t_d	$t_d=[(z-2)/z]30/n$ ［n 为拨销回转速度(r/min)］

（续表）

参数名称	参数选取、计算说明
槽轮每循环停歇时间 t_j	$t_j = \{[2z - m(z-2)]/(mz)\}30/n$
槽轮机构的动停比 t	$k = [m(z-2)]/[2z - m(z-2)]$
圆销中心轨迹半径 R 与中心距 L 的比 λ	$\lambda = R/L = \sin(\pi/z)$
槽轮角位移 Φ	$\Phi = \arctan[\gamma\sin\theta/(1-\gamma\cos\theta)]$，$-\alpha \leqslant \theta \leqslant +\alpha$
拨销旋转角速度 ω_1	$\omega_1 = 2\pi n/60$
槽轮角速度 ω_2	$\omega_2 = (\lambda\cos\theta - \lambda)\omega_1/(1+\lambda-2\lambda\cos\theta)$
槽轮角加速度	$\varepsilon = \lambda(\lambda-1)\omega_1\sin\theta/(1+\lambda-2\lambda\cos\theta)$
拨销与槽底间隙 δ	一般 δ 的取值范围为 3～6 mm

8）槽轮机构结构设计

可以利用 AutoCAD、SlolidWorks、UG、Pro/E 等三维设计软件完成槽轮机构三维设计，如图 6-10 所示。

图 6-10　槽轮机构三维实体模型

（1）槽轮。结构设计如图 6-11 所示。

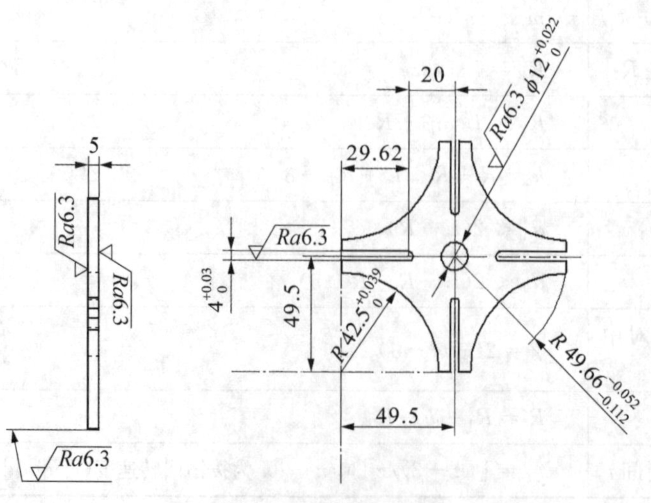

图 6-11　槽轮结构

(2) 拨盘。槽轮机构的拨盘部分起驱动作用，拨盘结构如图 6－12 所示。本结构分为 2 层，上层起驱动功能，下层起连接槽轮的作用。两层实为一体。

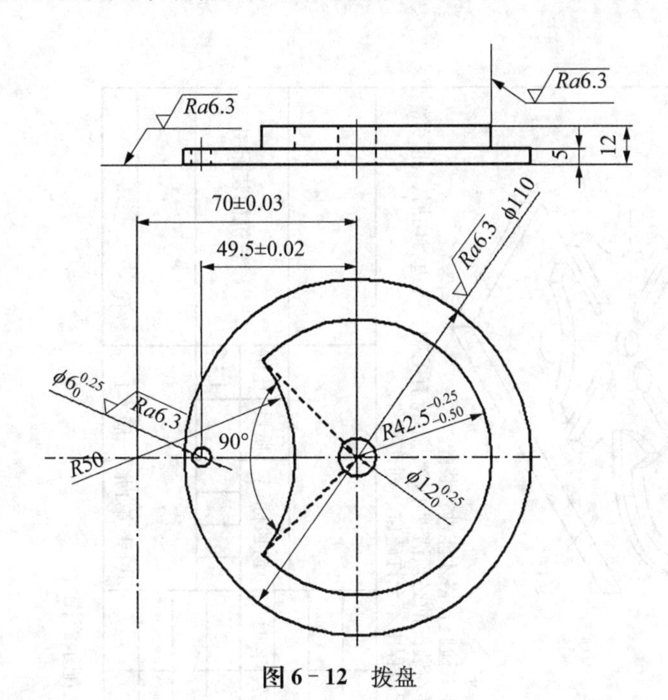

图 6－12 拨盘

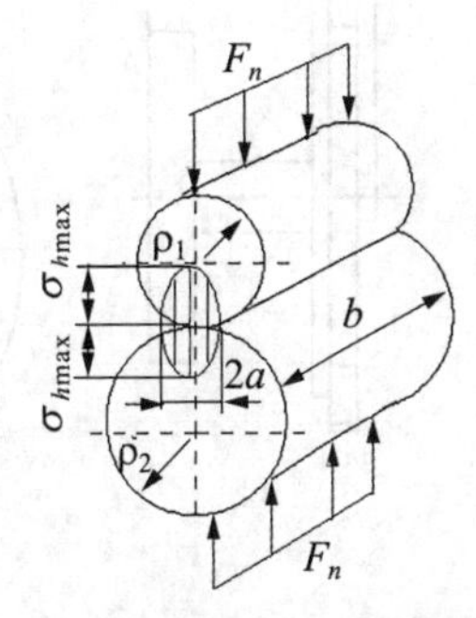

图 6－13 槽轮拨销和轮槽接触模型

(3) 槽轮机构强度校核。如图 6－7 所示，槽轮机构运动过程中，拨销和保持接触。当槽轮副接触面上的压应力较大时，材料表面容易发生磨损失效，因此需要对零件进行接触疲劳强度校核。为计算接触应力，圆销和槽轮轮槽接触可以按两个圆柱体接触进行处理，如图 6－13 所示。

根据弹性力学赫兹接触应力公式，最大接触应力为

$$\sigma_{h\max}=\frac{4F_n}{\pi ab}=\sqrt{\frac{F_n}{\pi b}\frac{\frac{1}{\rho}}{\frac{1-\mu_1^2}{E_1}+\frac{1-\mu_2^2}{E_2}}} \tag{6-22}$$

式中，a 为接触区的半宽度(mm)；b 为接触面的长度(mm)；ρ 为综合曲率半径，$1/\rho=1/\rho_1\pm 1/\rho_2$，正号用于外接触，负号用于内接触；平面接触，取平面曲率半径 $\rho_2=\infty$；E_1、E_2 为两接触体材料的弹性模量；μ_1、μ_2 为两接触体材料的泊松比，可以查阅《机械设计手册》确定。

设圆销和槽轮轮槽材料的需要接触应力分别为$[\sigma_{H1}]$和$[\sigma_{H2}]$，它们的具体值可以根据圆销和槽轮轮槽材料类型，查《机械设计手册》确定。槽轮副应该满足的接触强度条件为

$$\left.\begin{aligned}\sigma_{h\max}\leqslant[\sigma_{H1}]\\ \sigma_{h\max}\leqslant[\sigma_{H2}]\end{aligned}\right\} \tag{6-23}$$

(4) 槽轮机构装配图。槽数 $z=4$ 是一种典型的槽轮机构，其装配图如图 6－14 所示，槽轮机构要装在一底板上并加以固定。图上销的作用为连接机构和底板。其他槽数的槽轮机构的装配图可以参照图 6－14 进行设计。

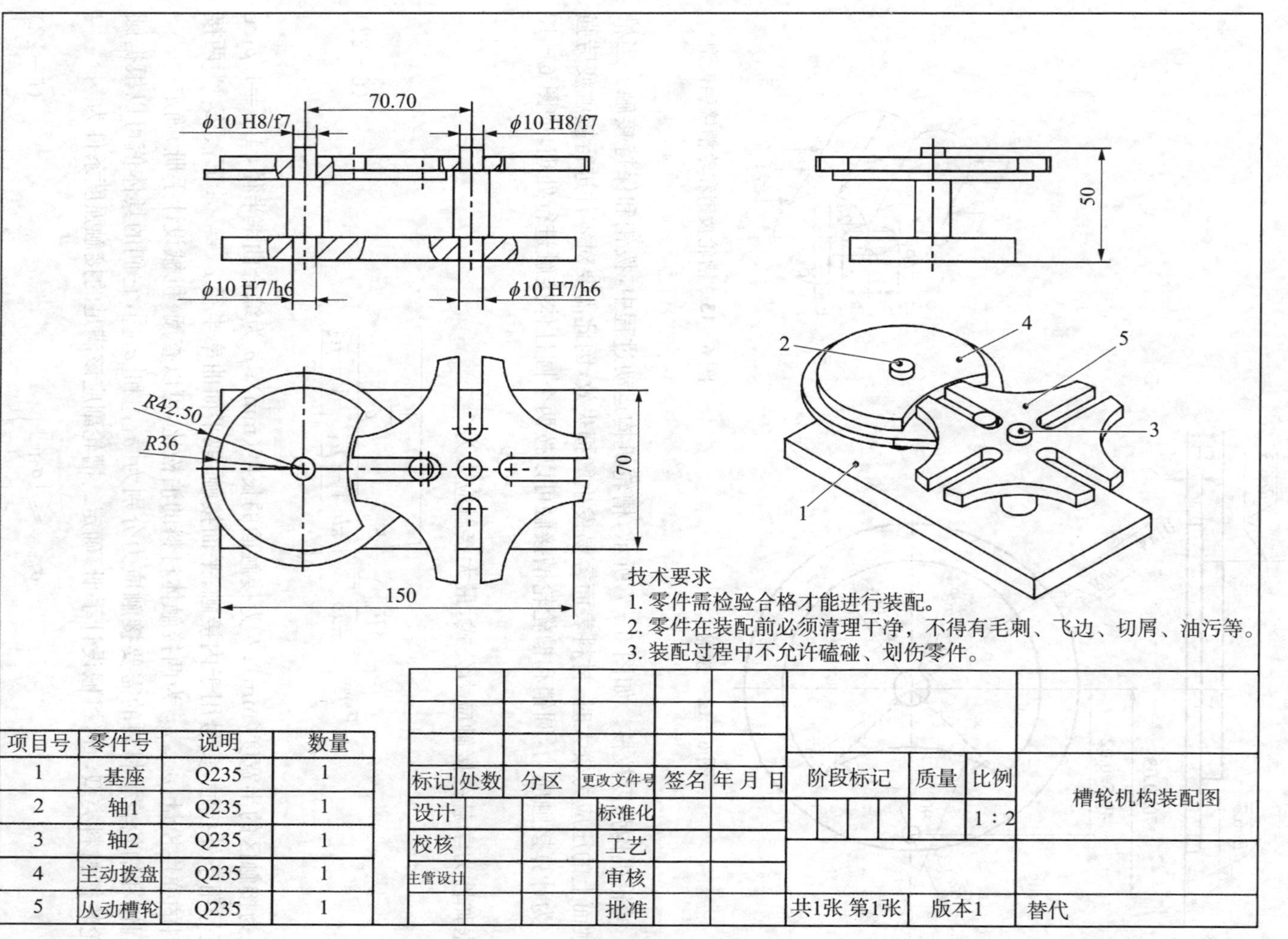

图 6-14 槽轮机构装配示意图

(5) 工作台设计。根据表6-2中的工位数、定位角、分度盘直径、分度盘厚度、工件尺寸、工件重量、分度盘中心至工件中心距离等技术要求,在满足刚度和强度的前提下,应尽可能减轻工作盘重量,完成工作盘材料选择和结构设计,如图6-15所示。

图6-15 多工位工作台

工作台设计中,要考虑其与槽轮的连接方式,也要考虑与各工位作业设备的运动及作业要求,尤其是要主要检查否存在空间干涉等问题。

9) 电气控制系统设计

槽轮机构电机若选用三相电机,则可以采用按钮接触器双重连锁正反转控制原理,如图6-16所示,并实现Y-△启动控制。槽轮机构的电气控制系统设计,可以应用AutoCAD Electrical、EPLANT、Elecworks、Eleccalc、SOLIDWORKS Electrical、Promis. e等电气系统设计软件,参照第4章变位机设计中的"电气控制系统设计"进行。

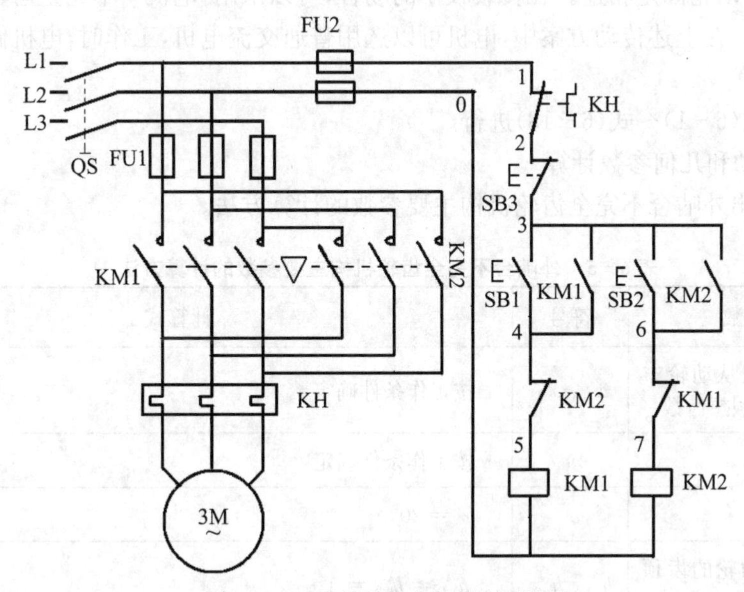

图6-16 槽轮机构电气控制原理图

6.1.5 不完全齿轮转位机构设计

不完全齿轮机构与普通渐开线齿轮机构不同,其轮齿并不布满整个圆周,如图6-17所示。当主动轮1做连续回转运动时,可使从动轮2做间歇转动。外啮合式不完全齿轮机构,两个齿轮的转向相反；而内啮合式不完全齿轮机构则转向相同。如图 6-17 所示，齿轮 1 的凸锁止弧和轮 2 的凹锁止弧配合，可使轮 2 在一定时间内停歇不动。当把工作台与齿轮 2 相连时，可以实现间歇转位运动，在齿轮 2 停歇时间内，完成相应的作业要求。

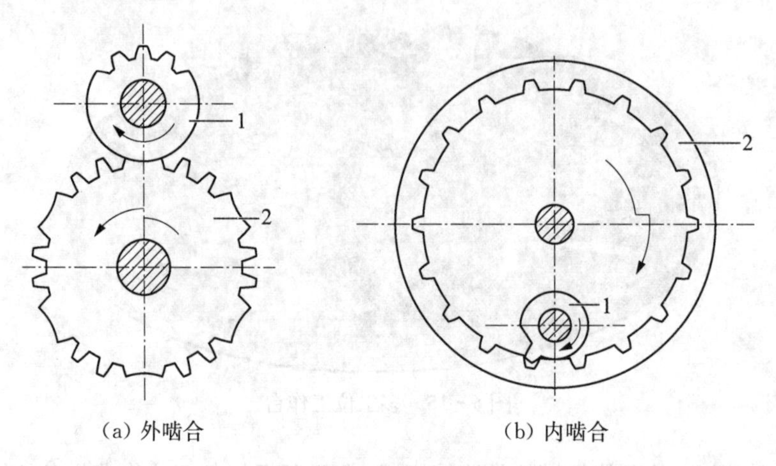

图 6-17 不完全齿轮机构

不完全齿轮机构结构简单，其动停比，即从动轮运动时间和停歇时间之比，不受机构结构的限制。这种机构中，从动轮在转动的始末存在速度突变，从而会引起较大的冲击，故只能用在低速、轻载和冲击不影响正常工作的场合。

1）确定机械传动方案

不完全齿轮轮转位机构一般采用"电机＋减速器＋齿轮机构＋工作台"的传动方案，其中的"工作台"和从动轮固定相连。在负载较小的场合，可以采用"电机＋不完全齿轮机构＋工作台"的传动方案。在上述传动方案中，电机可以选用普通交流电机，工作时，电机做匀速转动。

2）负载计算

可以参照式(6-1)～式(6-13)进行。

3）主要运动和几何参数计算

表 6-5 给出外啮合不完全齿轮机构主要参数的计算方法。

表 6-5　外啮合不完全齿轮机构主要参数的计算方法

序号	参数	符号	计算式
1	设想主、从动轮布满齿时的假想齿数	x'_1、x'_2	按工作条件确定
2	模数	m	按工作条件确定
3	压力角	α	$\alpha = 20°$
4	主、从动轮的齿顶高系数	h^*_{a1}、h^*_{a2}	$h^*_{a1} = h^*_{a2} = 1$
5	中心距	a	$a = \frac{m}{2}(x'_1 + x'_2)$

（续表）

序号	参数	符号	计算式
6	主动轮每转一周，从动轮完成间歇运动的次数	N	按设计要求确定
7	主、从动轮齿顶压力角	α_{a1} α_{a2}	$\alpha_{a1}=\arccos\dfrac{x'_1\cos\alpha}{x'_1+2}$ $\alpha_{a1}=\arccos\dfrac{x'_2\cos\alpha}{x'_2+2}$
8	从动轮顶圆齿间所对应的中心角	2γ	$2\gamma=\dfrac{\pi}{x'_2}+2(\mathrm{inv}\alpha_{a2}-\mathrm{inv}\alpha)$
9	在一次间歇运动中，从动轮转过角度内所包含的齿距数	x_2	按设计要求确定
10	在一次间歇运动中，主动轮仅有一个齿时，从动轮转过角度内所包含的齿距数	K	按表6-6查取
11	从动轮相邻二锁止弧间的齿槽数，即在一次间歇运动中主动轮齿数	x_1	$x_1=x_2+1-K$
12	在一次间歇运动中，从动轮的转角	δ、δ'	当 $x_1=1$ 时，$\delta=\dfrac{2\pi}{x'_2}K$ 当 $x_1>1$ 时，$\delta'=\dfrac{2\pi}{x'_2}x_2$
13	主动轮末齿齿顶高系数	h^*_{am}	$h^*_{am}=\dfrac{-x'_1+\sqrt{x'^2_1+4L}}{2}$ $L=\dfrac{x'_2(x'_1+x'_2)+2(x'_2+1)-(x'_1+x'_2)(x'_2+2)\cos\delta_2}{2}$ $\delta_2=\dfrac{\pi}{x'_2}K+\gamma$
14	主动轮首齿齿顶高系数	h^*_{as}	$h^*_{as}<h^*_{am}$（当 $x_1=1$ 时，$h^*_{as}=h^*_{am}$）
15	主动轮首齿和末齿的齿顶压力角	α_{ah} α_{am}	$\alpha_{ah}=\arccos\dfrac{x'_1\cos\alpha}{x'_1+2h^*_{as}}$ $\alpha_{am}=\arccos\dfrac{x'_1\cos\alpha}{x'_1+2h^*_{am}}$
16	首齿重合度	ε	$\varepsilon=\dfrac{x'_1}{2\pi}(\tan\alpha_{as}-\tan\alpha)+\dfrac{x'_2}{2\pi}(\tan\alpha_{a_2}-\tan\alpha)>1$
17	锁止弧半径	R	$R=\dfrac{m}{2}\sqrt{(x'_2+z)^2+(x'_1+x'_2)^2-(x'_2+2)(x'_1+x'_2)\cos\left(\dfrac{\theta}{2}-\Delta\theta\right)}$ $\theta=\delta-2\gamma$ $\Delta\theta=\dfrac{1}{x'_2+2}(\Delta s=0.5m)$

(续表)

序号	参数	符号	计算式
18	主动轮齿顶圆半径	r_{a1}	$r_{a1}=m(x'_1+2h^*_{a1})/2$
19	主动轮首齿顶圆半径	r_{ss1}	$r_{ss1}=m(x'_1+2h^*_{as})/2$
20	主动轮末齿顶圆半径	r_{sm1}	$r_{sm1}=m(x'_1+2h^*_{am})/2$
21	从动轮齿顶圆半径	r_{a2}	$r_{a2}=m(x'_2+2h^*_{a2})/2$
22	主动轮首、末两齿中心线间夹角	ψ	$\psi=2\pi(x_1-1)/x'_1$
23	过主动轮锁止弧终点 E 的向径 $\overline{O_1E}$ 与首齿中线间的夹角	Q_ε	$Q_\varepsilon=\beta_1+\lambda_1$ $\lambda_1=\dfrac{\pi}{2x'_1}-\mathrm{inv}\,\alpha_{am}+\mathrm{inv}\,\alpha$ β_1 的计算分两种情况： (a) $\dfrac{\theta}{2}>\alpha_{a2}-\alpha$，此时初始啮合点 C 在轮 2 顶圆上 $\beta=\arctan\dfrac{(x'_2+2)\sin\dfrac{\theta}{2}}{(x'_1+x'_2)-(x'_2+2)\cos\dfrac{\theta}{2}}+\psi$ $\psi_1=\mathrm{inv}\,\alpha_{ss}-\mathrm{inv}\,\alpha_{s1}$ $\alpha_{s1}=\arccos\dfrac{mx'_1\cos\alpha}{2r_{a1}}$ $r_{s1}=\dfrac{m}{2}\sqrt{(x'_2+2)^2+(x'_1+x'_2)^2-2(x'_2+2)(x'_1+x'_2)\cos\dfrac{\theta}{2}}$ (b) $\dfrac{\theta}{2}\leqslant\alpha_{a2}-\alpha$，此时初始啮合点 C 在啮合线 XX 上 $\beta_1=(K-0.5)\dfrac{\pi}{x'_1}+\mathrm{inv}\,\alpha_{as}-\mathrm{inv}\,\alpha$
24	过主动轮锁止弧起始点 S 的向径 $\overline{O_1S}$ 与末齿中线间的夹角	Q_s	$Q_s=\beta_2-\lambda_z$ $\lambda_2=\dfrac{\pi}{2x'_1}-\mathrm{inv}\,\alpha_{am}+\mathrm{inv}\,\alpha$ $\beta_2=\arcsin\left(\dfrac{x'_2+2}{x'_2+2h^*_{am}}\sin\delta_2\right)$
25	主动轮的运动角	β、β'	当 $x_1=1$ 时，$\beta=Q_\varepsilon+Q_s$ 当 $x_1>1$ 时，$\beta'=Q_\varepsilon+Q_s+\psi$
26	动停比和运动系数	k、τ	$k=\dfrac{\beta'N}{2\pi-\beta'N}$ 当 $x_1=1$ 时，$\beta'=\beta$，$\tau=\dfrac{\beta'N}{2\pi}$

表 6-6 K 值选取

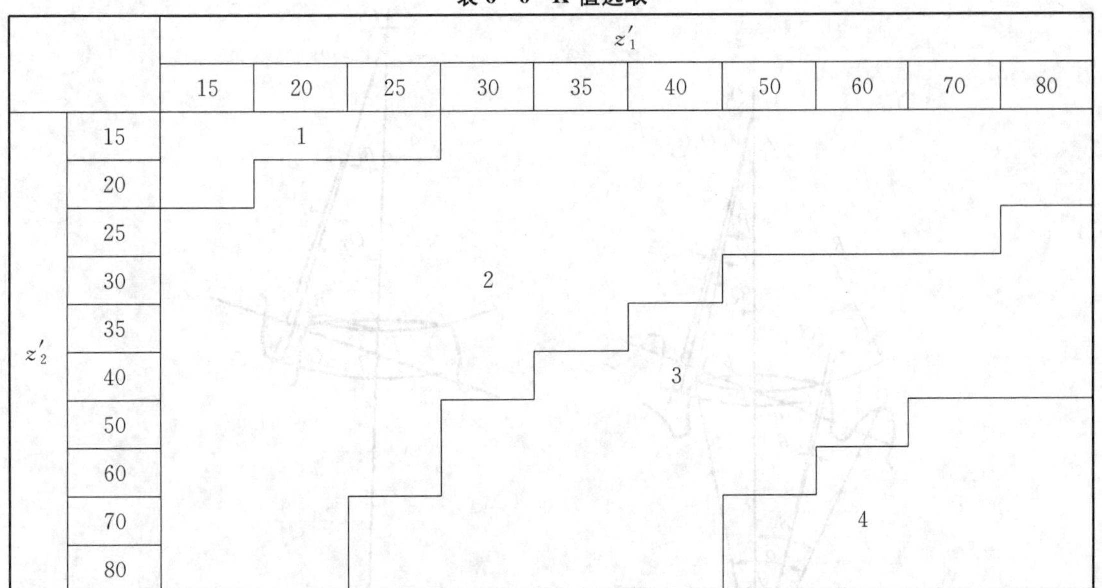

		z'_1									
		15	20	25	30	35	40	50	60	70	80
z'_2	15		1								
	20										
	25										
	30				2						
	35										
	40						3				
	50										
	60										
	70								4		
	80										

不完全齿轮机构的参数计算应考虑以下四个方面：

(1) 动停比 k。从动轮运动时间和静止时间之比称为动停比，动停比应满足设计要求。

(2) 主动轮首末两齿齿高系数 ha_{an}^* 和 ha_{am}^* 的确定。主动轮的中间齿和从动轮的齿顶高与普通齿轮相同，一般取齿顶高系数 $ha_{a1}^*=ha_{a2}^*=1$；但主动轮首、末两齿的齿顶高系数 ha_{an}^* 和 ha_{am}^* 则不同。为了保证从动轮在每次转位前、后都有相同的对称固定位置，从动轮的锁止弧中应包括整数 K 个齿。通常情况下，$ha_{am}^*<1$，但如果 K 取得不合适，ha_{am}^* 可能大于 1。ha_{an}^* 的选取则应避免首齿进入啮合时发生齿定干涉。理论上 $ha_{an}^*=ha_{am}^*$，但考虑到加工精度的影响，一般取 $ha_{an}^*<ha_{am}^*$。

(3) 连续传动条件。因首齿的齿顶高系数 ha_{an}^* 有所减小，为了使首齿齿顶高降低后仍满足连续传动条件，即重合度(实际啮合线 $\overline{B_1B_2}$ 长度和基圆齿距 p_b 之比) $\varepsilon>1$，当首齿离开等速比传动的实际啮合线 $\overline{B_1B_2}$ 上的 B_1 点前，见图 6-18a；第二队齿应进入 B_2 点啮合。

(4) 锁止弧配置问题。主动轮首齿进入啮合时，锁止弧终点 E 应在两轮中心线上，如图 6-18 所示；末齿脱离啮合时，锁止弧起点 S 也应在两轮中心线上，如图 6-19 所示；E 点和 S 点分别与首齿和末齿齿根用过渡曲线(直线或凹弧)相连。为了保证始啮点 C 不致因磨损而变动，一般锁止凹弧两侧留有 $\Delta s=0.5\,\text{m}$ 的齿顶厚。

4) 不完全齿轮结构设计

不完全齿轮的选材和结构设计可以参照齿轮机构设计进行。一个典型的不完全齿轮零件图如图 6-20 所示，其他不完全齿轮结构可以参照图 6-21 进行设计。

5) 不完全齿轮机构零件图和装配图设计

可以利用 AutoCAD、Solidworks、UG、Pro/E 等三维设计元件完成不完全齿轮机构的三维设计，典型的不完全齿轮转位机构装配图如图 6-21 所示。

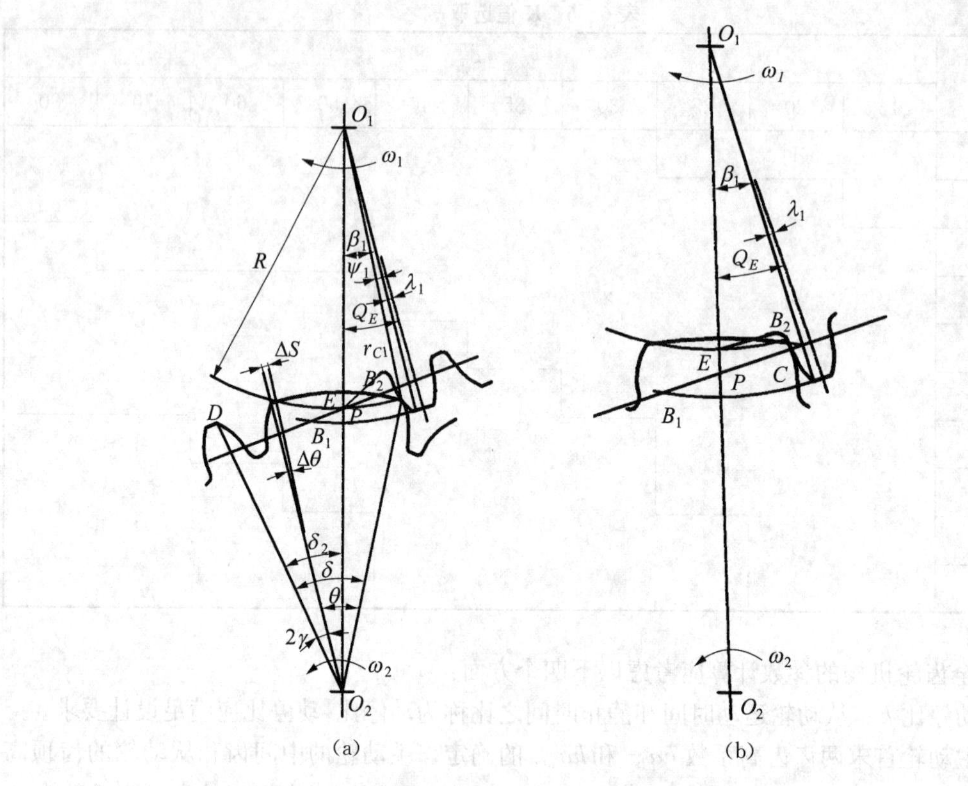

图 6-18 首齿进入啮合位置

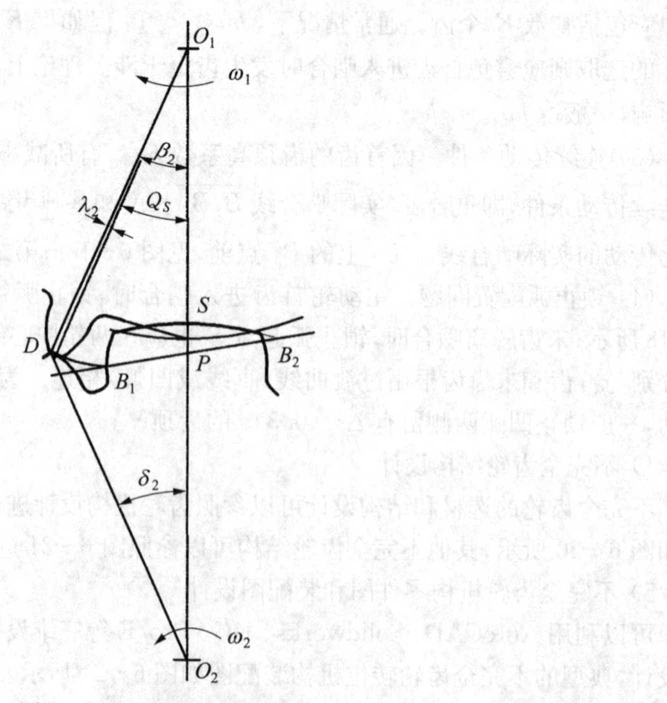

图 6-19 末齿脱离啮合位置

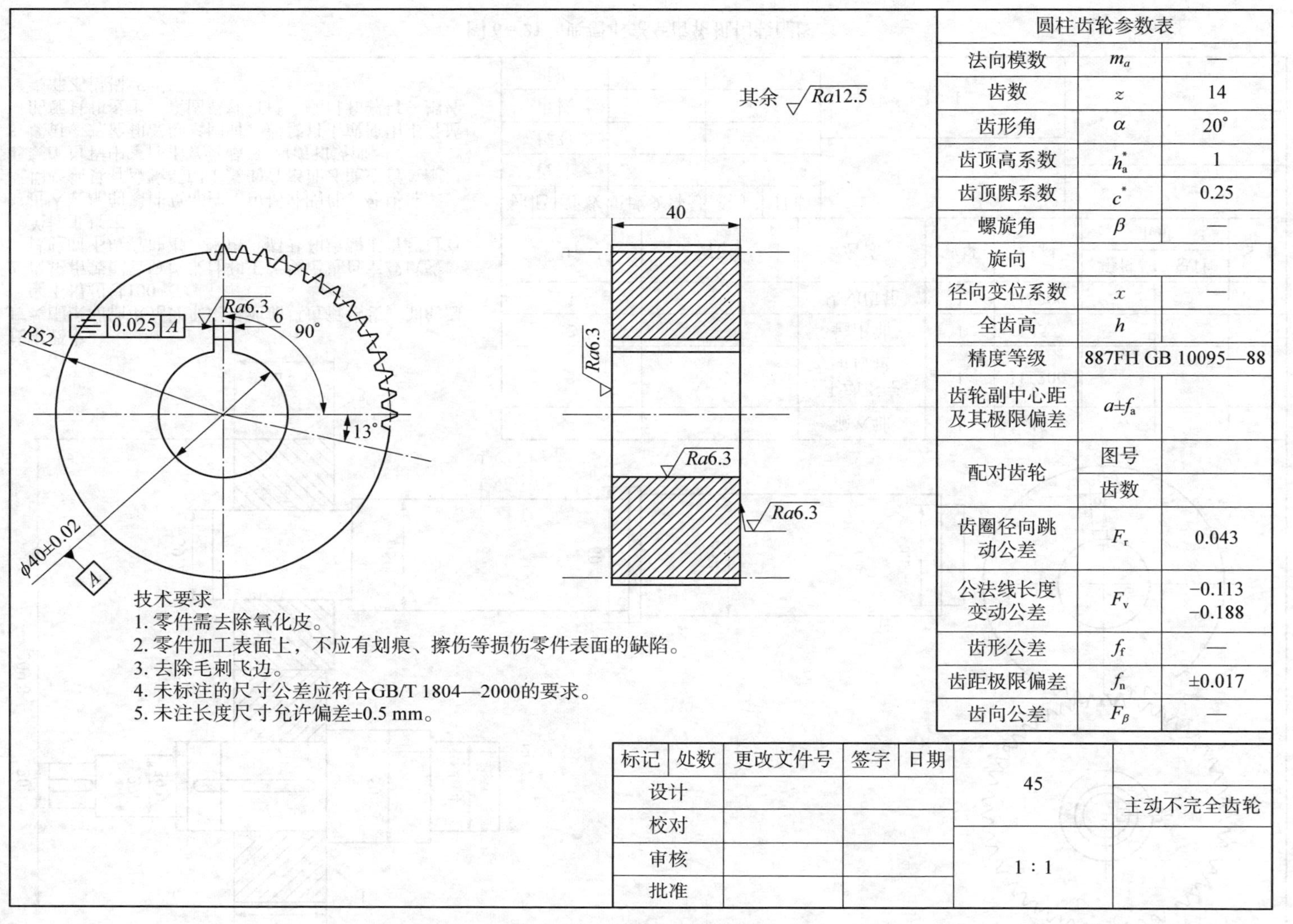

图 6-20 不完全齿轮零件图

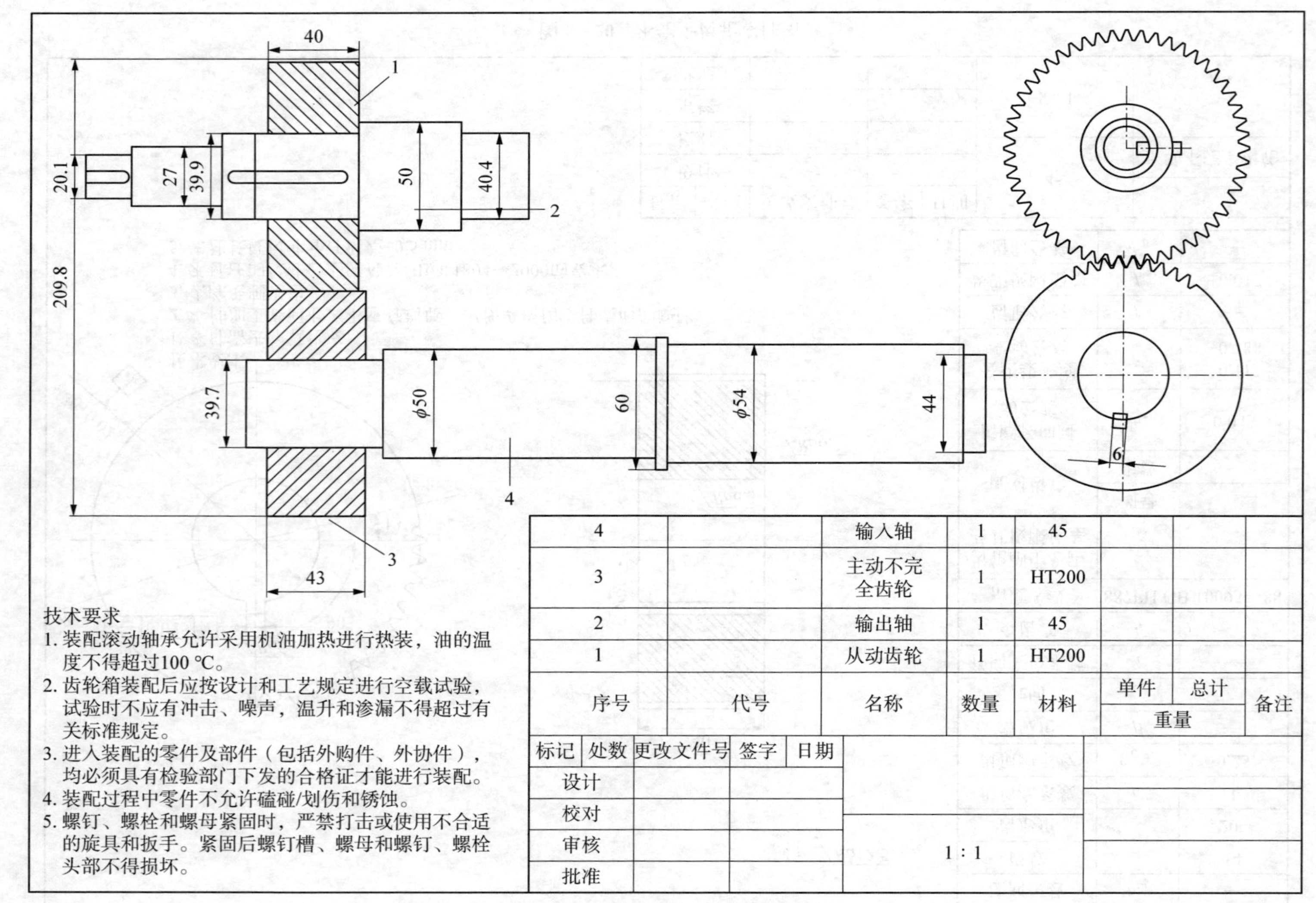

图 6-21　典型不完全齿轮机构装配图

6）电气控制系统设计

不完全齿轮机构电机若选用三相电机，则可以采用按钮接触器双重连锁正反转控制原理，如图 6 - 16 所示，并实现 Y -△启动控制。可以应用 AutoCAD Electrical、Eplan、Elecworks、Eleccalc、SolidWorks Electrical、Promis. e 等电气系统设计软件，参照第 4 章变位机设计中的“电气控制系统设计”进行。

6.1.6 分度凸轮机构转位机构设计

分度凸轮机构也常用于转位机构。常用的分度凸轮机构包括平行分度凸轮机构、圆柱分度凸轮机构和弧面分度凸轮机构，其一典型实物如图 6 - 22 所示。

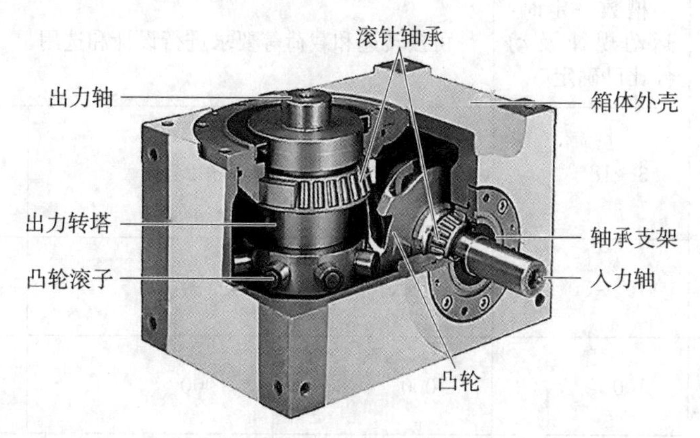

图 6 - 22 凸轮式转位机构

分度凸轮机构一般应用于中、高速场合，为了增加工作平稳性，一般要求在分度期开始和终了时刻，从动盘的角速度 $\omega_2=0$ 和角加速度 $\varepsilon_2=0$；在分度期间，从动盘角速度和角加速度连续变化。

1）确定凸轮转位机构技术参数

按照表 6 - 2 确定凸轮转位机构的技术参数。

2）负载计算

可以参照式(6 - 1)～式(6 - 13)进行。

3）分度凸轮机构的选型

凸轮分度机构包括平行分度凸轮机构、圆柱分度凸轮机构和弧面分度凸轮机构，它们的特点及应用场合见表 6 - 7。

表 6 - 7 三种分度凸轮机构的特点及应用场合

凸轮机构类型	特点及应用场合
平面分度凸轮机构	平面凸轮轮廓面的曲线段驱动分度轮转位，直线段使分度轮静止，具有定位自锁功能，承载能力小；凸轮机构输入轴和从动盘轴线可平行布置
圆柱凸轮机构	圆柱凸轮分割器曲线的运动特性好，传动光滑连续的，振动小，噪声低，传动平稳、承载能力中等；凸轮机构输入轴和从动盘轴线可呈垂直布置
弧面分度凸轮机构	运动准确，无论在分割区还是静止区都能精准定位，且不需要其他锁紧元件；可实现任意确定的动静比和分割数；精度高，工作速度快、扭矩大、体积小；凸轮机构输入轴和从动盘轴线可呈垂直布置

实际应用时,分度凸轮机构的选型可以参照表6-8进行。

表6-8 三种分度凸轮机构选型

机构类型	槽轮机构	共柜分度凸轮机构	弧面分度凸轮机构	圆柱分度凸轮机构
主动件运动形式	转动	转动	转动	转动
主、从动轴线相对位置	两轴线平行	两轴线平行	两轴线垂直交错	两轴线垂直交错
从动件分度期运动规律	槽数一定时,运动规律及动停比已确定	可按转速和载荷等要求进行设计和选用		
从动件分度数(从动件转一周中的停歇次数)	3～18	1～16	3～24	6～24
从动件最高分度精度	15″～30″	15″～30″	10″～20″	15″～30″
主动件最高转速/(r/min)	100	1000	3000	300
适用场合	低速,中、轻载	中、高速,轻载	高速,中、重载	中、低速,中、轻载
制造成本	低	中	高	高
加工设备要求	普通机床	普通数控机床	至少有两个回转坐标的数控机床	至少有一个回转坐标的数控机床

4) 运动规律设计

分度凸轮的运动规律是指从动件(工作台)的运动规律。凸轮运动规律曲线常用的有修正梯形曲线、修正正弦曲线、修正等速曲线三种,主要是根据最大角加速度值来选特征曲线,见表6-9。具体设计时,可以根据从动盘负载大小、运动速度要求、工位数、空间布置要求等确定合适的运动规律。

表6-9 分度凸轮机构常用运动规律

运动规律	用途	最大速度 v_m	最大加速度 a_m	急跳度 J_m	最大扭力系数 Q_m
修正梯形曲线	高速、轻载	2.00	±4.89	±61.4	±1.65
修正正弦曲线	中速、重载	1.76	±5.53	+69.5 −23.2	±0.99
修正等速曲线	低速、重载	1.28	±8.01	+201.4 −67.1	±0.72

5) 凸轮机构的主要运动参数和几何尺寸

以圆柱凸轮分度机构为例,其主要参数和几何尺寸关系如图 6-23 所示。

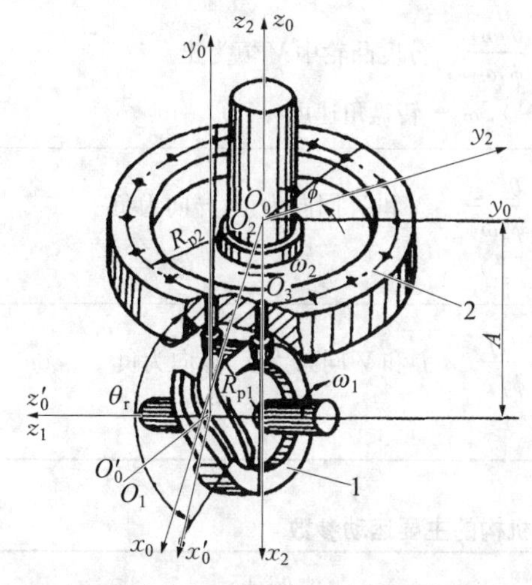

(a) 圆柱分度凸轮机构的坐标系及尺寸

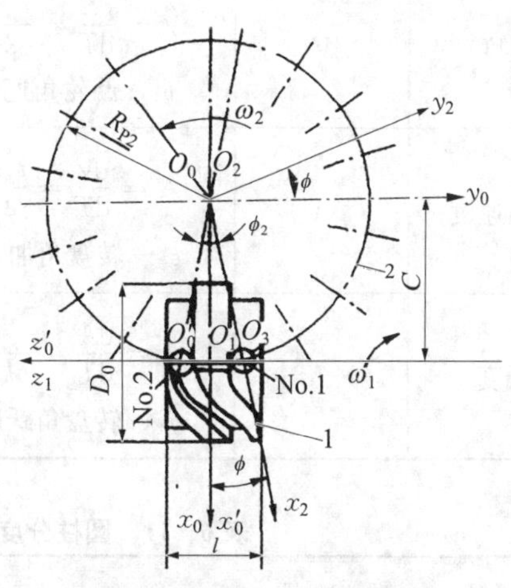

(b) 垂直于转盘轴线的凸轮和转盘俯视图

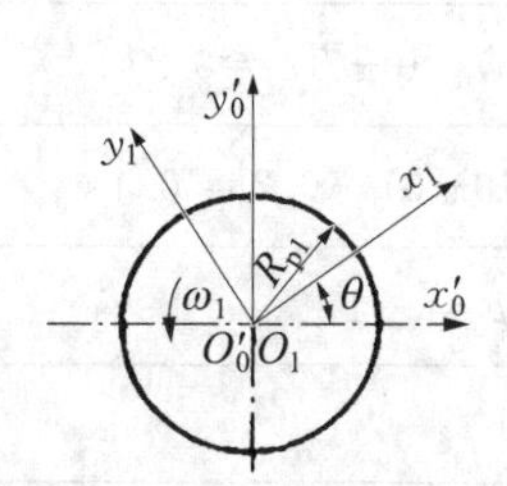

(c) 垂直于凸轮轴线的凸轮节圆柱剖视图

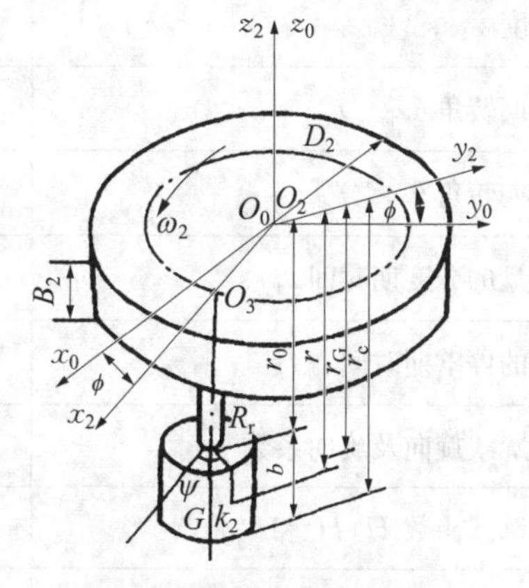

(d) 转盘及圆柱滚子的坐标系及尺寸

图 6-23　圆柱分度凸轮机构主要尺寸

分度凸轮机构主要运动参数的符号及意义见表 6-10,主要运动参数见表 6-11。圆柱凸轮分度机构主要几何参数的确定见表 6-12。

表 6-10　分度凸轮机构主要运动参数的符号及意义

名称	符号	公　式
无量纲时间	T	$T=\frac{t}{t_f}=\frac{\theta}{\theta_f}$ t—转盘转动时间(s);t_f—转盘分度期时间(s);θ—凸轮角位移;θ_f—凸轮分度期转角
无量纲位移	S	$S=\frac{\phi_i}{\phi_f}$　分度凸轮中 S 恒为正 ϕ_i—转盘角位移;ϕ_f—转盘分度期转位角

（续表）

名称	符号	公　式
无量纲速度	V	$V=\frac{dS}{dT}=\frac{t_f\omega_2}{\phi_f}=\frac{\theta_f\omega_2}{\phi_f\omega_1}$　分度凸轮中 V 恒为正 ω_1—凸轮角速度（s^{-1}）；ω_2—转盘角速度（s^{-1}）
无量纲加速度	A	$A=\frac{dV}{dT}=\frac{t_f^2\varepsilon_2}{\phi_f}=\frac{\theta_f^2\varepsilon_2}{\phi_f\omega_1^2}$　A 和 V 同向为正，异向为负 ε_2—转盘角加速度（s^{-2}）
无量纲跃度	J	$J=\frac{dA}{dT}=\frac{t_f^3 j_2}{\phi_f}=\frac{\theta_f^3 j_2}{\phi_f\omega_1^3}$　J 和 V 同向为正，异向为负 j_2—转盘角跃度（s^{-3}）

表 6-11　圆柱分度凸轮机构的主要运动参数

项　　目	实例计算
凸轮角速度 ω_1/s^{-1}	$\omega_1=\pi\times100/30=10\pi/3\ s^{-1}$
凸轮分度期转角 $\theta_f/(°)$	选定 $\theta_f=120°$
凸轮停歇期转角 $\theta_d/(°)$	$\theta_d=360°-120°=240°$
凸轮和转盘的分度期时间 t_f/s	$t_f=(2\pi/3)/(10\pi/3)=0.2\ s$
凸轮和转盘的停歇期时间 t_d/s	$t_d=2\pi/(10\pi/3)-0.2=0.4\ s$
凸轮分度廓线旋向及旋向系数 p	选用右旋，$p=-1$
凸轮分度廓线头数 $H(H=1\sim4)$	选用 $H=1$
转盘分度数 I	按设计要求的工位数选定 $I=16$
转盘滚子数 z	$z=HI=16$
转盘分度期运动规律	选用正弦加速度运动规律，由表 6-9，$v_m=2$，$a_m=6.28$，$J_m=39.5$
转盘分度期转位角 $\phi_f/(°)$	$\phi_f=360°/16=22.5°$
转盘分度期角位移 $\phi_f/(°)$、角速度 ω_2/s^{-1}、角速比 ω_2/ω_1、角加速度 ε_2 和跃度 j_2	计算公式见表 6-10
转盘与凸轮在分度期的最大角速比 $(\omega_2/\omega_1)_{max}$、最大角加速度 ε_{2max}、最大跃度 j_{2max}	$(\omega_2/\omega_1)_{max}=\frac{22.5°}{120°}\times2=0.375$，$\varepsilon_{2max}=61.654\ s^{-2}$ $j_{2max}=1\,938.95\ s^{-3}$
动停比 k，运动系数 τ	$k=\frac{0.2}{0.4}=0.5$，$\tau=\frac{0.2}{0.4+0.2}=\frac{1}{3}$

表 6-12 圆柱分度凸轮机构主要几何尺寸

项 目	计算公式与说明	实例计算
中心距 C		给定 $C=200$
基距 A	A 为凸轮轴线 z_1 到转盘基准端面 $O_2x_2y_2$ 间的垂直距离	选定 $A=180$
许用压力角 $\alpha_p/(°)$	一般 $\alpha_p=30°\sim40°$	取 $\alpha_p=32°$
转盘节圆半径 R_{p2}	$R_{p2}\approx\dfrac{2C}{1+\cos(\phi_r/2)}$	$R_{p2}\approx\dfrac{2\times200}{1+\cos11.25°}=201.94$ 取 $R_{p2}=202$
凸轮节圆半径 R_{p1}	$R_{p1}\geqslant\dfrac{\phi_f v_{max}R_{p2}}{\theta_f\tan\alpha_p}$	$R_{p1}\geqslant\dfrac{22.5°\times2\times200}{120°\tan32°}\geqslant121.22$ 取 $R_{p1}=130$
滚子中心角 $\phi_z/(°)$	$\phi_z=360°/z$	$\phi_z=360°/16=22.5°$
滚子半径 R_r	$R_r=(0.4\sim0.6)R_{p2}\sin(180°/z)$	$R_r=(0.4\sim0.6)\times202\sin11.25°$ $=15.76\sim23.64$ 取 $R_r=15$
滚子宽度 b	$b=(1.0\sim1.4)R_r$	$b=(1.0\sim1.4)\times15=15\sim21$ 取 $b=20$
滚子与凸轮槽底间的间隙 e	$e=(0.2\sim0.4)b$，但 e 至少为 5～10	取 $e=10$
凸轮定位环面径向深度 h	$h=b+e$	$h=20+10=30$
凸轮定位环面的外圆直径 D_o	$D_o=2R_{p1}+b$	$D_o=2\times130+20=280$
凸轮定位环面的内圆直径 D_i	$D_i=D_o-2h$	$D_i=280-2\times30=220$
凸轮宽度 l	$2R_{p2}\sin\left(\dfrac{\phi_f}{2}\right)<l<$ $2R_{p2}\sin\left(\dfrac{\phi_f}{2}\right)+2R_r$	$404\sin11.25°<l<404\sin11.15°+2\times15$ 即 $78.82<l<108.82$ 取 $l=100$
转盘外圆直径 D_2	$D_2\geqslant2(R_{p2}+R_r)$	$D_2\geqslant2\times(202+15)=434$ 取 $D_2=440$
转盘基准端面到滚子宽度中点的轴向距离 r_G	$r_G=A-R_{p1}$	$r_G=180-130=50$
转盘基准端面到滚子上端面的轴向距离 r_O	$r_O=r_G-(b/2)$	$r_O=50-(20/2)=40$
转盘基准端面到滚子下端面的轴向距离 r_e	$r_e=r_G+(b/2)$	$r_e=50+(20/2)=60$

圆柱分度凸轮机构的结构如图 6-24 所示。

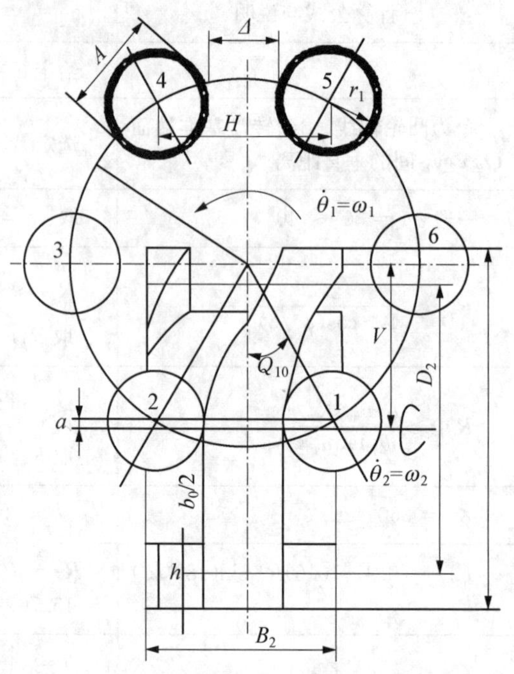

图 6-24 圆柱分度凸轮机构的结构示意图

在进行圆柱分度凸轮机构设计时,应注意以下问题:

(1) 度数 n 和分度角 Q_h。分度数 n 的大小是由定位要求确定,这种形式的分度机构一般适合于 $n=6\sim60$ 的情况。n 太小时压力角太大传动特性很差;n 过大时,结构很复杂,分度盘尺寸过大,转动惯量限制其不能高速运转或消耗功率过大。n 确定之后,分度盘的分度角则为

$$Q_h=\frac{360^\circ}{n} \tag{6-24}$$

(2) 分度盘直径。分度盘的直径与机构的外形尺寸和分度数有关。从图 6-24 可见,从动滚子之间的距离 H 应大于工作机构的最大外形尺寸 A。留一定空隙的 σ,一般取 $\sigma=10\,\text{mm}\sim20\,\text{mm}$,于是从动盘滚子中心的节圆半径可用下式计算:

$$l=\frac{H}{2\sin\frac{\pi}{n}}=\frac{A+\sigma}{2\sin\frac{\pi}{n}} \tag{6-25}$$

(3) 滚子尺寸。滚子半径 r_1 和宽带 b_1 通常取为

$$\left.\begin{aligned}r_1&=(0.25\sim0.3)H\\b_1&=(0.8\sim1.2)r_1\end{aligned}\right\} \tag{6-26}$$

(4) 凸轮尺寸。其确定原则是在保证接触应力最大值小于许用应力的前提下尽可能紧凑一些。根据压力角计算公式可推出圆柱凸轮的基圆直径 D_2 可由下式算出

$$D_2 = \frac{2Hv_m}{Q_h \tan\alpha_m} \tag{6-27}$$

式中，v_m 为最大无因次速度；α_m 为最大压力角。

圆柱凸轮的外径 D_{2e} 为

$$D_{2e} = D_2 + b_0 \tag{6-28}$$

式中，b_0 为滚子宽度。

凸轮槽深度 h 一般应略大于滚子宽度 b_0。在确定凸轮体宽度 B_2 时为了保证分度运动时的连续性，应有适当的啮合重叠段为宜。在图 6-27 所示机构中，B_2 的取值范围为

$$2(l - r_1) > B_2 > H \tag{6-29}$$

(5) 中心距。为凸轮中心线与分度盘中心线之间的距离。可以用下式求得：

$$c = l\cos\frac{\pi}{n} \pm a \tag{6-30}$$

式中，a 为凸轮中心线偏离滚子起始与终止位置中心连线的距离，一般 $a=0$。

凸轮中心线与分度盘基准面的距离取决于凸轮体外径 D_{2e}、滚子销轴向尺寸和分度盘厚度等结构参数的选取应尽量使凸轮外缘靠近分度盘底面以减少滚子销轴的悬臂分度。

(6) 结构形式。主要有三种：凸脊定位、偏凸脊定位和槽定位。由于凸脊定位精度高，所以凸脊定位形式较常见。

(7) 凸轮的动程角与动静比。由于分度凸轮主要功能就是实现间歇运动，因此对动静比的要求就非常严格，对动程角也有一定要求。动程角的大小是由工作要求提出的。但是通常希望动静比 $k = t_d/t_j$，小一些为好。这里的 t_d 与 t_j 为每个分度周期中的转位分度时间与停歇时间，k 越小则在每个分度周期内停歇供工作机构操作的时间越长，非操作的转位时间越短，因而生产效率较高。t_d 与 t_j 由凸轮轮廓的动程角 Q_h 与停歇角 $(360° - \theta_h)$ 决定，即

$$k = \frac{t_d}{t_j} = \frac{\theta_h}{2\pi - \theta_h} \tag{6-31}$$

(8) 从动件运动规律。一般可供选择从动件(工作台)的运动规律曲线有：修正正弦曲线、修正梯形曲线和修正等速曲线等。由于修正正弦曲线通用性强，适用于中速的情况(重、轻载皆宜)，特别是负载情况不明时用该曲线最为可靠。因此，目前多选用修正正弦曲线作为凸轮曲线。

当取加速段无量纲时间 $T_a = 1/8$ 时，特性值 $A_m = 1.76$、$J_m = 69.5$，综合性能很好，则无量纲速度幅值 V_a、无量纲加速段位移 S_a、无量纲减速段位移 S_b 分别为

$$\left.\begin{aligned}
T_a &= \frac{1}{8} \\
A_m &= \frac{1}{\dfrac{2T_a}{\pi} + \dfrac{2 - 8T_a}{\pi^2}} \\
V_a &= \frac{2T_a A_m}{\pi} \\
S_a &= \frac{2T_a^2 A_m}{\pi} - \frac{4T_a^2 A_m}{\pi^2} \\
S_b &= 1 - S_a
\end{aligned}\right\} \tag{6-32}$$

位移式为

区间Ⅰ（$0 \leqslant T \leqslant T_a$）：

$$S = \frac{2T_a A_m}{\pi} T - \frac{4T_a^2 A_m}{\pi^2} \sin \frac{\pi T}{2T_a} \tag{6-33}$$

区间Ⅱ（$T_a < T \leqslant 1 - T_a$）：

$$S = \frac{(1-2T_a)^2 A_m}{\pi^2}\left[1 - \cos \frac{\pi(T-T_a)}{1-2T_a}\right] + V_a(T-T_a) + S_a \tag{6-34}$$

区间Ⅲ（$1 - T_a < T \leqslant 1$）：

$$S = \frac{4T_a^2 A_m}{\pi^2}\left[\cos \frac{\pi(T-1+T_a)}{2T_a} - 1\right] + V_a(T-1+T_a) + S_b \tag{6-35}$$

6）凸轮工作轮廓设计

以圆柱分度凸轮机构为例，凸轮工作轮廓设计计算可参照表 6-13 进行。

表 6-13　圆柱分度凸轮工作轮廓的设计计算

步　骤	公式和方法
选取坐标系	选取四套右手直角坐标系，见图 6-24
转盘滚子圆柱面在动标系 $O_2x_2y_2$ 中的方程式	$x_2 = R_{p2} + R_r \cos\Psi$，$y_2 = R_r \sin\Psi$，$z_2 = -r$ 式中，r、Ψ 为滚子圆柱形工作面的方程参数
凸轮与滚子的共轭接触方程式	$\tan\Psi = p\left[\dfrac{R_{p2}}{(A-r)\cos\phi}\left(\dfrac{\omega_2}{\omega_1}\right) - \tan\phi\right]$ 式中，ϕ 为滚子的位置角
凸轮工作轮廓在动标系 $O_1x_1y_1$ 中的方程式	$x_1 = (x_2\cos\phi + py_2\sin\phi - C)\cos\theta + (z_2 + A)\sin\theta$ $y_1 = (-x_2\cos\phi - py_2\sin\phi + C)\sin\theta + (z_2 + A)\cos\theta$ $z_1 = px_2\sin\phi - y_2\cos\phi$
求解凸轮工作轮廓的三维坐标值	凸轮工作轮廓的三维坐标是上述三组非线性方程的联立求解，用 CAD 求其数值解。但滚子位置角 ϕ 为 $\phi = \phi_0 - p\phi_i$ 图 6-24 所示情况，各个滚子的起始位置角 ϕ_0 按下表求得： 滚子代号：No. 1 / No. 2 / No. 3 ϕ_0：$-p\phi_z/2$ / $p\phi_z/2$ / $3p\phi_z/2$

7）圆柱分度凸轮机构主要零件的材料、技术要求及结构设计要求

圆柱分度凸轮机构主要零件的材料、技术要求与弧面分度凸轮相同，其结构设计要求包括：①应保证转盘轴线与凸轮轴线垂直交错；②转盘轴线应位于凸轮定位环面的对称平面上，以保证凸轮定位环面与左右两侧滚子接触良好；在结构上应考虑在装配时能调整凸轮的轴向位置；③滚子与凸轮定位环面的啮合间隙一般采用 IT6 或 IT7，例如 H7/6；④转盘在结构上应

设计成在安装时能进行轴向调整,如各滚子在转盘上的轴向位置一致性要求较高时,应设计成可使每个滚子都能分别做轴向位置调整。

(1) 凸轮与轴的连接方式。具体如图 6-25 所示。

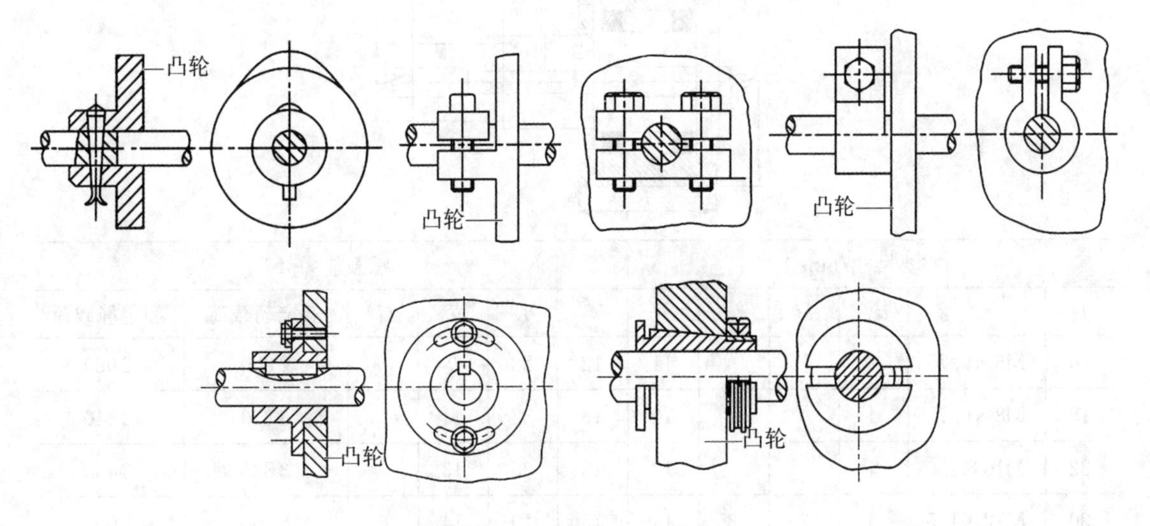

图 6-25 凸轮与轴的连接方式

(2) 滚子结构。具体如图 6-26 所示。

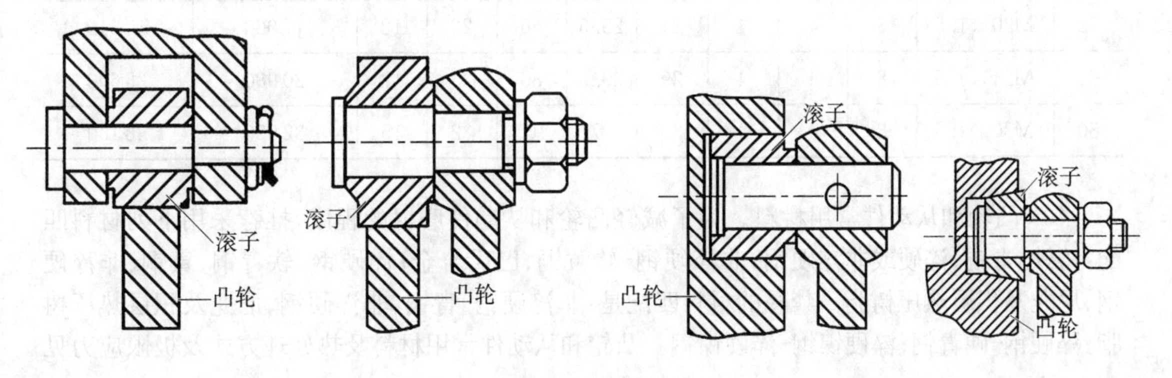

(a) 用滑动轴承做滚子

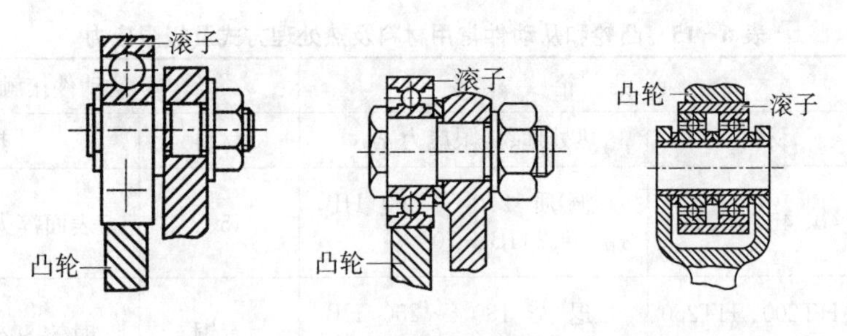

(b) 用滚动轴承做滚子

图 6-26 滚子的结构

滚子尺寸确定可以参照表 6-14 进行。

表 6-14 滚子尺寸确定

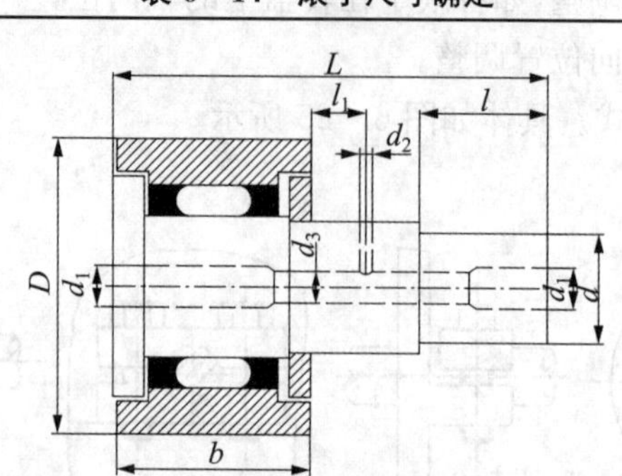

主要尺寸/mm						承载能力/N					
D	d	d_1	d_2	d_3	b	b_1	L	l	l_1	额定动载荷	额定静载荷
16	M6×0.75	3			11	12	28	9		2 650	2 060
19	M8×0.75	4			12	13	32	11		3 330	2 840
22	M10×1.0	4			12	13	36	13		3 820	3 430
30	M12×1.5	6	3	3	14	15	40	14	6	5 590	5 000
35	M16×1.5	6	3	3	18	19.5	52	18	8	8 530	8 630
40	M18×1.5	6	3	3	20	21.5	58	20	10	12 360	14 020
52	M20×1.5	8	4	4	24	25.5	66	22	12	17 060	19 510
62	M24×1.5	8	4	4	29	30.5	80	25	12	20 980	25 690
80	M30×1.5	8	4	4	35	37	100	32	15	32 950	38 150

(3) 凸轮和从动件常用材料。为了减轻凸轮和从动件磨损的程度，推荐采用下列材料匹配：铸铁-青铜、淬硬或非淬硬钢；非淬硬钢-软黄铜、巴氏合金；淬硬钢-软青铜、黄铜、非淬硬钢、尼龙及积层热压树脂。禁忌的材料匹配是：非淬硬钢-青铜、非淬硬钢、尼龙及积层热压树脂；淬硬钢-硬青钢；淬硬镍钢-淬硬镍钢。凸轮和从动件常用材料及热处理方式及极限应力见表 6-15。

表 6-15 凸轮和从动件常用材料及热处理方式及极限应力

工作条件	凸　轮		从动件接触处	
	材料	热处理、极限应力 σ_{HO}	材料	热处理
低速轻载	40、45、50Cr	调质 220 ~ 260 HB，$\sigma_{HO}=2\,\text{HB}+70$	45Cr	表面淬火 40~45 HRC
	HT200、HT250、HT300 合金铸铁	退火 180 ~ 250 HB，$\sigma_{HO}=2\,\text{HB}$	青铜	时效 80~120 HBW
	QT500—7 QT600—3	正火 200 ~ 300 HB，$\sigma_{HO}=2.4\,\text{HB}$	软、硬黄铜	退火 55~90 HBW 140~160 HBW

（续表）

工作条件	凸　轮		从动件接触处	
	材料	热处理、极限应力 σ_{HO}	材料	热处理
中速中载	45Cr	表面淬火 40～45 HRC、$\sigma_{HO}=17\,\text{HBC}+200$	尼龙	积层热压树脂吸撅振及降噪效果好
	45、40Cr	高频淬火 52～58 HRC，$\sigma_{HO}=17\,\text{HBC}+200$	20Cr	渗碳淬火，渗碳层 0.8～1 mm，55～60 HRC
	15、20、20Cr 20CrMnTi	渗碳淬火，渗碳层深 0.8～1.5 mm，56～62 HRC，$\sigma_{HO}=23\,\text{HBC}$		
高速重载或靠模凸轮	40Cr	高频淬火，表面 56～60 HRC 心部 45～50 HRC，$\sigma_{HO}=17\,\text{HB}+200$	GCr15 T8 T10 T12	淬火 58～62 HRC
	38CrMoAl、35CrAl	氮化、表面硬度 700～900 HV（60～67 HRC），$\sigma_{HO}=1\,050$		

（4）凸轮机构强度计算。凸轮机构最常见的失效形式是磨损，当受力较大，或带有冲击，或凸轮转速较高时，可能发生疲劳点蚀，此时需要做接触强度校核。接触应力的大小与从动件形状和接触位置不同而变化。接触强度的校核公式见表 6－16。

表 6－16　凸轮与滚子接触强度校核

滚子从动件盘形凸轮	平底从动件盘形凸轮
$\sigma_H = Z_E\sqrt{\dfrac{F}{b\rho}} \leqslant \sigma_{HP}$	$\sigma_H = Z_E\sqrt{\dfrac{F}{2b\rho_1}} \leqslant \sigma_{HP}$

注：F 为凸轮与从动件在接触处的法向力(N)；b 为以轮与从动件的接触宽度(mm)；ρ 为综合曲率半径(mm)，$\rho=\dfrac{\rho_1\rho_2}{\rho_2\pm\rho_1}$；两个外凸面接触时用"＋"，外凸与内凹接触时用"－"；ρ_1 为凸轮轮廓在接触处的曲率半径(mm)；ρ_2 为从动件在接触处的曲率半径(mm)；Z_E 为综合弹性系数($\sqrt{\text{N/mm}^2}$)，$Z_E=0.418\sqrt{\dfrac{2E_1E_2}{E_1+E_2}}$；$E_1$、$E_2$ 为分别为凸轮和从动件接触处材料的弹性模量(N/mm^2)，钢对钢的 $Z_E=189.8$，钢对铸铁的、镧对铁的 $Z_E=165.4$，钢对球墨铸铁的 $Z_E=181.3$；σ_{HP} 为接触许用应力，$\sigma_{HP}=\sigma_{HO}Z_R\sqrt[6]{N_O/N}/S_H$，$\sigma_{HO}$ 为材料许用接触应力，可以查阅材料性能手册确定。$N=60nT$；Z_R 为表面粗糙值，低时取大值，0.95～1；n 为凸轮转速(r/min)；T 为凸轮预期寿命(h)；N_0 为系数，对 HT 硬化处理的表面 $N_0=2\times10^6$，其他材料 $N_0=10^5$；S_H 为安全系数，$S_H=1.1\sim1.2$。

（5）凸轮精度。根据凸轮精度可选定凸轮的公差和表面粗糙度，见表 6－17。

表 6 - 17 凸轮的公差和表面粗糙度

凸轮精度	极限偏差				表面粗糙度	
	向径/mm	极角	基准孔	凸轮槽宽	凸轮工作廓面	凸轮槽壁
高精度	±(0.05～0.1)	±(10′～20′)	H7	H8(H7)	0.2～0.4	0.4～0.8
一般精度	±(0.1～0.2)	±(30′～40′)	H7(H8)	H8	0.8～1.6	1.6
低精度	±(0.2～0.5)	±1°	H8	H8、H9	1.6～3.2	1.6～3.2

8) 凸轮工作图设计

凸轮工作图的设计要注意以下几点：

(1) 标有凸轮理论轮廓或工作轮廓尺寸。盘形凸轮是以极坐标形式标出或列表给出，圆柱凸轮是在其外圆柱的展开图上以直角坐标形式标出，也可列表给出，示意效果如图 6 - 27 所示。

(2) 对于滚子从动件凸轮，其理论轮廓比较准确，一般都在理论轮廓上标出其向径和极角。

(3) 凸轮的公差和表面粗糙度应有适当的要求。

当凸轮的向径在 500 mm 以下时，可参考表 6 - 14 选取。为了保证从动件与凸轮轮廓接触良好，对凸轮工作表面与轴线间的平行度、端面和轴线的垂直度等都应提出具体要求。

弧面分度凸轮机构的设计，可以参考《机械设计手册》。

9) 凸轮机构装配图设计

可以利用 AutoCAD、SolidWorks、UG、Pro/E 等三维设计元件完成凸轮转位机构三维设计。

10) 电气控制系统设计

凸轮机构可以选用普通交流电机驱动，凸轮机构电机若选用三相电机，则可以采用按钮接触器双重连锁正反转控制原理，如图 6 - 16 所示，并实现 Y-△启动控制。可以应用 AutoCAD Electrical，Eplan，Elecworks，Eleccalc，SolidWorks Electrical、Promis. e 等电气系统设计软件，参照第 4 章变位机设计中的“电气控制系统设计”进行。

6.1.7 蜗杆蜗轮转位机构设计

间歇转位机构也可以利用齿轮机构实现，经常使用的是蜗轮蜗杆转位机构(图 6 - 28、图 6 - 29)，可利用伺服电机或步进电机驱动蜗杆蜗轮转位机构，从而实现精确转位。

在高精度连续分度装置中常采用包络蜗杆正齿轮分度副或包络蜗杆尖齿轮分度副。包络蜗杆的材料一般为青铜，它能在使用中磨合，并有吸收法向齿形误差作用。蜗轮蜗杆分度副的典型特点是能自锁。

蜗杆蜗轮转位机构充分利用了蜗杆蜗轮传动具有的传动比大、结构紧凑、传动平稳、噪声小、有自锁性等特点。

由上述特点可知：蜗杆传动适用于传动比大，传递功率不大，两轴空间交错的分度场合。

1) 确定齿轮转位机构技术参数

按表 6 - 2 确定蜗杆转位机构技术参数。

2) 蜗杆蜗轮分度机构机械传动方案设计

采用步进电机＋蜗轮蜗杆传动＋工作台或伺服电机＋蜗轮蜗杆传动＋工作台的传动方式，其中工作台与蜗轮固定连接。

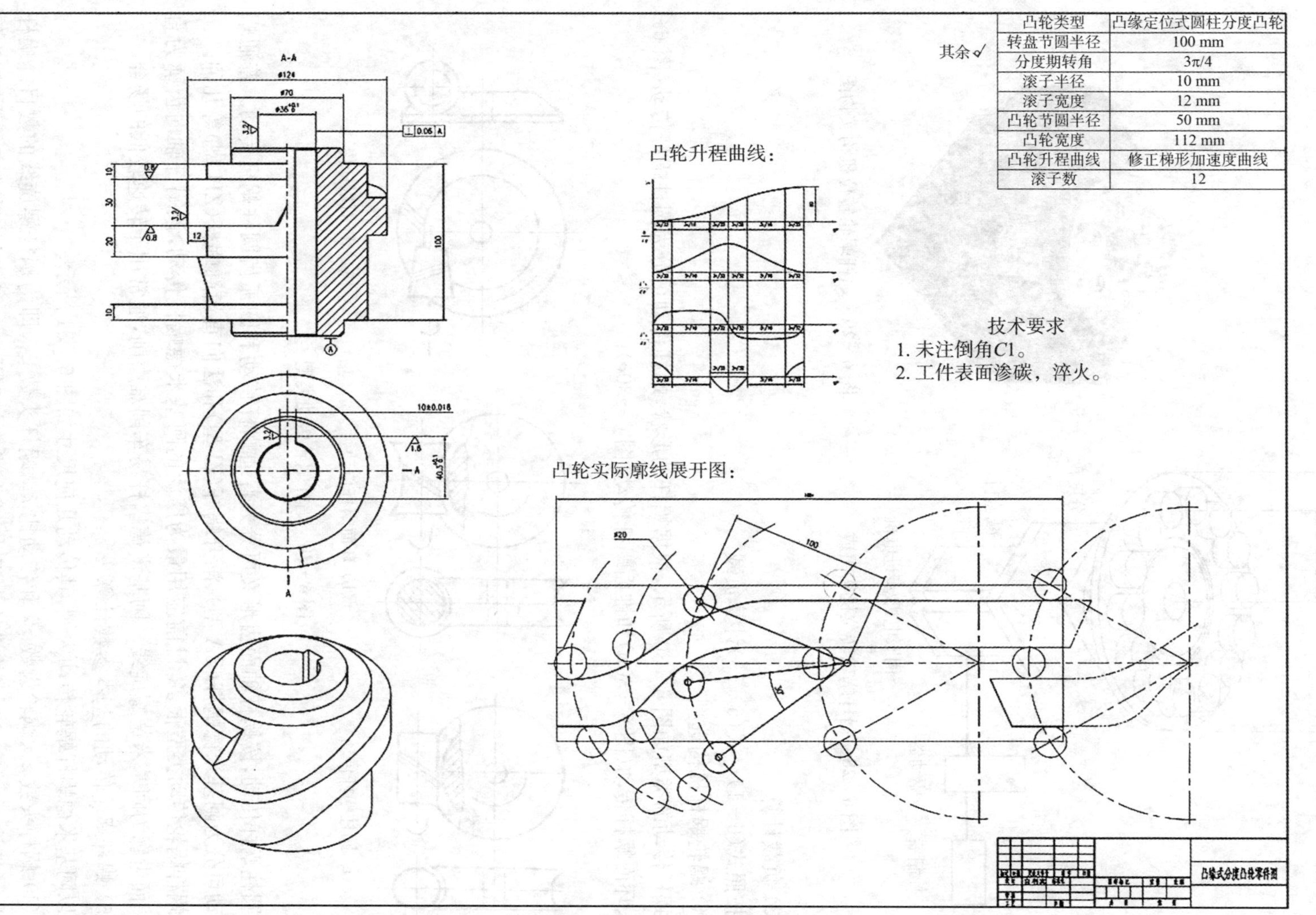

图 6－27　圆柱凸轮工作示意图

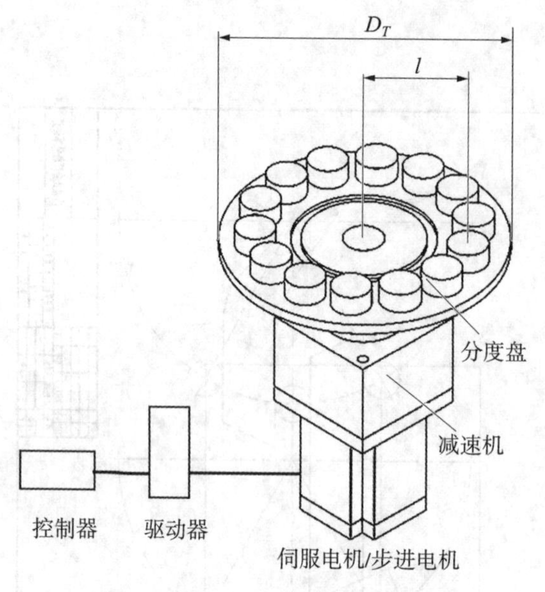

图 6-28 蜗杆蜗轮转位机构组成

图 6-29 蜗杆蜗轮转位机构实物图

3) 负载计算

按照式(6-1)~式(6-13)计算负载。

4) 蜗轮蜗杆机构选型

蜗杆传动的类型如图 6-30 所示,根据蜗杆的形状,蜗杆传动可分为圆柱蜗杆传动(图 6-30a)、环面蜗杆传动(图 6-30b)和锥面蜗杆传动(图 6-30c)。

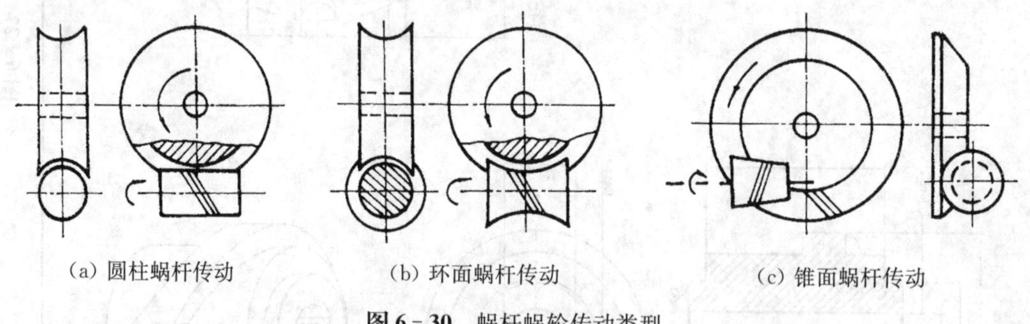

图 6-30 蜗杆蜗轮传动类型

圆柱蜗杆传动,按蜗杆轴面齿形又可分为普通蜗杆传动和圆弧齿圆柱蜗杆传动。普通蜗杆传动可分为阿基米德蜗杆(ZA 型)、渐开蜗杆(ZI 型)和法向直齿廓蜗杆(ZH 型)等几种。

蜗杆蜗轮传动类型很多,目前应用最为广泛的阿基米德蜗杆传动,该蜗杆轴向齿廓为直线,端面齿廓为阿基米德螺旋线。阿基米德蜗杆易车削难磨削,通常用于转速较低的场合。

5) 蜗杆蜗轮传动的基本参数计算

以阿基米德蜗杆蜗轮传动为例,其传动几何尺寸如图 6-31 所示。

(1) 蜗杆头数 z_1、蜗轮齿数 z_2 和传动比 i。蜗杆头数 z_1,即为蜗杆螺旋线的数目。蜗杆的头数一般取 $z_1=1\sim6$。当传动比大于 40 或要求自锁时取 $z_1=1$;当传动功率较大时,为提高传动效率取较大值,但蜗杆头数过多,加工精度难于保证。蜗轮的齿数一般取 $z_2=27\sim80$。z_2 过少将产生根切;z_2 过大,蜗轮直径增大,与之相应的蜗杆长度增加,刚度减小。

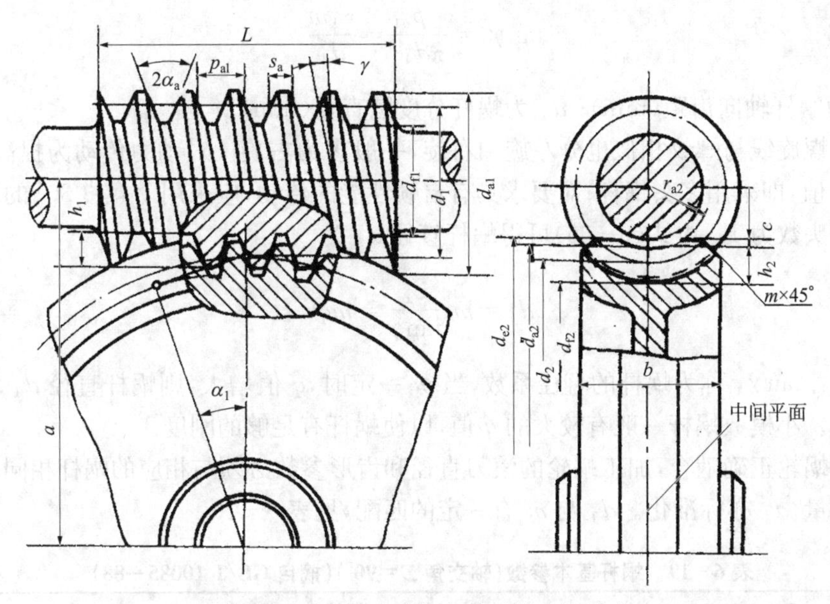

图6-31 阿基米德蜗杆传动的几何尺寸

蜗杆传动的传动比 i 等于蜗杆与蜗轮转速之比。当蜗杆回转一周时,蜗轮被蜗杆推动转过 z_1 个齿(或 z_1/z_2 周),因此传动比为

$$i=\frac{n_1}{n_2}=\frac{z_2}{z_1} \tag{6-36}$$

式中,n_1 为蜗杆转速(r/min),n_2 为蜗轮的转速(r/min)。

在蜗杆传动设计中,传动比的公称值按下列数值选取:5、7.5、10、12.5、15、20、25、30、40、50、60、70、80。其中10、20、40、80为基本传动比,应优先选用。z_1、z_2 可根据传动比 i 按表6-18选取。

表6-18 z_1 和 z_2 的推荐值

传动比 i	7～8	9～13	14～24	25～27	28～40	>40
蜗杆头数 z_1	4	3～4	2～3	2～3	1～2	1
蜗轮齿数 z_2	28～32	27～52	28～72	50～81	28～80	>40

(2) 模数 m 和压力角 α。由于蜗杆传动在主平面内相当于渐开线齿轮与齿条的啮合,而主平面是蜗杆的轴向平面又是蜗轮的端面(图6-37),与齿轮传动相同,为保证轮齿的正确啮合,蜗杆的轴向模数 m_{a1} 应等于蜗轮的端面模数 m_{t2};蜗杆的轴向压力角 α_{a1} 应等于蜗轮的端面压力角 α_{t2};蜗杆分度圆导程角 γ 应等于蜗轮分度圆螺旋角 β,且两者螺旋方向相同。可得

$$\left.\begin{aligned} m_{a1}&=m_{t2}=m \\ \alpha_{a1}&=\alpha_{t2}=\alpha \\ \gamma&=\beta \end{aligned}\right\} \tag{6-37}$$

(3) 蜗杆的分度圆直径 d_1 和导程角 β。将蜗杆分度圆柱展开,其螺旋线与端平面的夹角 γ 称为蜗杆的导程角。可得

$$\tan\gamma = \frac{z_1 p_{a1}}{\pi d_1} = \frac{z_1 m}{d_1} \tag{6-38}$$

式中，p_{a1} 为蜗杆轴向齿距(mm)；d_1 为蜗杆分度圆直径(mm)。

蜗杆的螺旋线与螺纹相似也分左旋和右旋，一般多为右旋。对动力传动为提高效率应采用较大的 γ 值，即采用多头蜗杆；对要求具有自锁性能的传动，应采用 $\gamma < 3°30''$ 的蜗杆传动，此时蜗杆的头数为 1。由式(6-36)可得蜗杆直径 d_1 为

$$d_1 = m\frac{z_1}{\tan\gamma} = mq \tag{6-39}$$

式中，$q = z_1/\tan\gamma$，称为蜗杆的直径系数，当 m 一定时，q 值增大，则蜗杆直径 d_1 增大，蜗杆的刚度提高。小模数蜗杆一般有较大的 q 值，以使蜗杆有足够的刚度。

蜗杆与蜗轮正确啮合，加工蜗轮的滚刀直径和齿形参数必须与相应的蜗杆相同，为限制蜗轮滚刀的数量，d_1 亦标准化。d_1 与 m 有一定的匹配，见表 6-19。

表 6-19　蜗杆基本参数(轴交角 $\Sigma = 90°$)(摘自 GB/T 10085—88)

模数 m/mm	分度圆直径 d_1/mm	蜗杆头数 z_1	直径系数 q	m^2d_1/mm^3	模数 m/mm	分度圆直径 d_1/mm	蜗杆头数 z_1	直径系数 q	m^2d_1/mm^3
1	18	1	18.000	18	4	(50)	1，2，4	12.500	800
1.25	20	1	16.000	31.25		71	1	17.750	1136
	22.4	1	17.920	35	5	(40)	1，2，4	8.000	1000
1.6	20	1，2，4	12.500	51.2		50	1，2，4，6	10.000	1250
	28	1	17.500	71.68		(63)	1，2，4	12.600	1575
2	(18)	1，2，4	9.000	72		90	1	18.000	2250
	22.4	1，2，4，6	11.200	89.6	6.3	(50)	1，2，4	7.936	1985
	(28)	1，2，4	14.000	112		63	1，2，4，6	10.000	2500
	35.5	1	17.750	142		(80)	1，2，4	12.698	3175
2.5	(22.4)	1，2，4	8.960	140		112	1	17.778	4445
	28	1，2，4，6	11.200	175	8	(63)	1，2，4	7.875	4032
	(35.5)	1，2，4	14.200	221.9		80	1，2，4，6	10.000	5376
	45	1	18.000	281		(100)	1，2，4	12.500	6400
3.15	(28)	1，2，4	8.889	278		140	1	17.500	8960
	35.5	1，2，4，6	11.27	352	10	(71)	1，2，4	7.100	7100
	45	1，2，4	14.286	447.5		90	1，2，4，6	9.000	9000
	56	1	17.778	556		(112)	1，2，4	11.200	11200
4	(31.5)	1，2，4	7.875	504		160	1	16.000	16000
	40	1，2，4，6	10.000	640	12.5	(90)	1，2，4	7.200	14062

（续表）

模数 m/mm	分度圆直径 d_1/mm	蜗杆头数 z_1	直径系数 q	m^2d_1/mm^3
12.5	112	1，2，4	8.960	17500
	(140)	1，2，4	11.200	21875
	200	1	16.000	31250
16	(112)	1，2，4	7.000	28672
	140	1，2，4	8.750	35840
	(180)	1，2，4	11.250	46080
	250	1	15.625	64000
20	(140)	1，2，4	7.000	56000

模数 m/mm	分度圆直径 d_1/mm	蜗杆头数 z_1	直径系数 q	m^2d_1/mm^3
20	160	1，2，4	8.000	64000
	(224)	1，2，4	11.200	89600
	315	1	15.750	126000
25	(180)	1，2，4	7.200	112500
	200	1，2，4	8.000	125000
	(280)	1，2，4	11.200	175000
	400	1	16.000	250000

注：①表中模数和分度圆直径仅列出了第一系列的较常用数据；②括号内的数字尽可能不用，因为它们不是优先系列。

(4) 中心距 a。蜗杆传动中，当蜗杆节圆与蜗轮分度圆重合时称为标准传动，其中心距为

$$a=\frac{1}{2}(d_1+d_2) \tag{6-40}$$

规定标准中心距为40、50、63、80、100、125、160、(180)、200、(225)、250、(280)、315、(355)、400、(450)、500，在蜗杆传动设计时中心距应按上述标准圆整。

6) 蜗杆蜗轮传动的几何尺寸计算

阿基米德蜗杆传动的几何尺寸计算见表6-20。

表6-20 阿基米德蜗杆传动的几何尺寸计算

名 称	计算公式	
	蜗杆	蜗轮
齿顶高和齿根高	$h_{a1}=h_{a2}=m$ $h_{f1}=h_{f2}=1.2m$	
分度圆直径	$d_1=mq$	$d_2=mz_2$
齿顶圆直径	$d_{a1}=m(q+2)$	$d_{a2}=m(z_2+2)$
齿根圆直径	$d_{f1}=m(q-2.4)$	$d_{f2}=m(z_2-2.4)$
顶隙	$C=0.2m$	
蜗杆轴向齿距 蜗轮端面齿距	$P_{a1}=p_{t2}=\pi m$	
蜗杆分度圆导程角 蜗轮分度圆螺旋角	$\gamma=\arctan(z_1/q)$	$\beta=\gamma$
中心距	$a=\frac{m}{2}(q+z_2)$	

（续表）

名　称	计算公式	
	蜗杆	蜗轮
蜗杆螺纹部分长度 蜗轮齿顶圆弧半径	$z_1=1,\ 2;\ L\geqslant(11+0.06z_2)m$ $z_1=3,\ 4;\ L\geqslant(12.5+0.09z_2)m$	$r_{a2}=a-\frac{1}{2}d_{a2}^2$
蜗轮外圆直径		$z_1=1;\ d_{e2}\leqslant d_{a2}+2m$ $z_1=2,\ 3;\ d_{e2}\leqslant d_{a2}+1.5m$ $z_1=4\sim6;\ d_{e2}\leqslant d_{a2}+m$
蜗轮轮缘宽度		$z_1=1,\ 2;\ b\leqslant0.75d_{a1}$ $z_1=4\sim6;\ b\leqslant0.67d_{a1}$

7）蜗杆、蜗轮的材料和结构

(1) 蜗杆、蜗轮的材料选择。根据蜗杆传动的主要失效形式可知，蜗杆和蜗轮材料不仅要求有足够的强度，更重要的是要具有良好的减摩性、耐磨性和抗胶合能力。

蜗杆一般用碳钢或合金钢制造。对高速重载传动常用15Cr、20Cr、20CrMnTi等，经渗碳淬火，表面硬度56～62 HRC，须经磨削对中速中载传动，蜗杆材料可用45、40Cr、35SiMn等，表面淬火，表面硬度45～55 HRC，须要磨削。对速度不高，载荷不大的蜗杆，材料可用45钢调质或正火处理，调质硬度220～270 HBS。

蜗轮材料可参考相对滑动速度 v_s 来选择。相对滑动速度值可以依据图6-32确定。铸造锡青铜抗胶合性、耐磨性好，易加工，允许的滑动速度 v_s 高，但强度较低，价格较高。一般ZCuSn10P1允许滑动速度可25 m/s，ZCuSn5Pb5Zn5常用于 $v_s<12$ m/s的场合；铸造铝青铜，如ZCuAl10Fe3，其减磨性和抗胶合性比锡青铜差，但强度高，价格低，一般用于 $v_s\leqslant4$ m/s的传动；灰铸铁（HT150、HT200），用于 $v_s\leqslant2$ m/s的低速轻载传动中。

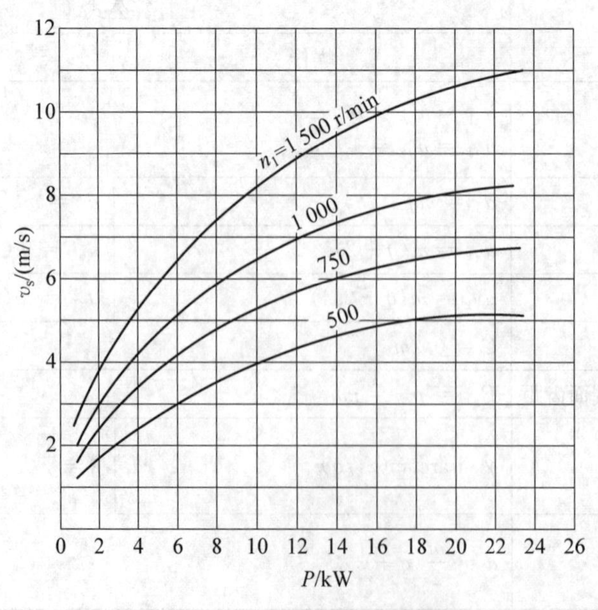

图6-32　滑动速度 v_s 的概略值

(2) 蜗杆、蜗轮的结构。蜗杆常和轴做成一体，称为蜗杆轴，如图 6-33 所示（只有 $d_f/d \geqslant 1.7$ 时才采用蜗杆齿圈套装在轴上的形式）。车制蜗杆需有退刀槽，$d=d_f-(2\sim4)$mm（图 6-33a），故刚性较差；铣削蜗杆无退刀槽时 d 可大于 d_f（图 6-33b），刚性较好。

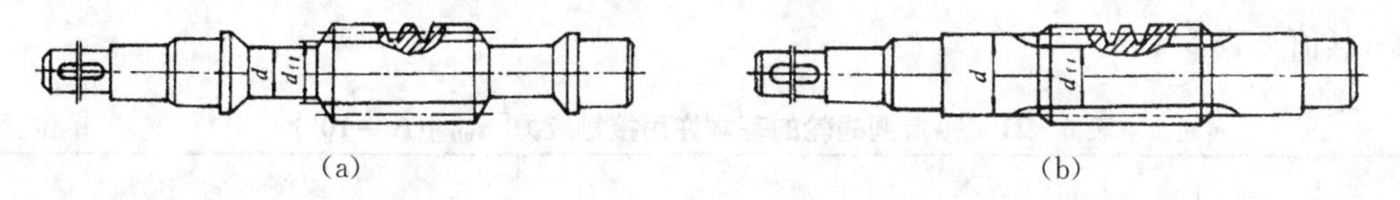

图 6-33 蜗杆轴结构

蜗轮结构分为整体式和组合式两种，如图 6-34 所示。图 6-34a 所示整体式蜗轮用于铸铁蜗轮及直径小于 100 mm 的青铜蜗轮。图 6-34b、c、d 均为组合式结构。其中，图(b)为齿圈式蜗轮，轮芯用铸铁或铸钢制造，齿圈用青铜材料，两者采用过盈配合(H7/s6 或 H7/r6)，并沿配合面安装 4～6 个紧定螺钉，该结构用于中等尺寸而且工作温度变化较小的场合。图(c)为螺栓式蜗轮，齿圈和轮芯用普通螺栓或铰制孔螺栓连接，常用于尺寸较大的蜗轮。图(d)为镶铸式蜗轮，将青铜轮缘铸在铸铁轮芯上然后切齿，适用于中等尺寸批量生产的蜗轮。

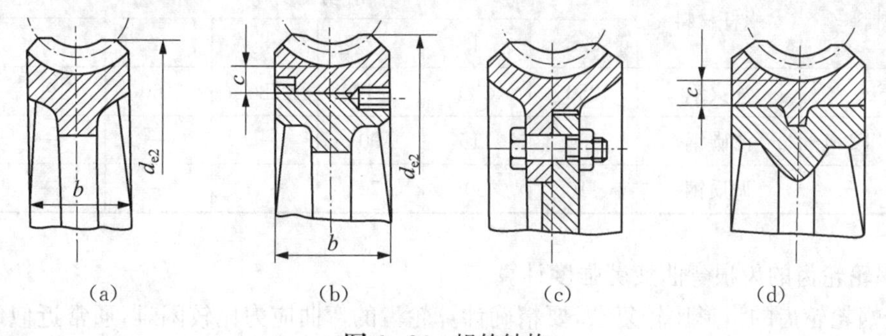

图 6-34 蜗轮结构

8) 蜗杆蜗轮传动的强度计算

蜗杆蜗轮传动的设计准则为：闭式蜗杆传动按齿面接触疲劳强度设计，并校核齿根弯曲疲劳强度，为避免发生胶合失效还必须作热平衡计算；对开式蜗杆传动通常只需按齿根弯曲疲劳强度设计。实践证明，闭式蜗杆传动，当载荷平稳无冲击时，蜗轮轮齿因弯曲强度不足而失效的情况多发生于齿数 $z_2>80\sim100$ 时，所以在齿数少于以上数值时，弯曲强度校核可不考虑。

蜗轮齿面接触疲劳强度计算与斜齿轮相似，以赫兹公式为计算基础，按节点处的啮合条件计算齿面接触应力，可推出对钢制蜗杆与青铜蜗轮或铸铁蜗轮校核公式如下：

$$\sigma_H=520\sqrt{\frac{kT_2}{d_1d_2^2}}=520\sqrt{\frac{kT_2}{m^2d_1z_2^2}}\leqslant[\sigma_H] \tag{6-41}$$

设计公式为

$$m^2d_1\geqslant kT_2\left(\frac{520}{z_2[\sigma_H]}\right)^2 \tag{6-42}$$

式中，T_2 为蜗轮轴的转矩(N·mm)。K 为载荷系数，$K=1\sim1.5$，当载荷平稳相对滑动速度较小时($v_S<3$ m/s)取较小值，反之取较大值，严重冲击时取 $K=1.5$。$[\sigma_H]$ 为蜗轮材料的许用接触应力(MPa)。当蜗轮材料为锡青铜($\sigma_b<300$ MPa)时，其主要失效形式为疲劳点蚀，$[\sigma_H]=Z_N[\sigma_{0H}]$。$[\sigma_{0H}]$ 为蜗轮材料的基本许用接触应力，见表 6-21；Z_N 为寿命系数，$Z_N=$

$\sqrt[8]{10^7/N}$，N 为应力循环次数，$N=60n_2L_h$，n_2 为蜗轮转速(r/min)，L_h 为工作寿命(h)；$N>25\times10^7$ 时应取 $N=25\times10^7$，$N<2.6\times10^5$ 时应取 $N=2.6\times10^5$。当蜗轮的材料为铸铝青铜或铸铁($\sigma_b>300$ MPa)时，蜗轮的主要失效形式为胶合，许用应力与应力循环次数无关，其值见表 6-22。

表 6-21　锡青铜蜗轮的基本许用接触应力$[\sigma_{0H}]$($N=10^7$)　单位：MPa

蜗轮材料	铸造方法	适用的滑动速度 v_S/(m/s)	蜗杆齿面硬度	
			≤350 HB	>45 HRC
ZCuSn10P1	砂　型	≤12	180	200
	金属型	≤25	200	220
ZCuSn5Pb5Zn5	砂　型	≤10	110	125
	金属型	≤12	135	150

表 6-22　铸铝青铜及铸铁蜗轮的许用接触应力$[\sigma_H]$　单位：MPa

蜗轮材料	蜗杆材料	滑动速度 v_S/(m/s)						
		0.5	1	2	3	4	6	8
ZCuAl10Fe3	淬火钢	250	230	210	180	160	120	90
HT150，HT200	渗碳钢	130	115	90	—	—	—	—
HT150	调质钢	110	90	70	—	—	—	—

9）蜗轮轮齿的齿根弯曲疲劳强度计算

由于蜗轮轮齿的齿形比较复杂，要精确计算轮齿的弯曲应力比较困难，通常近似地将蜗轮看作斜齿轮按圆柱齿轮弯曲强度公式来计算，化简后齿根弯曲强度的校核公式为

$$\sigma_F=\frac{2.2KT_2}{d_1d_2m\cos\gamma}Y_{F2}\leqslant[\sigma_F] \tag{6-43}$$

设计公式为

$$m^2d_1\geqslant\frac{2.2KT_2}{z_2[\sigma_F]\cos\gamma}Y_{F2} \tag{6-44}$$

式中，Y_{F2} 为蜗轮的齿形系数，按蜗轮的实有齿数 Z_2 查表 6-23；$[\sigma_F]$ 为蜗轮材料的许用弯曲应力，$[\sigma_F]=Y_N[\sigma_{0F}]$。$[\sigma_{0F}]$ 为蜗轮材料的基本许用弯曲应力，见表 6-24。Y_N 为寿命系数，$Y_N=\sqrt[9]{10^6/N}$，$N=60N_2L_h$。当 $N>25\times10^7$ 时，取 $N=25\times10^7$；当 $N<10^5$ 时，取 $N=10^5$。

表 6-23　蜗轮的齿形系数

z_V	20	24	26	28	30	32	35	37
Y_F	1.98	1.88	1.85	1.80	1.76	1.71	1.64	1.61
z_V	40	45	50	60	80	100	150	300
Y_F	1.55	1.48	1.45	1.40	1.34	1.30	1.27	1.24

表 6-24　蜗轮材料的基本许用弯曲应力

蜗轮材料		铸造方法	单侧工作 $[\sigma_{0F}]'$	双侧工作 $[\sigma_{1F}]'$
铸锡青铜 ZCuSn10P1		砂模铸造	40	29
		金属膜铸造	56	40
铸锡锌铅青铜 ZCuSn5Pb5Zn5		砂模铸造	26	22
		金属膜铸造	32	26
铸铝铁青铜 ZCuAl10Fe3		砂模铸造	80	57
		金属膜铸造	90	64
灰铸铁	HT150	砂模铸造	40	28
	HT200	金属膜铸造	48	34

10）蜗杆蜗轮传动结构设计

可以利用 AutoCAD、SolidWorks、UG、Pro/E 等三维设计元件完成蜗杆蜗轮转位机构的三维设计。

11）蜗轮传动的效率、润滑和热平衡计算

（1）蜗杆传动的效率。闭式蜗杆传动的总效率 η 包括啮合效率 η_1、搅油效率 η_2 和轴承效率 η_3，即

$$\eta = \eta_1 \eta_2 \eta_3 \tag{6-45}$$

啮合效率 η_1 是总效率的主要部分，蜗杆为主动件时啮合效率按螺旋传动公式求出：

$$\eta_1 = \frac{\tan\gamma}{\tan(\gamma + \rho_v)} \tag{6-46}$$

通常取 $\eta_2 \eta_3 = 0.95 \sim 0.97$，故有

$$\eta = (0.95 \sim 0.97)\frac{\tan\gamma}{\tan(\gamma + \rho_v)} \tag{6-47}$$

式中，γ 为蜗杆螺旋升角(导程角)；ρ_v 为当量摩擦角，$\rho_v = \arctan f_v$，f_v 为当量摩擦系数，其值见表 6-25。

表 6-25　当量摩擦系数 f_v 和当量摩擦角 ρ_v

蜗轮材料	锡青铜				铝青铜		灰铸铁			
蜗杆齿面硬度	≥45 HRC		<45 HRC		≥45 HRC		≥45 HRC		<45 HRC	
滑动速度 v_s/(m/s)	f_v	ρ_v	f_v	ρ_v	f_v	ρ_v	f_v	ρ_v	f_v	ρ_v
0.01	0.110	6°17′	0.120	6°51′	0.180	10°12′	0.018	10°12′	0.190	10°45′
0.05	0.090	5°09′	0.100	5°43′	0.140	7°58′	0.140	7°58′	0.160	9°05′
0.10	0.080	4°34′	0.090	5°09′	0.130	7°24′	0.130	7°24′	0.140	7°58′
0.25	0.065	3°43′	0.075	4°17′	0.100	5°43′	0.100	5°43′	0.120	6°51′

（续表）

蜗轮材料	锡青铜				铝青铜		灰铸铁			
蜗杆齿面硬度	≥45 HRC		<45 HRC		≥45 HRC		≥45 HRC		<45 HRC	
滑动速度 v_s/(m/s)	f_v	ρ_v	f_v	ρ_v	f_v	ρ_v	f_v	ρ_v	f_v	ρ_v
0.50	0.055	3°09′	0.065	3°43′	0.090	5°09′	0.090	5°09′	0.100	5°43′
1.00	0.045	2°35′	0.055	3°09′	0.070	4°00′	0.070	4°00′	0.090	5°09′
1.50	0.040	2°17′	0.050	2°52′	0.065	3°43′	0.065	3°43′	0.080	4°34′
2.00	0.035	2°00′	0.045	2°35′	0.055	3°09′	0.055	3°09′	0.070	4°00′
2.50	0.030	1°43′	0.040	2°17′	0.050	2°52′				
3.00	0.028	1°36′	0.035	2°00′	0.045	2°35′				
4.00	0.024	1°22′	0.031	1°47′	0.040	2°17′				
5.00	0.022	1°16′	0.029	1°40′	0.035	2°00′				
8.00	0.018	1°02′	0.026	1°29′	0.030	1°43′				
10.0	0.016	0°55′	0.024	1°22′						
15.0	0.014	0°48′	0.020	1°09′						
24.0	0.013	0°45′								

注：对于硬度≥45 HRC的蜗杆，ρ_v 值系指 $Ra < 0.32\mu m$，经跑合并充分润滑的情况。

在初步计算时，蜗杆的传动效率可近似按表6-26取值。

表6-26 蜗杆传动效率

z_1	1	2	4	6
η	0.7～0.75	0.75～0.82	0.82～0.92	0.86～0.95

开式传动：$z_1 = 1, 2$；$\eta = 0.60 \sim 0.70$。

(2) 蜗杆传动的润滑。闭式蜗杆传动的润滑油黏度和润滑方法可参考表6-27选择。开式传动则采用黏度较高的齿轮油或润滑脂进行润滑；闭式蜗杆传动用油池润滑，在 $v_S \leqslant 5$ m/s时常采用蜗杆下置式，浸油深度约为一个齿高，但油面不得超过蜗杆轴承的最低滚动体中心，如图6-44所示；$v_S > 5$ m/s时常用上置式，如图6-44所示，油面允许达到蜗轮半径1/3处。

表6-27 蜗杆传动的润滑油黏度及润滑方法

滑动速度 v_S/(m/s)	<1	<2.5	<5	>5～10	>1～15	>1～25	>25
工作条件	重载	重载	中载	—	—	—	—
运动黏度 $\upsilon_{40℃}$/(mm²/s)	1000	680	320	220	150	100	68
润滑方法	浸 油			浸油或喷油	喷油润滑，油压/MPa		
					0.07	0.2	0.3

(3) 蜗杆传动的热平衡计算。蜗杆传动效率低，发热量大，若产生的热量不能及时散逸，将使油温升高，油黏度下降，油膜破坏，磨损加剧，甚至产生胶合破坏。因此，对连续工作的蜗杆传动应进行热平衡计算。在单位时间内，蜗杆传动由于摩擦损耗产生的热量为

$$Q = 1000P_1(1-\eta)(\mathrm{W}) \tag{6-48}$$

式中，P_1 为蜗杆传动的输入功率(kW)；η 为蜗杆传动的效率。

自然冷却时单位时间内经箱体外壁散逸到周围空气中的热量为

$$Q_2 = K_S A(t_1 - t_0)(\mathrm{W}) \tag{6-49}$$

式中，K_S 为散热系数，可取 $K_S = (8 \sim 17)\mathrm{W/m^2℃}$，通风良好时取大值；$A$ 为散热面积($\mathrm{m^2}$)；t_1 为箱体内的油温，一般取许用油温 $[t_1] = 60 \sim 80℃$，最高不超过 90℃；t_0 为周围空气的温度，通常取 $t_0 = 20℃$。

按热平衡条件 $Q_1 = Q_2$，可得工作条件下的油温为

$$t_1 = \frac{1000(1-\eta)P_1}{K_S A} + t_0 \leqslant [t_1] \tag{6-50}$$

蜗杆传动的散热方法如图 6-35 所示。若工作温度超过许用温度，可采用下列措施：①在箱体壳外铸出散热片，增加散热面积 A。②在蜗杆轴上装风扇(图 6-35a)，提高散热系数，此时 $K_S \approx 20 \sim 28\ \mathrm{W/m^2℃}$。③加冷却装置。在箱体油池内装蛇形冷却管，或用循环油冷却。

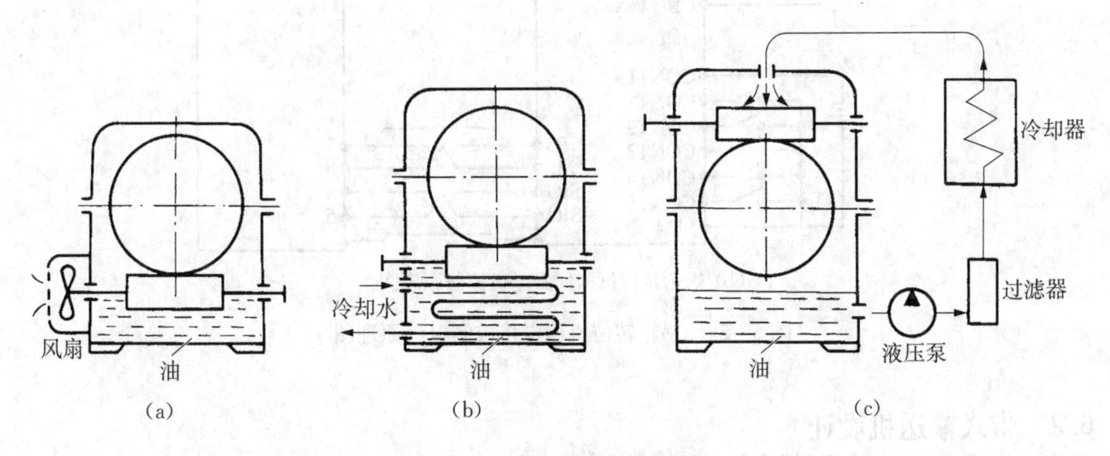

图 6-35　蜗杆传动的散热方法

12) 电气控制系统设计

蜗杆转位机构，可以选用步进电机或伺服电机驱动，其电气控制原理图如图 6-36 所示。可以应用电气系统设计软件，参照第 4 章变位机设计中的“电气控制系统设计”进行。

蜗轮转位机构的电气控制系统可以参照第 4 章“变位机原动件类型的选择及设计”进行。

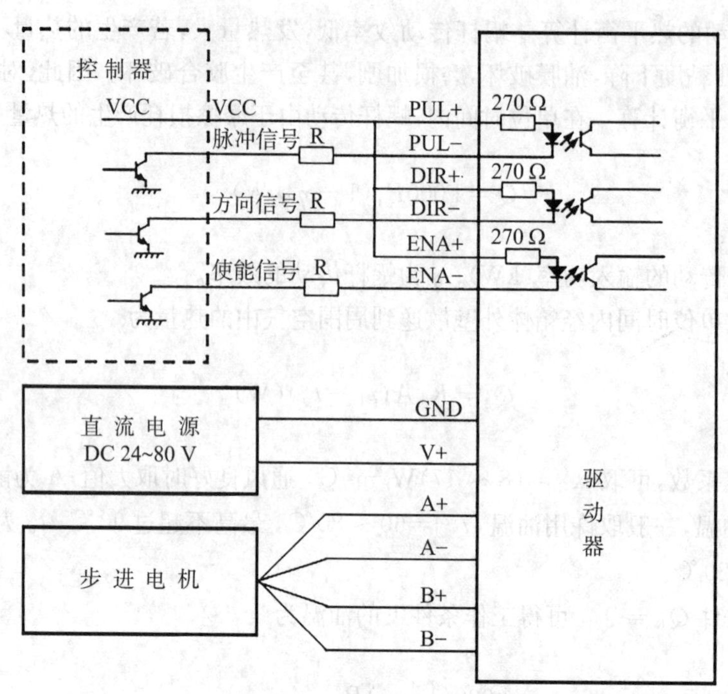

(a) 蜗轮转位机构步进电机控制原理图

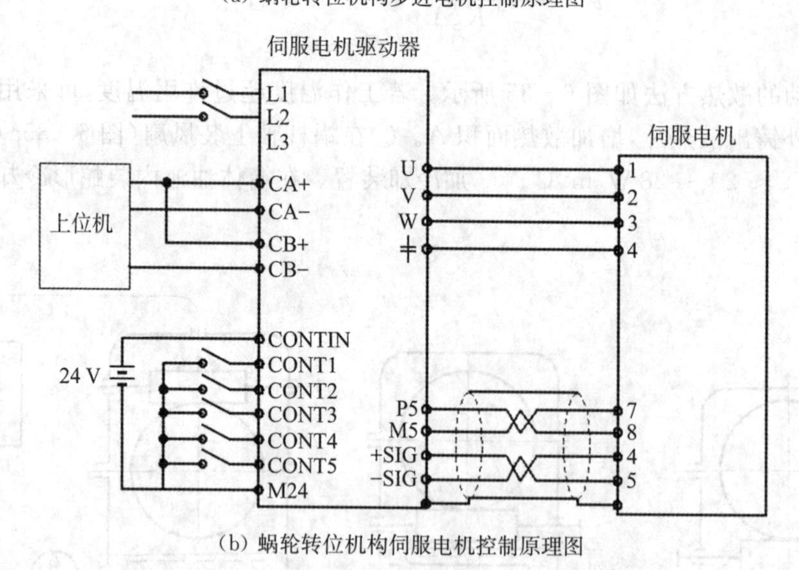

(b) 蜗轮转位机构伺服电机控制原理图

图 6-36　蜗轮转位机构电机控制电气原理图

6.2 带式输送机设计

6.2.1 带式输送机的结构及类型

带式送料机又称胶带送料机，是一种摩擦驱动的以连续方式运输物料的机械。它主要由机架、输送带、托辊、滚筒、张紧装置、传动装置等部分组成，如图 6-37 所示。根据输送工艺要求，可以单台输送，也可多台组成或与其他输送设备组成水平或倾斜的输送系统，以满足不同布置形式的作业线需要。

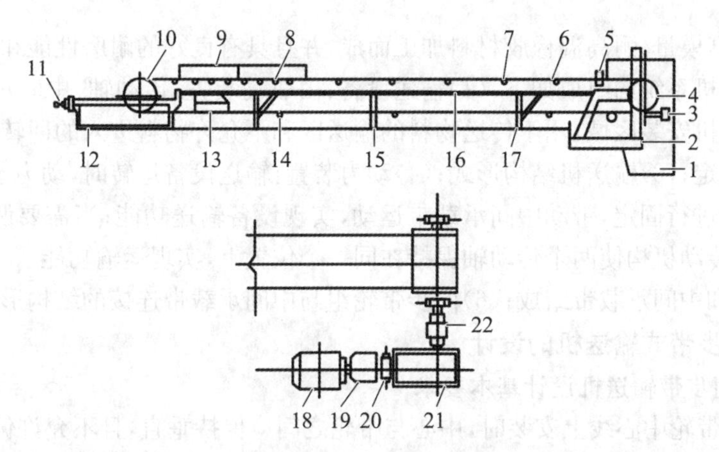

1—头部漏斗；2—机架；3—头部清扫器；4—传动滚筒；5—安全保护装置；6—输送带；7—承载托辊；8—缓冲托辊；9—导料槽；10—改向滚筒；11—螺旋拉紧装置；12—尾架；13—空段清扫器；14—回程托辊；15—Ⅰ型支腿；16—中间架；17—Ⅱ型支腿；18—电机；19—液力耦合器；20—制动器；21—减速机；22—联轴器

图 6-37　带式送料机整体结构图

带式送料机可以实现连续运输设备，具有输送距离长、运量大、连续输送等优点，而且运行可靠，易于实现集中化控制。常用的有平带输送线和同步带输送线。

平带输送线如图 6-38 所示，该输送线中有张紧/驱动机构，它的作用是用来将皮带张紧并提供动力，一般对于平带输送线，都要设置这样的滚筒托辊组，一是为了张紧，二就是通过调节滚筒，让皮带线不发生跑偏。

同步带传动由一根内周表面设有等间距齿形的环行带及具有相应啮合的轮所组成。它综合了带传动、链传动和齿轮传动各自的优点。转动时，通过带齿与轮的齿槽相啮合来传递动力。同步带传动具有准确的传动比，无滑差，可获得恒定的速比，传动平稳，能吸振，噪声小，传动比范围大，一般可达 1∶10；允许线速度可达 50 m/s，传递功率从几瓦到数百千瓦。传动效率高，一般可达 98%，结构紧凑，适宜于多轴传动，不需润滑，无污染。

图 6-38　平带输送线

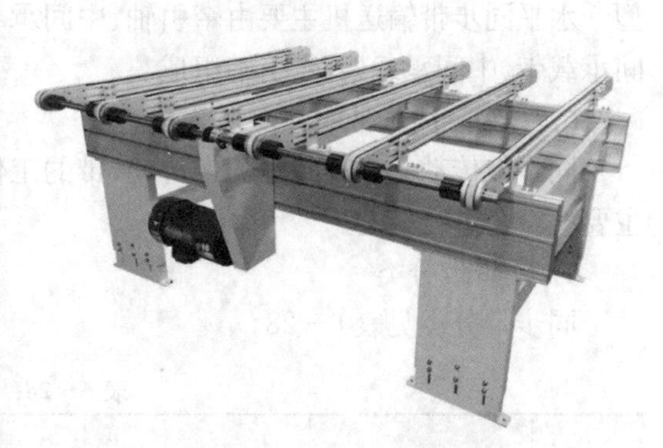

图 6-39　同步带输送线

同步带输送线如图 6-39 所示，是利用同步带轮机构实现的输送作用，它可以通过调节两端的同步轮实现张紧。同步带输送机是将同步带按照一定的规律进行排列，并与中间承载带的运动方向保持一致。该输送机系统中的带传动由同步带轮和中间承载带组成，中间承载带是采用高强度、高模量、耐高温橡胶材料加工而成，并且具有良好的耐磨性能和抗撕裂性能。

同步带输送机系统的组成如下：(1)输送设备：由驱动装置、传动轴、中间承载带及其他部件组成；(2)输送机安装区域：用于传送物料的输送区和不允许物料进入的回转区，其位置由机架或驱动装置确定；(3)输送机结构形式；(4)动力装置：输送设备运转时，动力装置将驱动机构和中间承载带3进行固定，带动中间承载带运动，实现设备输送功能；当需要调整动力装置位置时，可以调整传动机构使两个传动轴保持在同一个位置上，实现运输功能；(5)同步带轮组形式：由驱动机构和中间承载带组成；(6)同步带轮组与中间承载带连接的结构形式。

6.2.2 同步带式输送机的设计

6.2.2.1 同步带输送机设计基本要求

(1) 带轮在带轮中心线上安装时，中心与带轮之间应保持垂直，且不允许偏斜。

(2) 中心线在带轮的两侧应分别平行，即中心线在一侧，侧边与中心线垂直。

(3) 驱动装置的位置应能保证在带轮轴上。

(4) 中间承载带的安装应水平牢固，不得有歪斜等现象。

(5) 中间载荷条的长度可根据输送物料性质，由生产厂家来决定是否调整中间负载条的长度，其调整方法是中间载荷条的排列方式：按带的形状，中间载荷条有纵向排列，也可按纵向和横向排列两种形式，可供用户根据实际需要选择。

(6) 与中间承载带相连的同步带轮组的安装方式，应使中间承载带位于驱动装置之前或之后。

(7) 在同步带输送机中，由于中间带的长度是固定不可调的，所以，为了保证中间带能在输送机上运动的稳定，可以在带轮上做一个平衡块。

(8) 中间承载带可以有多种颜色和规格，以便于与生产厂家相匹配。同步带输送机在整个工业生产中起着重要作用，而且在工业生产中也有很大的应用范围，所以对它的要求是比较高的。同步带输送机主要用于垂直输送和水平运送过程中。同步带输送机可以将物料从一处送到另一处；当同步带被拉开时，传送装置将物料传送到输送位置。

(9) 中间承载带应根据实际情况进行合理设计。同步带输送机是通过皮带将物料进行输送，实现物料与设备之间的输送功能，同步带输送机有水平型、倾斜型，倾斜型分直槽型和斜槽型。水平同步带输送机主要由牵引轴、中间承载带、驱动轴组成；倾斜同步带输送机主要由中间承载带、中间承载架、牵引轴组成。

6.2.2.2 同步带的基本参数及类型

同步带传动是一种特殊的带传动，带的工作表面做成齿形与带轮的齿形相吻合，带和带轮主要靠啮合进行传动。

1) 同步带分类

同步带分类见表6-28。

表6-28 同步带分类

齿形	齿距制式	型号或模数	节距/mm	基准带宽所传递功率范围/kW	基准带宽/mm
梯形	周节制	MXL	2.032	0.0009～0.15	6.4
		XXL	3.175	0.002～0.25	6.4
		XL	5.080	0.004～0.573	9.5

（续表）

齿形	齿距制式	型号或模数	节距/mm	基准带宽所传递功率范围/kW	基准带宽/mm
梯形	周节制	L	9.525	0.05～4.76	25.4
		H	12.700	0.6～55	76.2
		XH	22.225	3～81	101.6
		XXH	31.750	7～125	127
	模数制	m1	3.142	0.1～2	
		m1.5	4.712	0.1～2	
		m2	6.283	0.1～4	
		m2.5	7.854	0.1～9	
		m3	9.425	0.1～9	
		m4	12.566	0.15～25	
		m5	15.708	0.3～40	
		m7	21.991	0.5～60	
		m10	31.416	1.5～80	
	特殊节距制	T2.5	2.5	0.002～0.062	10
		T5	5	0.001～0.6	
		T10	10	0.007～1	
		T20	20	0.036～1.9	
圆弧形		3M	3	0.001～0.9	6
		5M	5	0.004～2.6	9
		8M	8	0.02～14.8	20
		14M	14	0.18～42	40
		20M	20	2～267	115

（1）按齿形分类。分为梯形齿、曲线齿和圆弧齿三种类型，如图 6－40 所示。目前梯形齿同步带应用较广，圆弧齿同步带因其承载能力和疲劳寿命高于梯形齿而应用日趋广泛。

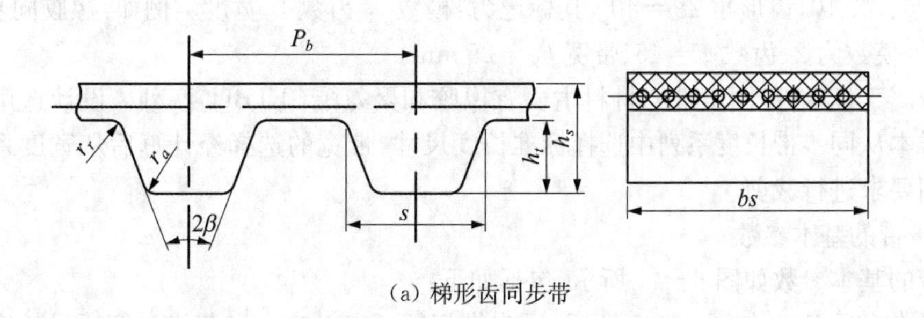

(a) 梯形齿同步带

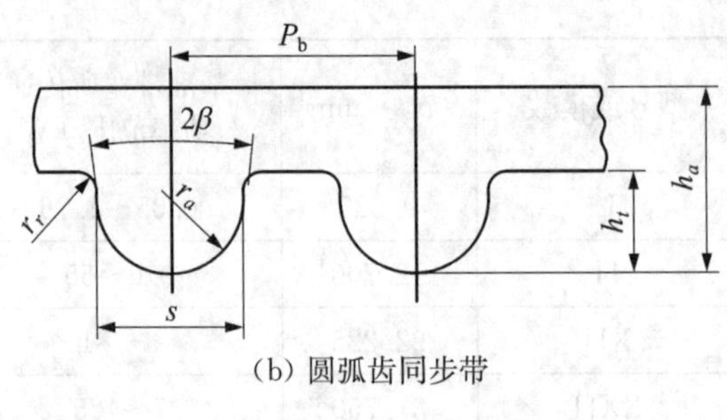

(b) 圆弧齿同步带

图 6-40 同步带分类

(2) 按结构分类。分为单面和双面同步带两种形式。双面同步带按齿的排列不同又分为对称齿双面同步带(DA 型)和交错齿双面同步带(DB 型)两种。常用的梯形齿同步带齿形有周节制和模数制两种。我国规定梯形齿同步带采用周节制,周节制梯形齿同步带称为标准同步带。周节制同步带的主要参数是节距 P_b。节距 P_b 是在规定的张紧力下,同步带纵向截面上相邻两齿在节线上的对称距离。

(3) 按节矩分类。标准同步带(梯形齿)按节距大小又分为七类,见表 6-29。

表 6-29 同步带按节矩分类

代 号	类型
MXL(2.032)	最轻型
XXL(3.175)	超轻型
XL(5.080)	特轻型
L(9.525)	轻型
H(12.700)	重型
XH(22.225)	特重型
XXH(31.750)	超重型

2) 同步带标记方法

(1) 梯形齿同步带。标记由带长代号、带型、带宽代号和标准号组成。

例:"450 H100 GB/T 10414"表示:带长代号为 450,节线长 1 143 mm;带型为 H(重型),节距为 12.7 mm;带宽代号为 100,带宽为 25.4 mm; GB/T 10414 为标准号。

(2) 模数制梯形齿同步带。以模数 m 为基本参数(模数 $m = P_b/\pi$),模数系列为 1.5、2.5、3、4、5、7、10,齿形角 $2\beta = 40°$,其标记为:模数 × 齿数 × 宽度。例如:橡胶同步带 2 × 45 × 25 表示模数为 2、齿数 $z = 45$、带宽 $b_s = 25$ mm。

同步带属于标准件,同步带的材料主要有橡胶和聚氨酯(TTBU)两种。设计选用时参考相关产品样本从同步带长度系列中选择标准长度尺寸,带宽的选择经计算后从宽度系列中选用或按使用要求进行裁剪。

3) 同步带的基本参数

同步带的基本参数如图 6-41 所示,包括如下:

(1) 带的节距 P_b。如图 6-41 所示,同步带相邻两齿对应点沿节线量度所得长度称为同步带的节距。带的节距大小决定着同步带和带轮齿各部分尺寸的大小，节距越大，带的各部分尺寸越大，承载能力也随之越高。因此带节距是同步带最主要参数，在节距制同步带系列中以不同节距来区分同步带的型号。

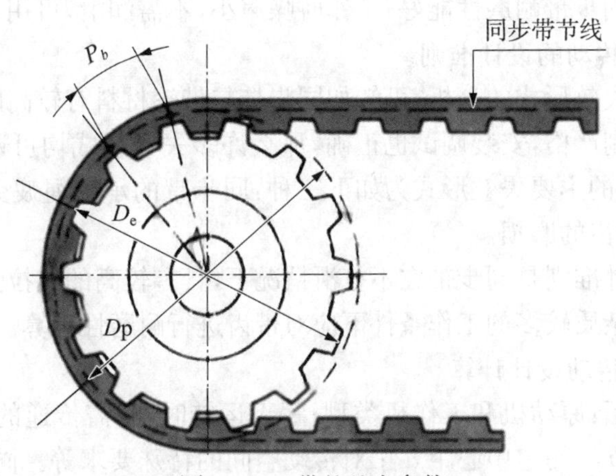

图 6-41 带的基本参数

(2) 带的齿根宽度。一个带齿两侧齿廓线与齿根底部廓线交点之间的距离称为带的齿根宽度，以 s 表示。带的齿根宽度大，则使带齿抗剪切、抗弯曲能力增强，相应就能传送较大的载荷。

(3) 带的齿根圆角。带齿齿根回角半径 r 的大小与带齿工作时齿根应力集中程度有关，齿根圆角半径大，可减少齿的应力集中，使得的承载能力提高；但是齿根回角半径也不宜过大，过小则使带齿与轮齿啮合时的有效接触面积城小，所以设计时应选适当的数值。

(4) 带齿齿顶圆角半径。其大小影响到带齿与轮齿啮合时会否产生于涉。由于在同步带传动中，带齿与带轮齿的啮合是用于非共轭齿廓的一种嵌合。因此在带齿进入或退出啮合时，为使带齿能顺利地进入和退出啮合，减少带齿顶部的磨损，宜采用较大的齿顶圆角半径。但与齿根圆角半径一样，齿顶圆角半径也不宜过大，否则亦会减少带齿与轮齿间的有效接触面积。

(5) 齿形角。梯形带齿齿形角的大小对带齿与轮齿的啮合也有较大影响。如齿形角霹过小，带齿纵向截面形状近似矩形，则在传动时带齿将不能顺利地嵌入带轮齿槽内，易产生干涉。但齿形角度过大，又会使带齿易从轮齿槽中滑出，产生带齿在轮齿顶部跳跃的现象。

(6) 同步带的节线长度。如图 6-41 所示，同步带工作时，其承载绳中心线长度应保持不变，因此称此中心线为同步带的节线，并以节线周长作为带的公称长皮，称为节线长度。在同步带传动中，带节线长度是一个重要参数。

4) 同步带的类型

同步带齿有梯形齿和弧齿两类，弧齿又有三种系列：圆弧齿(H 系列又称 HTD 带)、平顶圆弧齿(S 系列又称 STPD 带)和凹顶抛物线齿(R 系列)。

梯形齿同步带分为单面有齿和双面有齿两种，分别简称单面带和双面带。双面带又按齿的排列方式分为对称齿型(代号 DA)和交错齿型(代号 DB)。梯形齿同步带有两种尺寸制：节距制和模数制。我国采用节距制，并制订了同步带传动相应标准，主要包括：一般传动同步带 GB/T 13487—2017、同步带传动 GB/T 11362—2021 和 JB/T—7512.1—2014—圆弧齿同步带传动。

弧齿同步带除了齿形为曲线形外，其结构与梯形齿同步带基本相同，带的节距相当，其齿高、齿根厚和齿根圆角半径等均比梯形齿大。带齿受载后，应力分布状态较好，平缓了齿根的应力集中，提高了齿的承载能力。故弧齿同步带比梯形齿同步带传递功率大，且能防止啮合过程中齿的干涉。弧齿同步带耐磨性能好，工作时噪声小，不需润滑，可用于有粉尘的恶劣环境。

6.2.2.3 同步带传动的设计准则

据对同步带传动失效形式的分析，可知如同步带与带轮材料有较高的机械性能，制造工艺合理，带、轮的尺寸控制严格，安装调试也正确，那么许多失效形式均可避免。因此，在正常工作条件下，同步带传动的主要失效形式为如下三种：同步带的承载绳疲劳拉断、同步带的打滑和跳齿，以及同步带带齿的磨损。

同步带传动的设计准则是同步带在不打滑情况下，具有较高的抗拉强度，保证承线绳不被拉断。此外，在灰尘、杂质较多的工作条件下应对带齿进行耐磨性计算。

6.2.2.4 同步带传动设计计算

原始设计资料包括：原动机和工作机类型；每天运转时间；需传递的名义功率 P；小带轮转速 n_1；大带轮转速 n_2；初定中心距 a_0；对传动空间的特殊要求等。同步带传动输送装置设计步骤如图 6-42 所示。

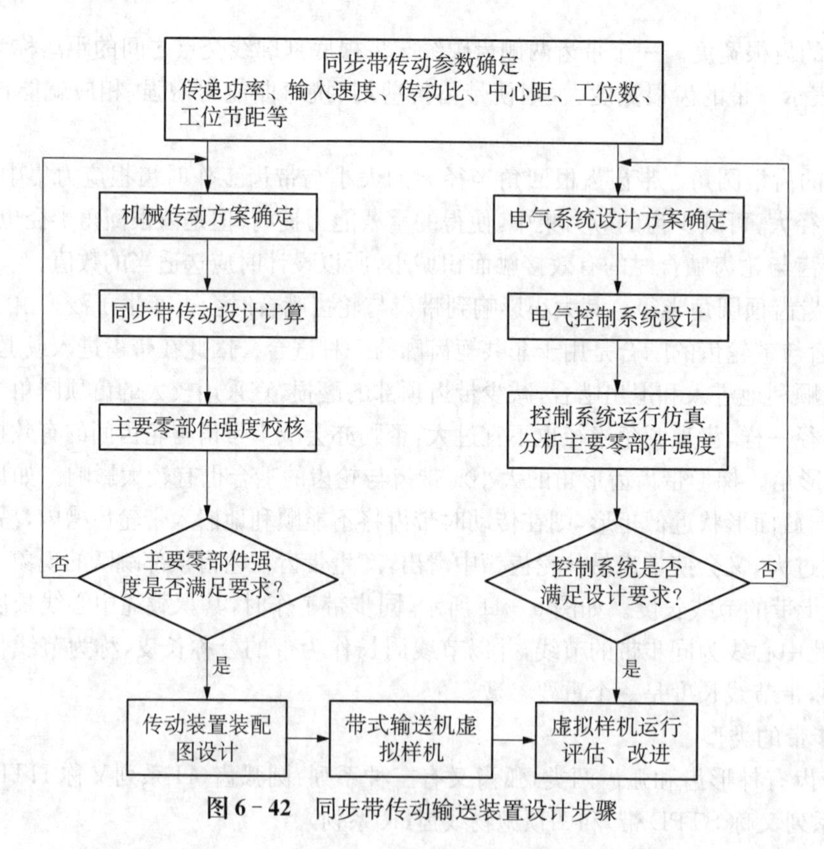

图 6-42 同步带传动输送装置设计步骤

1）计算功率 P_d (kW)

$$P_d = k_A \cdot P \tag{6-51}$$

式中，k_A 为工况系数，按表 6-30 选取；P 为带传动传递的功率(kW)。

表6-30　工况系数

工作机	原动机					
	交流电机(普通转矩鼠笼式、同步电动机),直流电机(并励),多缸内燃机			交流电机(大转矩、大滑差率、单相、滑环),直流电机(复励、串励),单缸内燃机		
	每天运转时间/h					
	断续使用 3～5	普通使用 8～10	连续使用 16～24	断续使用 3～5	普通使用 8～10	连续使用 16～24
计算机、复印机、医疗器械、放映机、测量仪表、配油装置	1.0	1.2	1.4	1.2	1.4	1.6
清扫机械、办公机械、缝纫机	1.2	1.4	1.6	1.4	1.6	1.8
带式输送机、轻型包装机、烘干箱、筛选机、绕线机、圆锥成型机、木工车床、带锯	1.3	1.5	1.7	1.5	1.7	1.9
液体搅拌机、混面机、钻床、车床、冲床、接缝机、龙门刨床、洗衣机、造纸机、印刷机、螺纹加工机、圆盘锯床	1.4	1.6	1.8	1.6	1.8	2.0
半液体搅拌机、带式输送机(矿石、煤、砂)、天轴、磨床、牛头刨床、铣床、钻镗床、离心泵、齿轮泵、旋转式供给系统、凸轮式振动筛、纺织机械(整经机)、离心压缩机、往复式发动机	1.5	1.7	1.9	1.7	1.9	2.1
制砖机(除混泥机)、输送机(平板式、盘式)、斗式提升机、悬挂式输送机、升降机、脱水机、清洗机、离心式排风扇、离心式鼓风机、吸风机、发电机、励磁机、起重机、重型升降机、发动机、卷扬机、橡胶机械(压延、滚轧压出机)、纺织机械(纺纱、精纺、捻纱机、绕纱机)	1.6	1.8	2.0	1.8	2.0	2.2
离心机、刮板输送机、螺旋输送机、锤式粉碎机、造纸制浆机	1.7	1.9	2.1	1.9	2.1	2.3
黏土搅拌机、矿山用风扇、鼓风机、强制送风机	1.8	2.0	2.2	2.0	2.2	2.4
往复式压缩机、球磨机、棒磨机、往复式泵	1.9	2.1	2.3	2.1	2.3	2.5

注:1. 对增速传动,应将下列数值加进本表的 k_A 中:

增速比	1.00～1.24	1.25～1.74	1.75～2.49	2.50～3.49	≥3.50
数值	0	0.10	0.20	0.30	0.40

2. 使用张紧轮时,应将下列数值加进本表的 k_A 中:

张紧轮的安装位置	松边内侧	松边外侧	紧边内侧	紧边外侧
数值	0	0.1		0.2

3. 对频繁正反转、严重冲击、紧急停机等非正常传动,需视具体情况修正工况系数 k_A。
4. 圆弧齿同步带中型号为14M和20M的传动,当 $n_1 \leqslant 600$ r/min时应将下列数值加进 k_A 中:

n_1 /(r/min)	≤200	201～400	401～600
数值	0.3	0.2	0.1

2）选定带型、节距 P_b（mm）

根据计算功率 P_d（kW）和小带轮的转速 n_1（r/min）选择带型。梯形齿同步带和圆弧齿同步带传动的选型可以按照图 6－43 和图 6－44 进行。为使传动平稳、提高带的柔性以及增加啮合齿数，节距应尽可能取较小值。

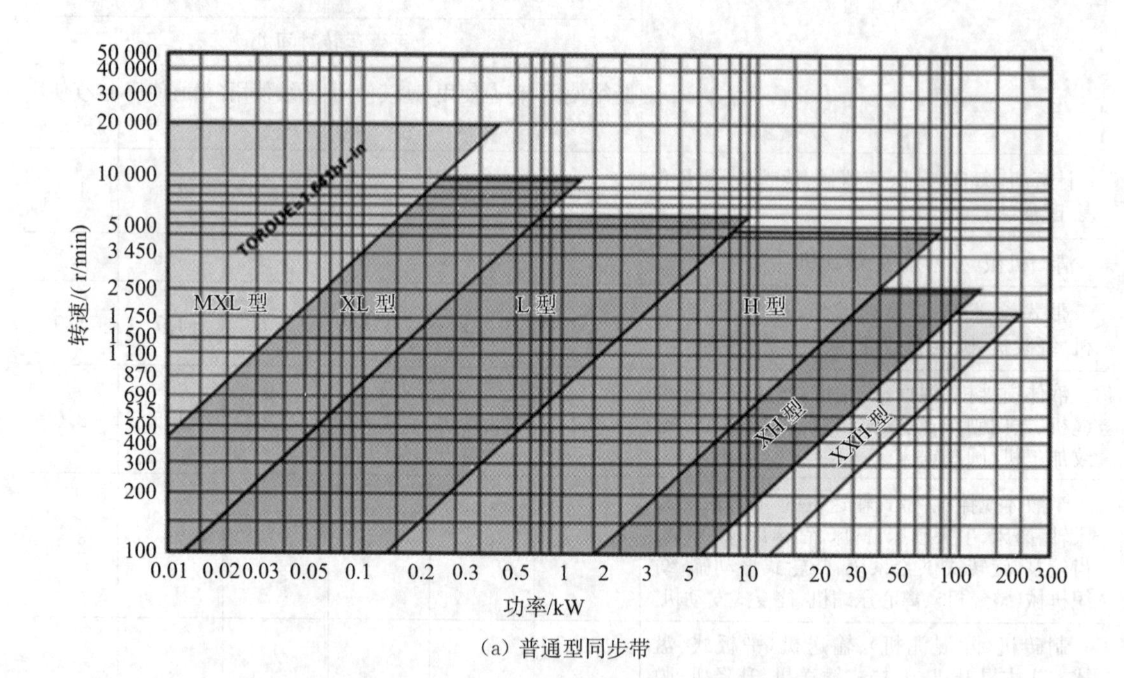

（a）普通型同步带

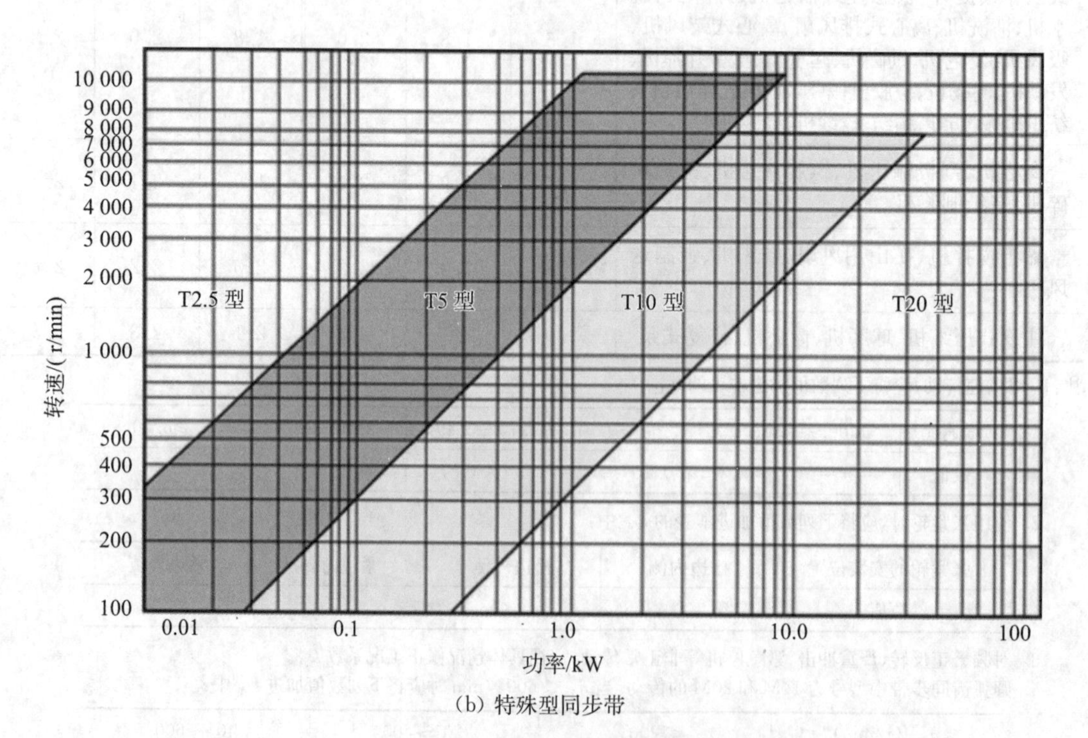

（b）特殊型同步带

图 6－43 梯形齿同步带选型图

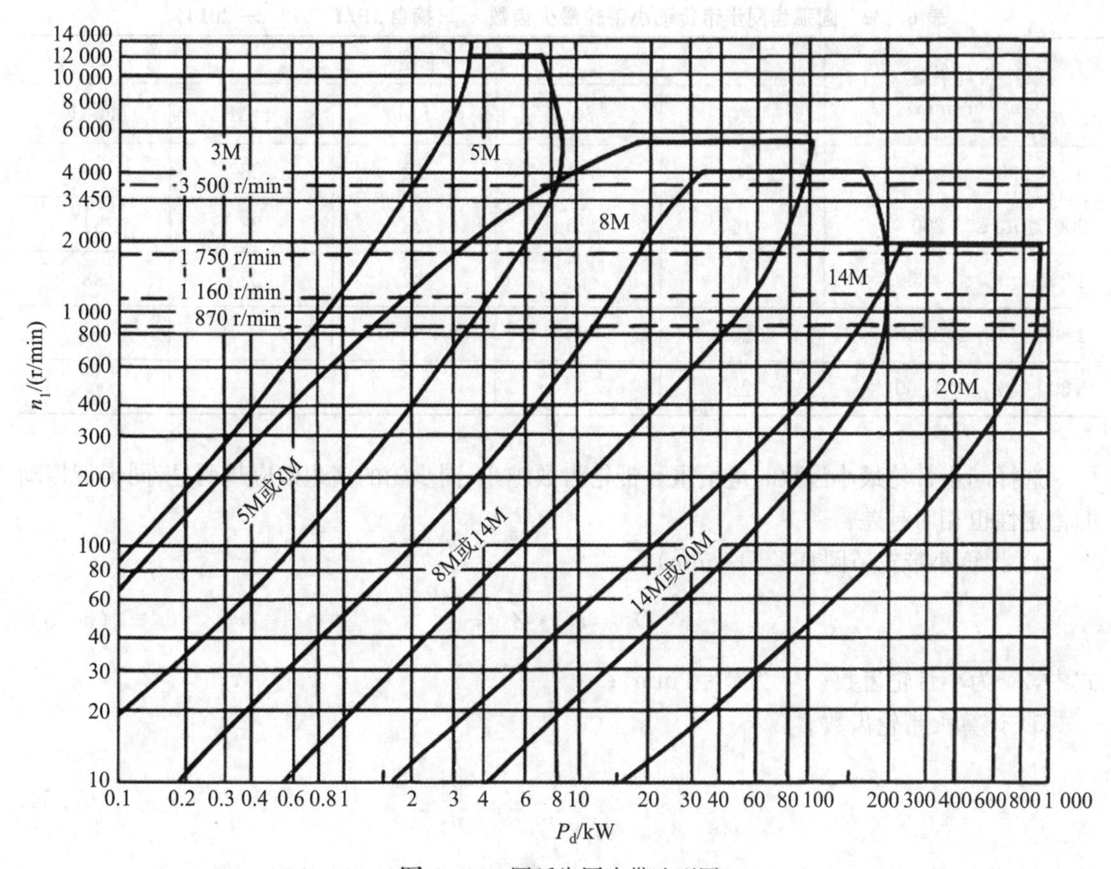

图 6-44　圆弧齿同步带选型图

3）选定小带轮齿数 Z_1

$$Z_1 \geqslant Z_{1\min} \tag{6-52}$$

对于每一种带型，其小带轮都有最小齿数要求，见表 6-31 和表 6-32。带速 V 和安装尺寸允许时，Z_1 应选较大值。带轮直径越小，皮带弯曲应力越大，容易产生疲劳破坏；直径小也意味着齿数少，各个轮齿受力会更大，因此带轮直径不宜选择过小。

表 6-31　梯形齿同步带传动小带轮的最少齿数 $Z_{\min}$（摘自 GB/T 11362—2021）

小带轮转速 n_1/(r/min)	带型						
	MXL	XXL	XL	L	H	XH	XXH
<900	10	10	10	12	14	22	26
900～1 200	12	12	10	12	16	24	24
1 200～1 800	14	14	12	14	18	26	26
1 800～3 600	16	16	12	16	20	30	—
≥3 600	18	18	15	18	22	—	—

表 6-32 圆弧齿同步带传动小带轮最少齿数 z_{min}(摘自 JB/T 7512.2—2014)

小带轮转速 n_1/(r/min)	带型				
	3M	5M	8M	14M	20M
$n_1 \leqslant 900$	10	14	22	28	34
$900 < n_1 \leqslant 1200$	14	20	28	28	34
$1200 < n_1 \leqslant 1800$	16	24	32	32	38
$1800 < n_1 \leqslant 3600$	20	28	36	—	—
$3600 < n_1 \leqslant 4800$	22	30	—	—	—

选择同步带轮最小齿数时应慎重。带轮齿数越小,同步轮的多边效应越明显,同步带传动的稳定性也相对越差。

4) 计算小带轮节圆直径 D_1(mm)

$$D_1 = P_b \cdot Z_1/\pi \tag{6-53}$$

式中,Z_1 为小带轮齿数;P_b 为节距(mm);

5) 计算大带轮齿数 Z_2

$$Z_2 = Z_1 \cdot i = Z_1 \cdot \frac{n_1}{n_2} \tag{6-54}$$

式中,i 为传动比;n_1 为小带轮转速(r/min);n_2 为大带轮转速(r/min)。

Z_2 计算出后圆整为整数,并取标准值。

6) 计算大带轮节圆直径 D_2(mm)

$$D_2 = P_b \cdot Z_2/\pi \tag{6-55}$$

7) 计算带速 V(m/s)

$$V = \pi D_1 \cdot n_1 \leqslant V_{max} \tag{6-56}$$

式中,D_1 为小带轮节圆直径(mm);n_1 为小带轮转速(r/min);V_{max} 为最大带速,梯形齿带传动和圆弧齿带传动都规定了每一种带型的最大带速,以梯形齿带传动为例,其最大带速见表 6-33。

表 6-33 梯形同步带最大带速

带型	MXL、XXL、XL	L、H	XH、XXH
带速 V_{max} /(m/s)	40~50	35~40	25~30

注:若带速超过规定范围,需重新选择小带轮节圆直径 D_1。

8) 初定中心距 C_0(mm)

$$0.7(D_1 + D_2) \leqslant C_0 \leqslant 2(D_1 + D_2) \tag{6-57}$$

同步带传动的中心距 a_0 也可以根据结构要求而定。中心距越小，结构越紧凑，但单位时间绕过的次数越多，越容易疲劳。

9）计算带长（带的节线长）L_p（mm）及其齿数 Z

初算节线长 L_{p0}（mm）：

$$L_{p0}=2C_0\cos\phi+\frac{\pi}{2}(D_1+D_2)+\frac{\pi\phi}{180}(D_2-D_1) \tag{6-58}$$

其中

$$\phi=\arcsin\left(\frac{D_2-D_1}{2C_0}\right) \tag{6-59}$$

式中，C_0 为初定中心距（mm）；D_1、D_2 分别为小带轮节圆直径和大带轮节圆直径（mm）。

计算出的 L_{p0} 应根据模数值同步带的节线长度和宽度系列选取标准节线长度 L_p 及其齿数 Z。梯形齿同步带 MXL 标准节线长度见表 6-34，5M 圆弧同步带标准节线长度见表 6-35。

表 6-34 梯形齿同步带 MXL 标准节线长度（MXL 节距 0.080″=2.032 mm）

规格	节线长 L_p /mm	齿数 Z	规格	节线长 L_p /mm	齿数 Z	规格	节线长 L_p /mm	齿数 Z	规格	节线长 L_p /mm	齿数 Z
32.0MXL	81.28	40	75.2MXL	191.01	94	259.0MXL	658.37	324	179.0MXL	455.17	224
36.0MXL	91.44	45	76.0MXL	193.04	95	262.0MXL	666.5	328	180.0MXL	457.2	225
40.0MXL	101.6	50	77.6MXL	197.1	97	265.6MXL	674.62	332	185.0MXL	471.42	232
41.6MXL	105.66	52	78.4MXL	199.14	98	269.0MXL	682.75	336	189.0MXL	479.55	236
42.0MXL	107.7	53	80.0MXL	203.2	100	280.0MXL	711.2	350	192.0MXL	487.68	240
43.0MXL	109.73	54	81.6MXL	207.26	102	209.0MXL	735.58	365	198.0MXL	503.94	248
44.0MXL	111.76	55	82.4MXL	209.3	103	292.0MXL	741.68	362	199.0MXL	505.97	249
44.8MXL	113.79	56	84.0MXL	213.36	105	302.0MXL	768.1	378	200.0MXL	508	250
45.6MXL	115.82	57	85.0MXL	215.39	106	321.0MXL	816.86	402	201.0MXL	510.03	251
46.4MXL	117.86	58	88.0MXL	223.52	110	326.4MXL	829.06	408	205.0MXL	520.19	256
47.0MXL	119.89	59	89.6MXL	227.58	112	362.4MXL	920.2	453	208.0MXL	528.32	260
48.0MXL	121.92	60	90.4MXL	229.62	113	377.6MXL	959.1	472	212.0MXL	538.48	265
48.8MXL	123.95	61	91.0MXL	231.65	114	403.0MXL	1024.13	504	221.0MXL	560.83	276
50.0MXL	128.02	63	92.0MXL	233.68	115	417.6MXL	1060.7	522	224.0MXL	568.96	280
51.2MXL	130.05	64	94.4MXL	239.78	118	456.0MXL	1158.24	570	228.0MXL	579.12	285
52.0MXL	132.08	65	96.0MXL	243.84	120	518.0MXL	1316.74	648	230.0MXL	585.22	288

（续表）

规格	节线长 L_p /mm	齿数 Z	规格	节线长 L_p /mm	齿数 Z	规格	节线长 L_p /mm	齿数 Z	规格	节线长 L_p /mm	齿数 Z
53.0MXL	134.11	66	98.4MXL	249.94	123	608.0MXL	1544.32	760	232.0MXL	589.28	290
53.6MXL	136.14	67	100.0MXL	254	125	809.6MXL	2056.38	1012	236.0MXL	599.44	295
54.4MXL	138.18	68	100.8MXL	256.03	126	848.0MXL	2153.92	1060	240.0MXL	609.6	300
56.0MXL	142.24	70	104.0MXL	264.16	130	909.6MXL	2310.38	1137	244.0MXL	619.76	305
56.8MXL	144.27	71	105.6MXL	268.22	132	1170.4MXL	2972.82	1463	249.6MXL	633.98	312
57.6MXL	146.3	72	112.0MXL	284.48	140	155.2MXL	394.21	194	254.0MXL	646.18	318
58.4MXL	148.34	73	113.6MXL	288.54	142	160.0MXL	406.4	200	256.0MXL	650.24	320
60.0MXL	152.4	75	115.0MXL	292.61	144	164.0MXL	416.56	205	257.6MXL	654.3	322
60.8MXL	154.43	76	118.4MXL	300.74	148	147.0MXL	373.89	184			
62.4MXL	158.5	78	119.2MXL	302.77	149	152.0MXL	386.08	190			
63.0MXL	160.53	79	120.0MXL	304.8	150	168.0MXL	426.72	210			
64.0MXL	162.56	80	120.8MXL	306.83	151	169.0MXL	430.78	212			
65.6MXL	166.62	82	122.4MXL	310.9	153	177.0MXL	449.07	221			
66.4MXL	168.66	83	124.0MXL	314.96	155						
67.2MXL	170.69	84	126.4MXL	321.06	158						
68.0MXL	172.72	85	128.0MXL	325.12	160						
69.6MXL	176.78	87	128.8MXL	327.15	161						
70.0MXL	178.82	88	129.6MXL	329.18	162						
72.0MXL	182.88	90	132.0MXL	335.28	165						
72.8MXL	184.91	91	136.0MXL	345.44	170						
73.6MXL	186.94	92	140.0MXL	355.6	175						
74.4MXL	188.98	93	144.0MXL	365.76	180						

表 6-35　5M 圆弧同步带标准节线长度(摘自 JB/T 7512.1—2014)

节线长 L_p/mm	齿数	节线长 L_p/mm	齿数	节线长 L_p/mm	齿数
295	59	635	127	975	195
300	60	645	129	1000	200
320	64	670	134	1025	205
350	70	695	139	1050	210
375	75	710	142	1125	225

（续表）

节线长 L_p/mm	齿数	节线长 L_p/mm	齿数	节线长 L_p/mm	齿数
400	80	740	148	1145	229
420	84	830	166	1270	254
450	90	845	169	1295	259
475	95	860	172	1350	270
500	100	870	174	1380	276
520	104	890	178	1420	284
550	110	900	180	1595	319
560	112	920	184	1800	360
565	113	930	186	1870	374
600	120	940	188	2350	470
615	123	950	190	—	—

10）计算实际中心距 C(mm)

（1）中心距可调时：

$$C = C_0 + (L_p - L_{p0})/2 \tag{6-60}$$

a 的偏差值 Δa 见表 6-36。

表 6-36　同步带传动中心距偏差值 Δa　　单位:mm

节线长度 L_p	≤250	>250～500	>500～750	>750～1000	>1000～1500	>1500～2000	>2000～2500	>2500～3000	>3000～4000	>4000
Δa	±0.20	±0.25	±0.30	±0.35	±0.40	±0.45	±0.50	±0.55	±0.60	±0.70

（2）中心距不可调时。

① $z_2/z_1 > 1$：

$$\left.\begin{aligned} C &= \frac{P_b(Z_2 - Z_1)}{2\pi\cos\theta} \\ \text{inv}\theta &= \tan\theta - \theta = \frac{\pi(Z_b - Z_2)}{Z_2 - Z_1} \end{aligned}\right\} \tag{6-61}$$

式中，Z_b 为带的齿数；P_b 为由具体带型确定的同步带的节距。

② $z_2/z_1 \approx 1$：

$$C \approx M + \sqrt{M^2 - \frac{1}{8}\left[\frac{P_b(Z_2 - Z_1)}{\pi}\right]^2} \tag{6-62}$$

其中

$$M = \frac{P_b(2Z_b - Z_1 - Z_2)}{8} \tag{6-63}$$

11）计算小带轮啮合齿数 Z_m

$$Z_m = \mathrm{int}\left[\frac{z_1}{2} - \frac{P_b z_1}{2\pi^2 C}(z_2 - z_1)\right] \geqslant Z_{\min} \tag{6-64}$$

式中，Z_1 为小带轮齿数；C 为实际中心距（mm）；Z_m 为小带轮啮合齿数，以梯形齿带传动为例，其小带轮最小啮合齿数见表 6-37。

表 6-37　梯形齿同步带传动小带轮最小啮合齿数 $Z_{m(\min)}$

小带轮转速 n_1 /(r/min)	带型						
	MXL	XXL	XL	L	H	XH	XXH
	带轮最少许用齿数 $Z_{\min}$						
<900	10	10	10	12	14	22	22
900～1 200	12	12	10	12	16	24	24
1 200～1 800	14	14	12	14	18	26	26
1 800～3 600	16	16	12	16	20	30	—
3 600～4 800	18	18	15	18	22	—	—

12）计算基本额定功率 P_0（kW）

$$P_0 = \left(T_a - \frac{mv^2}{2}\right) \Big/ 1\,000 \tag{6-65}$$

式中，T_a 为带宽为 b_m 的带的许用工作张力（N），由带的型号查表确定，以梯形同步带为例，其需用工作张力参见表 6-38；m 为带宽为 b_m 的带单位长度的质量（kg/m），由带的型号确定，梯形同步带的单位长度质量参见表 6-37；V 为带速，m/s。

表 6-38　梯形同步带的许用工作张力 T_a 和质量 m（摘自 GB/T 11362—2021）

带型	T_a /N	m /(kg/m)
MXL	27	0.77
XXL	31	0.010
XL	50.17	0.022
L	244.46	0.095
H	2 100.85	0.448
XH	4 048.90	1.484
XXH	6 398.03	2.473

基本额定功率是各带型基准宽度 b_{s0} 的额定功率，要根据具体的同步带型号确定，表 6-39 和表 6-40 分别给出了一种梯形齿同步带和圆弧齿同步带的基本额定功率。带的基本额定功率也可以根据小带轮的齿数 z_1 和小带轮的转速 n_1，查梯形齿同步带和圆弧齿同步带的基本额定功率确定。

表 6-39 梯形齿同步带 MXL(节距 2.032 mm,基准宽度 6.4 mm)的基准额定功率 P_0

单位:kW

小带轮转速/(r/min)	小带轮齿数和节圆直径/mm														
	12 7.76	14 9.06	15 9.70	16 10.35	18 11.64	20 12.94	22 14.23	24 15.52	25 16.17	26 16.82	28 18.11	30 19.40	32 20.70	36 23.29	40 25.87
950	0.010	0.012	0.013	0.014	0.016	0.017	0.019	0.021	0.022	0.023	0.024	0.026	0.028	0.031	0.035
1 160	0.013	0.015	0.016	0.017	0.019	0.021	0.023	0.025	0.026	0.028	0.030	0.032	0.034	0.038	0.042
1 425	—	0.018	0.02	0.021	0.023	0.026	0.029	0.031	0.033	0.034	0.036	0.039	0.042	0.047	0.052
1 750	—	0.022	0.024	0.026	0.029	0.032	0.035	0.038	0.040	0.042	0.045	0.048	0.051	0.057	0.064
2 850	—	—	0.039	0.042	0.047	0.052	0.057	0.062	0.065	0.068	0.073	0.078	0.083	0.093	0.104
3 450	—	—	0.047	0.050	0.057	0.063	0.069	0.075	0.079	0.082	0.088	0.094	0.100	0.113	0.125
100	0.001	0.001	0.001	0.001	0.002	0.002	0.002	0.002	0.002	0.002	0.003	0.003	0.003	0.003	0.004
200	0.002	0.003	0.003	0.003	0.003	0.004	0.004	0.004	0.005	0.005	0.005	0.005	0.006	0.007	0.007
300	0.003	0.004	0.004	0.004	0.005	0.005	0.006	0.007	0.007	0.007	0.008	0.008	0.009	0.010	0.011
400	0.004	0.005	0.005	0.006	0.007	0.007	0.008	0.009	0.009	0.010	0.010	0.011	0.012	0.013	0.015
500	0.005	0.006	0.007	0.007	0.008	0.009	0.010	0.011	0.011	0.012	0.013	0.014	0.015	0.016	0.018
600	0.007	0.008	0.008	0.009	0.010	0.011	0.012	0.013	0.014	0.014	0.015	0.016	0.018	0.020	0.022
700	0.008	0.009	0.010	0.010	0.012	0.013	0.014	0.015	0.016	0.017	0.018	0.019	0.020	0.023	0.026
800	0.009	0.010	0.011	0.012	0.013	0.015	0.016	0.018	0.018	0.019	0.020	0.022	0.023	0.026	0.029
900	0.010	0.012	0.012	0.013	0.015	0.016	0.018	0.020	0.021	0.021	0.023	0.025	0.026	0.030	0.033
1 000	0.011	0.013	0.014	0.015	0.016	0.018	0.020	0.022	0.023	0.024	0.026	0.027	0.029	0.033	0.037
1 100	0.012	0.014	0.015	0.016	0.018	0.020	0.022	0.024	0.025	0.026	0.028	0.030	0.032	0.036	0.040
1 200	0.013	0.015	0.016	0.018	0.020	0.022	0.024	0.026	0.027	0.028	0.031	0.033	0.035	0.039	0.044
1 300	—	0.017	0.018	0.019	0.021	0.024	0.026	0.028	0.030	0.031	0.033	0.036	0.038	0.043	0.047

（续表）

小带轮转速/(r/min)	小带轮齿数和节圆直径/mm														
	12 7.76	14 9.06	15 9.70	16 10.35	18 11.64	20 12.94	22 14.23	24 15.52	25 16.17	26 16.82	28 18.11	30 19.40	32 20.70	36 23.29	40 25.87
1 400	—	0.018	0.019	0.020	0.023	0.026	0.028	0.031	0.032	0.033	0.036	0.038	0.041	0.046	0.051
1 500	—	0.019	0.021	0.022	0.025	0.027	0.030	0.033	0.034	0.036	0.038	0.041	0.044	0.049	0.055
1 600	—	0.020	0.022	0.023	0.026	0.029	0.032	0.035	0.037	0.038	0.041	0.044	0.047	0.053	0.058
1 700	—	0.022	0.023	0.025	0.028	0.031	0.034	0.037	0.039	0.040	0.043	0.047	0.050	0.056	0.062
1 800	—	0.023	0.025	0.026	0.030	0.033	0.036	0.039	0.041	0.043	0.046	0.049	0.053	0.059	0.066
2 000	—		0.027	0.029	0.033	0.037	0.040	0.044	0.046	0.047	0.051	0.055	0.058	0.066	0.073
2 200	—	—	0.030	0.032	0.036	0.040	0.044	0.048	0.050	0.052	0.056	0.060	0.064	0.072	0.080
2 400	—	—	0.033	0.035	0.039	0.044	0.048	0.053	0.055	0.057	0.061	0.066	0.070	0.079	0.087
2 600	—	—	0.036	0.038	0.043	0.047	0.052	0.057	0.059	0.062	0.066	0.071	0.076	0.085	0.095
2 800	—	—	—	0.041	0.046	0.051	0.056	0.061	0.064	0.066	0.071	0.077	0.082	0.092	0.102
3 000	—	—	—	0.044	0.049	0.055	0.060	0.066	0.068	0.071	0.077	0.082	0.087	0.098	0.109
3 200	—	—	—	0.047	0.053	0.058	0.064	0.070	0.073	0.076	0.082	0.087	0.093	0.105	0.116
3 400	—	—	—	0.050	0.056	0.062	0.068	0.074	0.077	0.081	0.087	0.093	0.099	0.111	0.124
3 600	—	—	—	0.053	0.059	0.066	0.072	0.079	0.082	0.085	0.092	0.098	0.105	0.118	0.131
3 800	—	—	—	—	0.062	0.069	0.076	0.083	0.087	0.090	0.097	0.104	0.111	0.124	0.138
4 000	—	—	—	—	0.066	0.073	0.080	0.087	0.091	0.095	0.102	0.109	0.116	0.131	0.145
4 200	—	—	—	—	0.069	0.077	0.084	0.092	0.096	0.099	0.107	0.115	0.122	0.137	0.152
4 400	—	—	—	—	0.072	0.080	0.088	0.096	0.100	0.104	0.112	0.120	0.128	0.144	0.159
4 600	—	—	—	—	0.075	0.084	0.092	0.100	0.105	0.109	0.117	0.125	0.134	0.150	0.166
4 800	—	—	—	—	0.079	0.087	0.096	0.105	0.109	0.113	0.122	0.131	0.139	0.156	0.173

表 6-40 圆弧齿同步带 8M 基本额定功率

单位:kW

n_1/(r/min)	z_1	22	24	26	28	30	32	34	36	38	40	44	48	56	64	72	80
	d_1/mm	56.02	61.12	66.21	71.30	76.38	81.49	86.58	91.67	96.77	101.86	112.05	122.23	142.60	162.97	183.35	203.72
	8M 型(b_{so}20 mm) P_0/kW																
10		0.02	0.02	0.02	0.03	0.04	0.04	0.07	0.08	0.08	0.09	0.10	0.10	0.12	0.14	0.16	0.18
20		0.04	0.04	0.05	0.06	0.07	0.08	0.14	0.14	0.16	0.17	0.19	0.19	0.22	0.26	0.30	0.33
40		0.07	0.09	0.10	0.12	0.14	0.16	0.25	0.27	0.29	0.31	0.34	0.37	0.42	0.48	0.54	0.60
60		0.12	0.13	0.15	0.17	0.21	0.25	0.36	0.38	0.41	0.44	0.48	0.51	0.59	0.68	0.76	0.85
100		0.19	0.22	0.25	0.28	0.34	0.41	0.54	0.58	0.63	0.68	0.74	0.79	0.92	1.04	1.18	1.31
200		0.37	0.41	0.47	0.55	0.66	0.78	0.96	1.04	1.12	1.21	1.31	1.42	1.63	1.86	2.08	2.31
300		0.53	0.59	0.67	0.79	0.94	1.13	1.33	1.44	1.56	1.67	1.82	1.96	2.28	2.57	2.87	3.18
400		0.69	0.76	0.87	1.01	1.20	1.45	1.66	1.81	1.95	2.10	2.28	2.47	2.86	3.22	3.59	3.96
500		0.83	0.92	1.04	1.20	1.43	1.73	1.96	2.15	2.33	2.50	2.72	2.94	3.39	3.82	4.24	4.67
600		0.98	1.07	1.20	1.38	1.64	1.99	2.25	2.47	2.68	2.87	3.13	3.37	3.90	4.37	4.85	5.32
700		1.14	1.25	1.35	1.54	1.83	2.22	2.51	2.77	3.01	3.23	3.51	3.79	4.37	4.89	5.41	5.92
800		1.31	1.42	1.54	1.69	1.99	2.41	2.75	3.05	3.32	3.56	3.86	4.18	4.82	5.38	5.92	6.46
900		1.42	1.54	1.68	1.81	2.10	2.54	2.92	3.24	3.54	3.78	4.11	4.44	5.12	5.70	6.27	6.81
1000		1.63	1.73	1.92	2.07	2.26	2.73	3.21	3.57	3.90	4.18	4.54	4.89	5.63	6.25	6.85	7.42
1160		1.89	2.06	2.23	2.40	2.57	2.95	3.54	3.95	4.33	4.63	5.03	5.42	6.22	6.87	7.48	8.04

13）计算带宽 b_{sc}(mm)

$$b_{sc} \geqslant b_{s0} \sqrt[1.14]{\frac{P_d}{K_z P_0}} \tag{6-66}$$

式中，P_d 为计算功率(kW)；b_{s0} 为同步带的基准宽度(mm)，梯形齿和圆弧齿同步带的基准宽度见表 6-41、表 6-42；K_z 为小齿轮啮合齿数系数，见表 6-43；P_0 为同步带的基准额定功率；b_{sc} 为计算带宽。

表 6-41 梯形齿同步带的基准宽度 b_{s0}(摘自 GB/T 11362—2021) 单位：mm

节距代号	基准宽度 b_{s0} (mm)
MXL	6.4
XXL	
XL	9.5
L	25.4
H	76.2
XH	101.6
XXH	127

表 6-42 圆弧齿同步带的基准宽度 b_{s0} 单位：mm

型号	3M	5M	8M	14M	20M
b_{s0}	6	9	20	40	115

表 6-43 小带轮啮合齿数系数 K_z

Z_m	≥6	<6
K_z	1.00	$1 \sim 0.2(6-Z_m)$

根据式(6-66)计算出带宽后 b_s 后，查阅梯形齿同步带标准参数(GB/T 11616—2013)或者圆弧齿同步带的参数标准(JB/T 7512.1—2014)，确定实际带宽 b_s，满足 $b_s \geqslant b_{sc}$。表 6-44 和表 6-45 分别为梯形齿同步带和圆弧齿同步带的标准带宽。

表 6-44 梯形齿同步带(单面齿)带宽

型号	带高 h_s		带宽基本尺寸			带宽极限偏差					
						节线长					
			公称尺寸		代号	<838.2 mm (33 in)		838.2 mm(33 in)～1676.4 mm(66 in)		>1676.4 mm (66 in)	
	mm	in	mm	in		mm	in	mm	in	mm	in
MXL	1.14	0.045	3.2 4.8 6.4	0.12 0.19 0.25	012 019 025	+0.5 −0.8	+0.02 −0.03	—	— — —	— — —	— — —

（续表）

型号	带高 h_s		带宽基本尺寸			带宽极限偏差					
			公称尺寸		代号	节线长					
						<838.2 mm (33 in)		838.2 mm(33 in)～1676.4 mm(66 in)		>1676.4 mm (66 in)	
	mm	in	mm	in		mm	in	mm	in	mm	in
XXL	1.52	0.06	3.2 4.8 6.4	0.12 0.19 0.25	012 019 025	+0.5 −0.8	+0.02 −0.03	—	— — —	— — —	— — —
XL	2.30	0.09	6.4 7.9 9.5	0.25 0.31 0.37	025 031 037	+0.5 −0.8	+0.02 −0.03	—	—	—	—
L	3.60	0.14	12.7 19.1 25.4	0.5 0.75 1.00	050 075 100	+0.8 −0.8	+0.03 −0.03	+0.8 −1.3	+0.03 −0.05	—	—
H	4.30	0.17	19.1 25.4 38.1	0.75 1.00 1.5	075 100 150	+0.8 −0.8	+0.03 −0.03	+0.8 −1.3	+0.03 −0.05	+0.8 −1.3	+0.03 −0.05
			50.8	2.00	200	+1.3 −1.5	+0.05 −0.06	+1.5 −1.5	+0.06 −0.06	+1.5 −2	+0.06 −0.08
			76.2	3.00	300	+1.3 −1.5	+0.05 −0.06	+1.5 −1.5	+0.06 −0.06	+1.5 −2	+0.06 −0.08
XH	11.20	0.44	50.8 76.2 101.6	2.00 3.00 4.00	200 300 400	— — —	— — —	+4.8 −4.8	+0.19 −0.19	+4.8 −4.8	+0.19 −0.19
XXH	15.7	0.62	50.8 76.2 101.6 127	2.00 3.00 4.00 5.00	200 300 400 500	—	—	—	—	+4.8 −4.8	+0.19 −0.19

表6-45 圆弧齿同步带带宽

型号	带宽 b_s	带宽极限偏差		
		$L_p \leqslant 840$	$840 < L_p \leqslant 1680$	$L_p > 1680$
3M	6	±0.3	±0.3	±0.3
	9	±0.4	±0.3	±0.3
	15	±0.4	±0.3	±0.3
5M	9	±0.4	±0.3	±0.3
	15	±0.4	±0.6	±0.8
	25			

(续表)

型号	带宽 b_s	带宽极限偏差		
		$L_p \leqslant 840$	$840 < L_p \leqslant 1680$	$L_p > 1680$
8M	20	±0.6	±0.8	±0.8
	30			
	50	±1.0	±1.2	±1.2
	85	±1.5	±1.5	±2.0
14M	40	±0.8	±0.8	±1.2
	55	±1.0	±1.2	±1.2
	85	±1.2	±1.2	±1.5
	115	±1.5	±1.5	±1.8
	170			
20M	115	±1.8	±1.8	±2.2
	170			
	230	—	—	±4.8
	290			
	340			

注：L_p —节线长。

14）验算带的工作能力

$$P_r = \left(K_z K_w T_a - \frac{b_s m v^2}{b_{s0}}\right) v \times 10^{-3} > P_d \tag{6-67}$$

式中，K_z 为齿轮啮合齿数系数；T_a 为带的张力；b_s 为同步带的带宽；b_{s0} 为同步带的基准带宽；v 为带速；K_w 为宽度系数，$K_w = (b_s / b_{s0})^{1.14}$。

15）计算作用在轴上的力 F(N)

$$F = \frac{1000 P_d}{V} \tag{6-68}$$

式中，P_d 为计算功率(kW)；V 为带速(m/s)。

16）同步带轮结构设计

(1) 常用同步带种类和型号。同步带轮也称为同步轮或者皮带轮，一般由铝合金、钢、铸铁、尼龙、铜等材质制成，其中铝合金和钢最为常见。同步带轮内孔有圆孔、D 形孔、锥形孔等形式。表面处理有本色氧化、发黑、镀锌。

同步带轮的选用和设计，要依据同步带轮的传动功率、输入速度、传动比、中心距和模数、小带轮直径 D_1、大带轮直径 D_2，确定带轮的种类和型号，以此确定的带轮，可以满足带轮齿面接触强度和齿根弯曲强度的要求。如果市场上标准带轮产品不能满足要求，才自行设计或定制。

同步带轮规格型可以分为方型齿同步带轮、半圆弧齿同步带轮、全圆弧齿同步带轮、精确圆弧齿同步带轮、修正圆弧齿同步带轮、梯形齿同步带轮、AT型齿同步带轮七种，如图6-45所示。其具体型号和特点见表6-46。

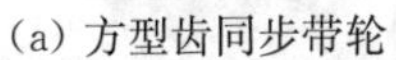

(a) 方型齿同步带轮

(b) 半圆弧齿同步带轮

(c) 全圆弧齿同步带轮

(d) 精确圆弧齿同步带轮

(e) 修正圆弧齿同步带轮

(f) 梯形齿同步带轮

(g) AT型齿同步带轮

图6-45　七种同步带轮

表6-46　同步带轮种类及型号

同步带类型	型　号	特　点
方型齿同步带轮	MXL、XL、L、H、XH、XXH	方型齿同步带轮在前市场上应用范围最广
半圆弧齿同步带轮	S2M、S3M、S4.5M、S5M、S8M、S14M、8YU	半圆弧齿同步带轮是高扭矩、高精度同步带轮，生产精度要求高
全圆弧齿同步带轮	HTD3M、HTD5M、HTD8M、HTD14M、HTD20M	全圆弧齿同步带轮传动精度高，噪声小
精确圆弧齿同步带轮	1.5GT、2GT、3GT、5GT	精确圆弧齿同步带轮一般用于高精传动，特别是用于自动化控制设备
修正圆弧齿同步带轮	P2M、P3M、P5M、P8M	修正圆弧齿同步带轮齿形为兔牙形，转弯效果好、适用于高速传动
梯形齿同步带轮	T2.5、T5、T10、T20	为全梯形齿，较适合轻载传动
AT型齿同步带轮	AT5、AT10、AT20	AT型的齿形跟T型的差别在于底部为圆弧齿，传动会更精密一点，传动间隙小，当然噪声也小，适合重载传动

同步带轮的材料及轮辐、轮毂结构与V带相同。为了防止同步带工作时从带轮上脱落，一般推荐小带轮两边均有挡圈，而大带轮则无挡圈；或者大小带轮均为单侧挡圈，单挡圈的位

置布置在同侧。

(2) 同步带轮的设计。根据同步带传动设计获得的相关参数,完成同步带轮设计,具体步骤如图 6-46 所示。

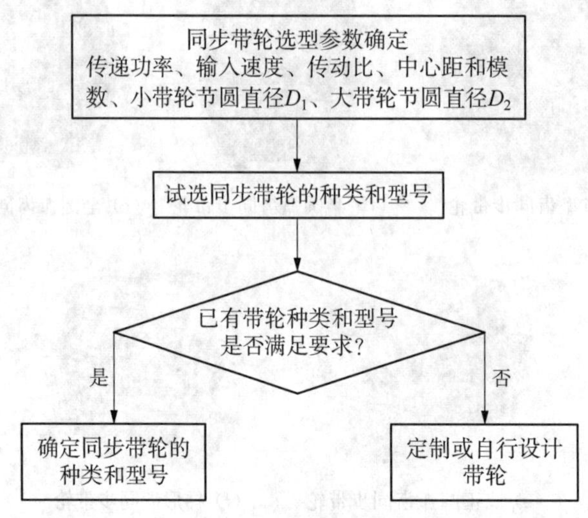

图 6-46 同步带轮设计步骤

周节制同步带轮的标记由带轮齿数、带型号、轮宽代号和标准代号组成。

如图 6-47 所示,同步带轮一般由铝合金、45 钢、铜、尼龙等材料加工而成,其中铝合金和 45 钢最为常见,广泛用于自动化设备的带传动中。

17) 同步带传动装置装配图和零件图设计

根据带轮结构和尺寸、同步带尺寸,根据传送对象的尺寸、重量,结合现场工作空间大小,完成同步带传动装置的零件图和装配图设计。可以利用 SolidWorks、UG、Pro/E 等三维设计软件中的虚拟样机功能,模拟输送装置的运行情况,以便分析改进。典型的同步带式输送机装配图如图 6-48 所示。

6.2.2.5 **制动装置**

对于倾斜输送物料的带式输送机,应设置制动装置。其平均倾角大于 4°且当其满载停车时,会发生上运物料时带的逆转和下运物料时带的顺滑现象,从而引起物料的堆积、飞车等事故。制动装置或称制动器是用于机器或机构减速使其停止的装置,有时也能用作调节或限制机构的运行速度,它是保证机构或机器安全正常工作的重要部件。

1) 制动器的类型

带式输送机制动器的种类很多,根据输送机的技术性能和具体使用条件(如功率大小,安装倾角等),可选用不同形式的制动器。常用的有带式逆止器、滚柱逆止器、液压电磁闸瓦制动器和盘形制动器等。

(1) 带式逆止器。适用于倾角≤18°向上运输的带式输送机,当倾斜输送机停车时,在负载重力作用下,输送带逆转时将制动胶带传送至滚筒与输送带之间,将滚筒楔住,输送带即被制动。带式逆止器结构简单、造价便宜。其缺点是制动时输送带要先逆转一段距离,造成机尾受载处堵塞溢料。头部滚筒直径越大,逆转距离就越长,因此对功率较大的输送机不宜采用。其结构简图如图 6-49 所示。

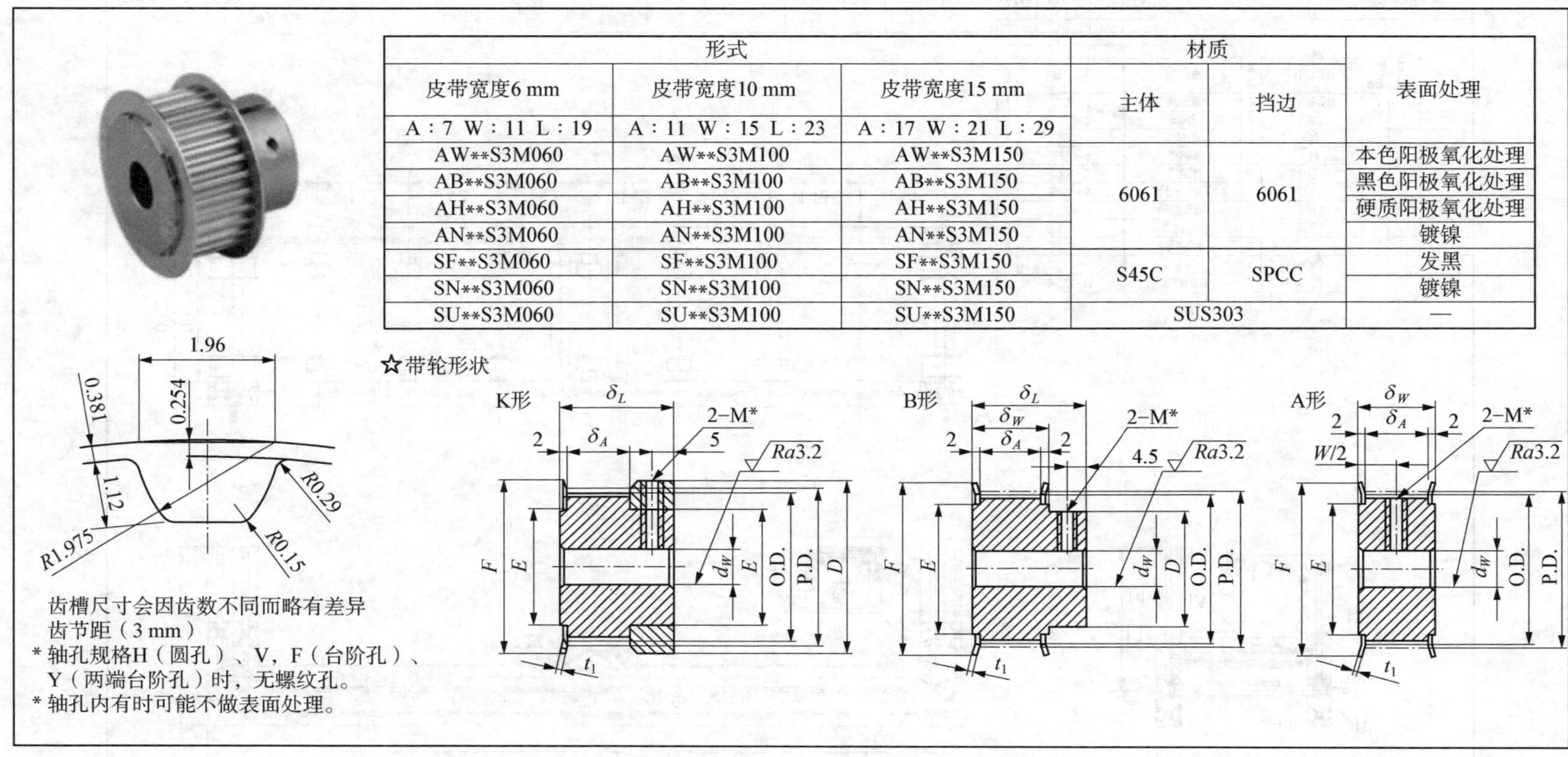

形式			材质		表面处理
皮带宽度6 mm	皮带宽度10 mm	皮带宽度15 mm	主体	挡边	
A : 7 W : 11 L : 19	A : 11 W : 15 L : 23	A : 17 W : 21 L : 29			
AW**S3M060	AW**S3M100	AW**S3M150	6061	6061	本色阳极氧化处理
AB**S3M060	AB**S3M100	AB**S3M150			黑色阳极氧化处理
AH**S3M060	AH**S3M100	AH**S3M150			硬质阳极氧化处理
AN**S3M060	AN**S3M100	AN**S3M150			镀镍
SF**S3M060	SF**S3M100	SF**S3M150	S45C	SPCC	发黑
SN**S3M060	SN**S3M100	SN**S3M150			镀镍
SU**S3M060	SU**S3M100	SU**S3M150	SUS303		—

图 6 - 47　同步带轮结构

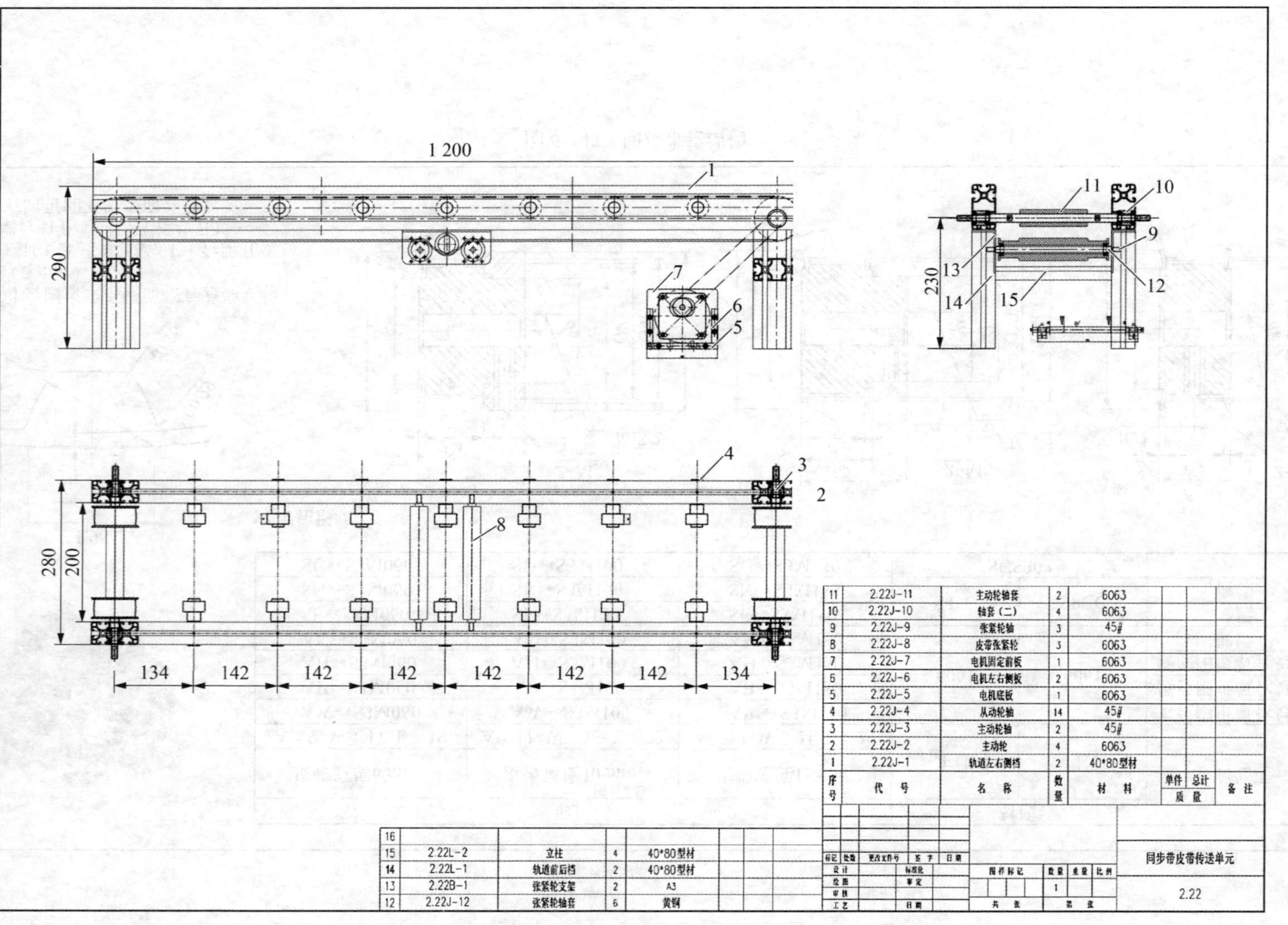

图 6-48　典型同步带传动装配示意图

(2) 滚柱逆止器。用于向上运输的带式输送机上，在输送机正常工作时，滚柱在切口的最宽处，不会妨碍星轮的运转；当输送机停车时，在负载重力的作用下，输送带带动星轮反转，滚柱处在固定圈与星轮切口的狭窄处，滚柱被楔住，输送带被制动。这种制动器制动迅速，平稳可靠，并且已系列化生产，可参考DTⅡ型系列标准，按减速器选配。但因其是安装在减速器的输出轴上，故适用于输送机的驱动电机容量较小的场合，功率范围为10～55 kW。其结构简图如图6-50所示。

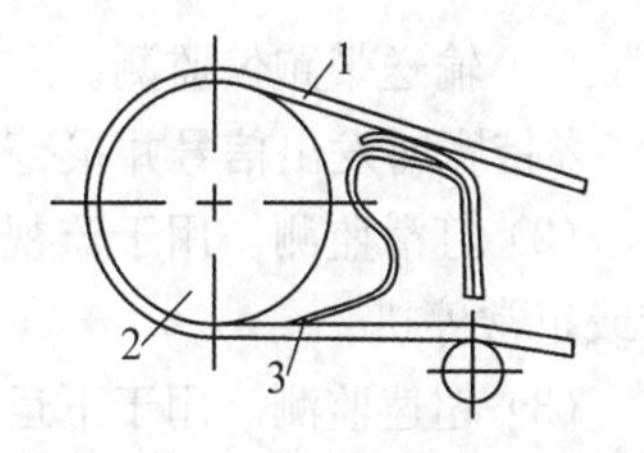

1—输送带；2—传动滚筒；3—逆止带

图6-49 带式逆止器

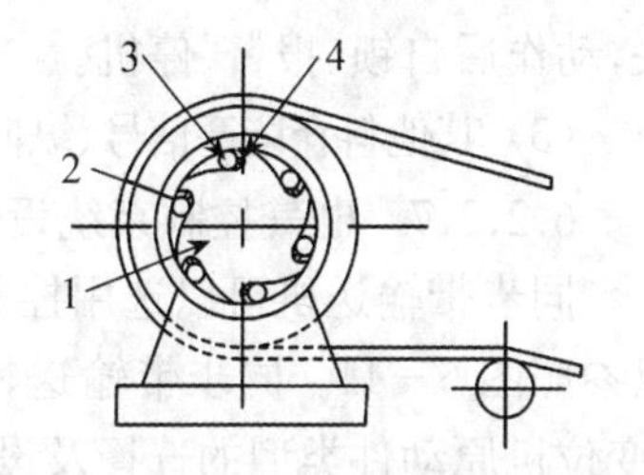

1—星轮；2—外壳；3—滚柱；4—弹簧

图6-50 滚柱逆止器

(3) 液压推杆制动器。对于向上或向下输送的带式输送机均可使用，安装在高速轴上，动作迅速可靠，带式输送机一般都装配有此种制动器。

(4) 盘型制动器。其结构原理如图所示。利用液压油通过油缸推动闸瓦沿轴向压向制动盘，使其产生摩擦而制动。每套制动器有四个油缸，由一套液压系统统一控制。这种制动器多用于大功率、长距离强力式带式输送机及钢绳牵引带式输送机，可安装在高速轴上。这种制动器的特点是制动力矩大，散热性能好，油压可以调整，在工作中制动力矩可无级调节。

2) 制动器的选型

(1) 确定机械运转状况，计算轴上的负载转矩，并要有一定的安全储备。

(2) 应充分注意制动器的任务，根据各自不同的执行任务来选择，支持制动器的制动转矩，必须有足够储备，即要保证一定的安全系数，且对于安全性有高度要求的机构需要装设双重制动器。

(3) 制动器应能保证良好的散热功能，防止对人身、机械及环境造成危害。

输送机向上运输时，在停车时需防止输送带的反向倒退，此时的制动一般称为逆止。向下运输时，在停车时需防止输送带的正向前进，此时称为制动。输送机应根据其工作条件设计制动装置(逆止装置)。作用在传动滚筒所需的制动力(或逆止力)应按照输送机水平、上运和下运三种情况分别确定。

6.2.2.6 安全保护装置

安全保护装置是在输送机工作中出现故障能进行监测和报警的设备，可使输送机系统安全生产，正常运行，预防机械部分的损坏，保护操作人员的安全。此外，还便于集中控制和提高自动化水平。

1) 电气及安全保护装置的设计、制造、运输及使用

应符合有关国家标准或专业标准要求，如《低压开关设备和控制装置》(IEC 439-1)；《装有低压电器的电控设备》(GB/T 4720—1984)；《装有电子器件的电控设备》(GB/T 3797—2016)。

2) 电气设备的保护

主回路要求有电压、电流仪表指示器，并有断路、短路、过流(过载)、缺相、接地等项保护及声、光报警指示，指示器应灵敏、可靠。

3) 安全保护和监测

应根据输送机输送工艺要求及系统或单机的工况进行选择，常用的保护和监测装置如下：

(1) 输送带跑偏监测。一般安装在输送机头部、尾部、中间及需要监测的点，轻度跑偏量达5%带宽时发出信号并报警，重度跑偏量达10%带宽时延时动作，报警、正常停机。

(2) 打滑监测。用于监视传动滚筒和输送带之间的线速度之差，并能报警、自动张紧输送带或正常停机。

(3) 超速监测。用于下运或下运工况，当带速达到规定带速的115%～125%时报警并紧急停机。

(4) 沿线紧急停机用拉绳开关。沿输送机全长，在机架的两侧每隔60 m各安装一组开关，动作后自锁、报警、停机。

(5) 其他料仓堵塞信号、纵向撕裂信号及拉紧、制动信号、测温信号等。可根据需要进行选择。

6.2.2.7 电气控制系统设计

同步带输送机可以选用控制电机启动，如步进电机和伺服电机，其电气控制系统原理图可以参照图6-44。同步带输送机的电气控制系统，可以应用电气系统设计软件，参照第4章“变位机原动件类型的选择及设计”进行。

6.2.3 平带输送机的设计

平带输送机设计，可以根据传送对象的尺寸、重量、传输速度等要求，按照《机械设计手册》完成输送机设计。

6.3 链式输送机设计

链式输送机是利用链条牵引、承载，或由链条上安装的板条、金属网带和辊道等承载物料的输送机，其特点包括：

(1) 输送能力大。高效的输送机允许在较小空间内输送大量物料，输送能力6 m^3/h～600 m^3/h。

(2) 输送能耗低。借助物料的内摩擦力，变推动物料为拉动，使其与螺旋输送机相比节电50%。

(3) 密封和安全。全密封的机壳使粉尘无缝可钻，操作安全，运行可靠。

(4) 使用寿命长。用合金钢材经先进的热处理手段加工而成的输送链，其正常寿命>5年，链上的滚子寿命(根据不同物料)≥2～3年。

(5) 工艺布置灵活。可高架、地面或地坑布置，可水平或爬坡(≤15°)安装，也可同机水平加爬坡安装，可多点进出料。

(6) 使用费用低。节电且耐用，维修少，费用低(约为螺旋机的1/10)，能确保主机的正常运转，以增加产出、降低消耗、提高效益。

(7) 系列齐全。FU系列有FU150、FU200、FU270、FU50、FU410、FU500、FU600和FU700等各种型号，并均可提供两种形式的双向输送。

6.3.1 链式输送机构的类型

链式输送机构可分为链条式、链板式、链网式和板条式等。

链条式输送机如图6-51所示，它以链条作为牵引和承载体输送物料，链条可以采用普通的套筒滚子输送链，也可采用其他各种特种链条(如积放链，倍速链)。链条输送机的输送能力大，主要输送托盘、大型周转箱等。输送链条结构形式多样，并且有多种附件，易于实现积放输送，可用做装配生产线或作为物料的储存输送。

链板输送机又称链板传送机，链板线，是一种利用循环往复的链条作为牵引动力，以金属板作为输送承载体的一种输送机械设备。国内市场上有两种链板输送机，一种是由链条、支轴和金属板组成的输送机，如图6-52所示；一种是由带弯板的链条和金属板组成的金属板输送带做成的链网式输送机，如图6-53所示，图中有大节距滚子链，通过支轴穿过金属板连接在一起，然后再通过链轮驱动。

图6-51 链条式输送机

图6-52 由链条、支轴和金属板组成的输送机

图6-53 链网式输送机

6.3.2 链式输送机构设计方法

输送链设计内容包括：设计方案分析，选择电动机，传动比，运动和动力参数设计，圆柱齿轮设计，低速轴设计，中间轴设计，轴承的选择和校核计算，键的选择和校核计算，联轴器的选择，箱体的结构设计，输送装置零件图和装配图设计，撰写设计说明书。

6.3.2.1 收集设计原始资料

(1) 输送系统的工艺流程图包括平面图和立面图，图上应标出各工位的标高、工艺要求、卸装地点、卸装方法等。

(2) 输送物件的重量、规格种类、外形尺寸及特殊性能(如易燃、易碎、剧毒、腐蚀等)。

(3) 输送物件的吊装方式及吊具的结构要求。

(4) 输送机系统的特殊要求，如成套输送、自动装卸及同步运行等。

(5) 输送机系统的生产率，生产节拍或运行速度及调速范围等。

(6) 输送机的工作条件、环境温度、湿度、粉尘情况及工作制度等。

(7) 输送机所在厂房的土建资料及有关设备方位和水、电、风、气管道走向等。

(8) 链式输送机的电控方式及按群要求。

6.3.2.2 链式输送机设计流程

(1) 根据原始资料综合分析、权衡利弊，初步选取输送机型号，并绘制输送机线路草图。

(2) 根据输送机物件的重量、外形尺寸及工艺流程，选取滑架类型及物件的吊挂方式，最大限度地满足生产过程的要求。

(3) 由物件的通过性分析确定物件的吊挂间距和滑架间距。

(4) 由物件的通过行分析选取水平回转段和垂直弯曲段的有关参数。

(5) 根据输送机系统的生产率或生产节拍以及吊挂间距确定链条的运行速度。

(6) 计算单位长度的移动载荷和运行阻力,概算牵引链的最大张力。初步校核输送机牵引构件的选择是否正确,必要时可更换链条型号和滑架规格,或采用多机驱动。

(7) 根据工艺流程图总分和分析,确定输送路线的最小张力点,初步选取驱动装置和张紧装置的合理位置。

(8) 自最小张力开始,将输送机全线分段标记,按正常工作状况和最不利的载荷状况(如上下班时的载荷变化情况)逐点计算全线各点的链条张力,进而确定输送机系统所需要的驱动力。同时校核驱动装置和张紧装置的位置选择是否合理,并判断输送机是否超张力运行。

(9) 按照相应点的张力和所选用的垂直弯曲半径求出滑架的最大计算载荷,校核滑架是否超载运行。

(10) 由驱动装置的驱动力和链条的运行速度确定电动机的功率。

(11) 根据逐点张力计算的有关参数确定张紧装置的张紧载荷。

(12) 绘制输送机路线图、电控系统图和施工图。

(13) 绘制线路展开图、载荷图和张力图。

以上各项的取舍应根据输送路线的具体情况和实际需要而定。

根据链传动设计获得的相关参数,完成链传动设计,具体步骤如图 6-54 所示。

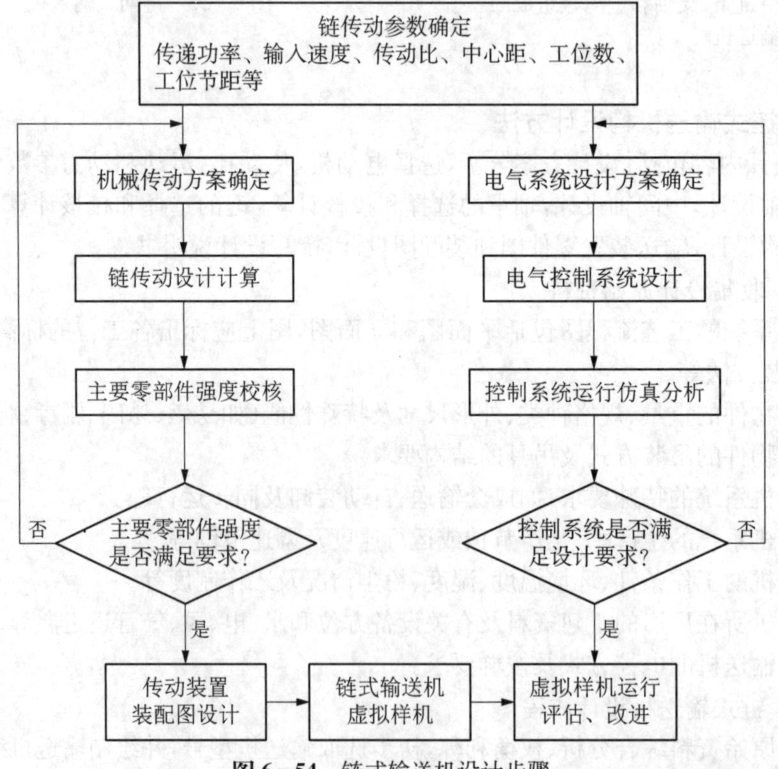

图 6-54 链式输送机设计步骤

6.3.2.3 链传动设计计算

1）确定相关技术参数

链式输送机技术参数见表6-47。

表6-47 链式输送机技术参数

参数名称	数据	备注
输送机长度/m		L
板宽/mm		B
输送速度/(m/s)		V
输送功率/kW		P
输送物体质量/kg		G
工位数		n
工位节距/mm		p
链条节距/mm		b

2）确定链板式输送器结构组成

链板式输送机的结构如图6-55所示。链板总成3作为运输物料的承载装置，链条带动链板移动时向前输送物料。链条（一般用片式链）在运输机两端绕过驱动链轮和张紧链轮。张紧装置1使输送机在运行时有足够的张紧力，保证牵引机构运转平稳。传动装置5用来传递驱动装置的转动力矩，并传递或改变驱动装置运动的速度与方向。驱动装置6将驱动电机的动力传递到驱动链轮，从而带动牵引构件工作。

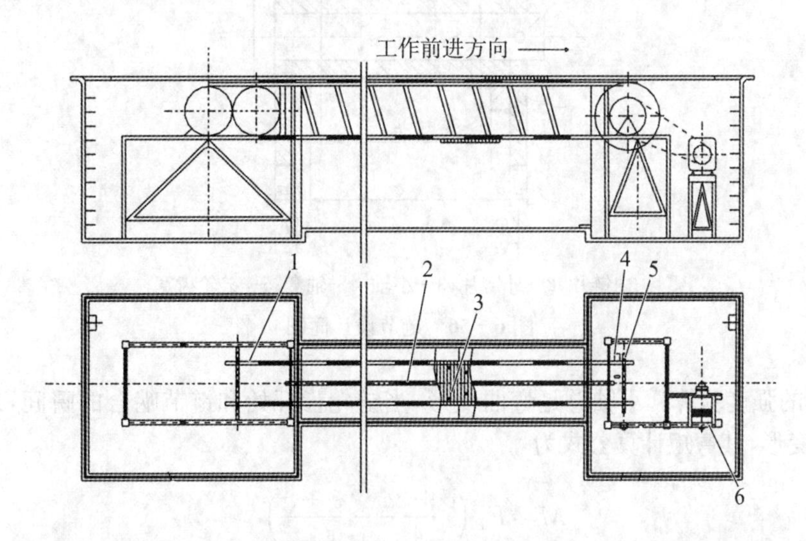

1—张紧装置；2—中间支架；3—链板总成；4—链条润滑装置；5—传动装置；6—驱动装置

图6-55 链板式输送机

3）参数计算

（1）张力计算。逐点计算法是将链板式输送机各区段的阻力顺序加起来，从而求得输送机的牵引力。首先，把牵引构件所形成的线路分割成若干连续的直线区段和曲线区段，定出这些区段的交接点，进而定出驱动装置、张紧装置、导料装置、卸料装置的位置，确定最小张力点。从最小张力点，按计算规则进行逐点计算，即

$$F_n = F_{n-1} + F_{Yn} \tag{6-69}$$

式中，F_n、F_{n-1} 为相邻的 n 点和 $(n-1)$ 点的张力(N)；F_{Yn} 为任意相邻两点区段上的运行阻力(N)。

（2）电机功率计算。链板式输送机驱动装置电动机功率的计算公式为

$$P = k_b \frac{FV}{60\eta} \tag{6-70}$$

式中，P 为电动机功率(kW)；F 为圆周力(N)；V 为输送机运行速度(m/s)；k_b 为功率备用系数，一般取 1.1～1.2；η 为驱动装置传动效率。其中圆周力

$$F = kF_n - F_0$$

式中，k 为链轮回转张力系数。

（3）牵引链的计算。若链板式输送机牵引链采用片式链，一节牵引链包括内链片、外链片、小轴和轴套，链节设计简图如图 6-56 所示。若为 2 条牵引链，则链轮齿推动轴套的力为总圆周力的 1/2，用 F_L 表示，每个链片上承受的力为最大张力的 1/4，用 F_P 表示。

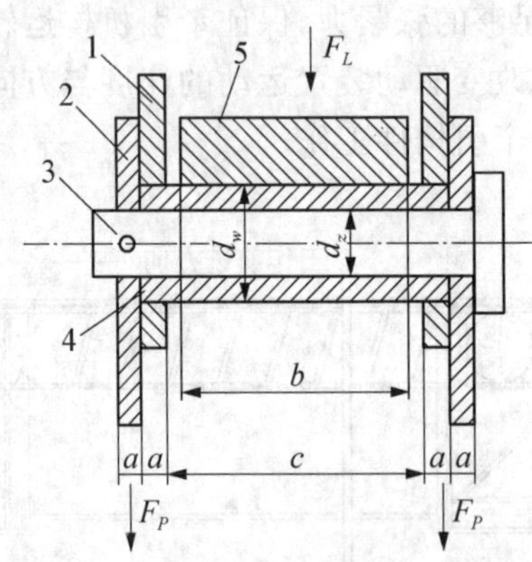

1—内链片；2—外链片；3—小轴；4—轴套；5—链轮齿宽

图 6-56 链节设计简图

① 小轴的强度验算。小轴总是弯曲变形，当链轮齿开始和链节啮合的瞬间，外链片受力使小轴弯曲变形，其弯矩计算公式为

$$M = F_P\left(\frac{c+2a}{4} - \frac{c+a}{2}\right) \tag{6-71}$$

$$\sigma_x = \frac{M}{W}$$

$$\sigma_x \leqslant [\sigma]$$

式中，W 为小轴的抗弯模量(mm^3)；σ_x 为小轴的应力值(MPa)；$[\sigma]$ 为小轴的许用应力(MPa)。

小轴剪应力的验算

$$\tau = \frac{F_P}{\frac{\pi d_z^2}{4}} < [\tau] \tag{6-72}$$

式中，τ 为小轴所受剪应力(MPa)；d_z 为小轴直径(mm)；$[\tau]$ 为小轴的许用剪应力(MPa)。

② 轴套的验算。链轮齿开始和轴套啮合的瞬间，内链片使轴套承受啮合力，即链轮齿作用在轴套上的力 F_L，此时 F_L 可看作在宽度方向 b 作用均布载荷，则弯曲方程为

$$\sigma_F = d_w^3 \frac{1.27F_L[2(c+a)-b]}{d_w^3(1-m^4)} \leqslant [\sigma] \tag{6-73}$$

式中，σ_T 为在轴套上产生的应力(MPa)；F_L 为作用在轴套上的力(N)；d_w 为套筒外径(mm)；$[\sigma]$为调质许用应力(MPa)；m 取值为 0.5～0.8。

③ 链片的验算。内链片、外链片最弱的断面是轴的孔处，因内链片上是轴套孔，其孔大，作用力是张力，而外链片上是轴孔，其孔小，作用力是压力。

链片结构简图如图 6-57 所示。

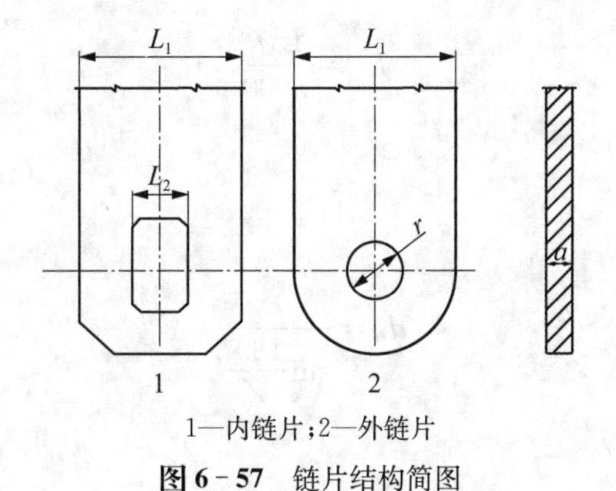

1—内链片；2—外链片

图 6-57 链片结构简图

外链片所受应力为

$$\sigma_w = \frac{F_P}{4ar} \leqslant [\sigma_{-1}] \tag{6-74}$$

内链片所受应力为

$$\sigma_n = \frac{F_P}{2a(L_1 - L_2)} \leqslant [\sigma_{-1}] \tag{6-75}$$

式中，$[\sigma_{-1}]$ 为调质疲劳许用应力(MPa)。

④ 短节距链条的链轮计算。链轮轴向齿廓如图 6-58 所示。

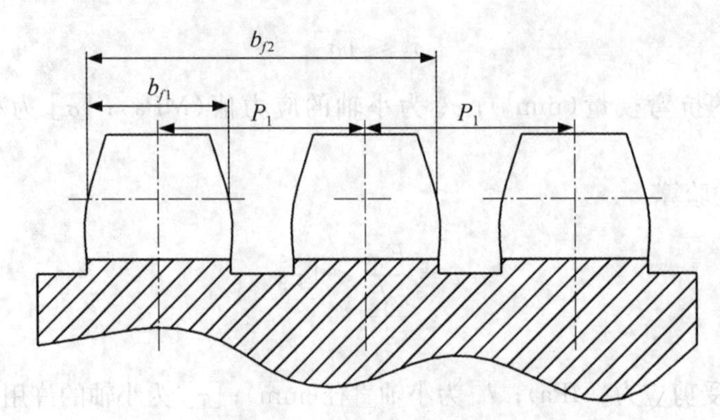

图 6-58 链轮轴向齿廓

(a) 链长节数 L_P

$$L_p = 2a_{op} + \frac{Z_1 + Z_2}{2} + \frac{C'}{a_{op}} \tag{6-76}$$

式中，L_p 为链长节数；a_{op} 为初定中心距(mm)；Z_1 为驱动链轮齿数；Z_2 为传动链轮齿数；C' 由下式确定：

$$C' = \left(\frac{Z_2 - Z_1}{2\pi}\right)^2$$

(b) 链条长度

$$L' = \frac{L_p t}{1\,000} \tag{6-77}$$

式中，t 为链条节距(mm)。

(c) 链轮计算

分度圆直径 d_0 计算

$$d_0 = \frac{t}{\sin\frac{180^\circ}{Z}} \tag{6-78}$$

式中，Z 为链轮齿数。

齿顶圆直径 d_a 计算

$$\left.\begin{aligned} d_{a\max} &= d_0 + 1.25t - d_r \\ d_{a\min} &= d_0 + \left(1 - \frac{1.6}{Z}\right)t - d_r \end{aligned}\right\} \tag{6-79}$$

式中，d_r 为辊子外径(mm)。

根圆直径 d_f 计算

$$d_f = d_0 - d_r \tag{6-80}$$

齿侧圆直径 d_g 计算

$$d_g \leqslant t\cot\frac{180^\circ}{Z} - 1.04h_1 - 0.76 \tag{6-81}$$

式中，h_1 为内链板高度(mm)。

齿宽 b_{f1} 计算

$$b_{f1}=C_1b_1 \tag{6-82}$$

式中，C_1 为齿宽系数，取值见表6-48；b_1 为内链节内宽(mm)。

表6-48 齿宽系数 C_1 取值

排数	$t\leqslant 12.7$	$t>12.7$
1排	0.93	0.95
2排、3排	0.91	0.93
4排以上	0.88	0.93

齿全宽 b_{f2} 计算

$$b_{f2}=(m_p-1)p_t+b_{f1} \tag{6-83}$$

式中，m_p 为排数；p_t 为排距(mm)。

齿侧半径 r_x 为

$$r_x\geqslant t$$

量柱测量距 M_R 为

偶数齿时

$$M_R=d_0+d_R$$

奇数齿时

$$M_R=d_0\cos\frac{90^\circ}{Z}+d_R$$

式中，d_R 为量柱直径，且 $d_R=d_r$。

⑤ 片式牵引链链轮计算。

(a) 节圆直径

$$D_0=\frac{t_1}{\sin\frac{180^\circ}{Z}} \tag{6-84}$$

式中，t_1 为链轮节距(mm)。

(b) 辅助圆直径

$$D_R=D_0-0.2t_1 \tag{6-85}$$

(c) 齿沟半径

$$r=\frac{d_w}{2} \tag{6-86}$$

(d) 齿顶半径

$$R=t_1-(e+r) \tag{6-87}$$

式中，e 为齿沟弧圆心距离(mm)。

$$e = 0.04Z\sqrt[3]{Q_L}$$

式中，Q_L 为链条破坏载荷(N)。

(e) 外圆直径

$$D_e = D_0 + 0.25d_w + 10 \tag{6-88}$$

(f) 根圆直径

$$D_r = D_0 - d_w \tag{6-89}$$

(g) 齿宽

$$\left.\begin{aligned} b_{f\max} &= 0.19(b_1 - b_{11}) - 1 \\ b_{f\min} &= 0.87(b_1 - b_{11}) - 1 \end{aligned}\right\} \tag{6-90}$$

$$b_{\mathrm{fmax}} = 0.19(b_1 - b_{11}) - 1 \quad b_{\mathrm{fmin}} = 0.87(b_1 - b_{11}) - 1$$

式中，b_1 为内链节内宽(mm)；b_{11} 为边缘宽度(mm)。

(h) 齿根宽

$$b_g = 0.25b_f \tag{6-91}$$

4) 链式输送装置零件图和装配图设计

根据链轮轮结构和尺寸、输送链尺寸，根据传送对象的尺寸、重量，结合现场工作空间大小，完成链式传动装置的零件图和装配图设计。典型链式输送装机装配图如图 6-59 所示。

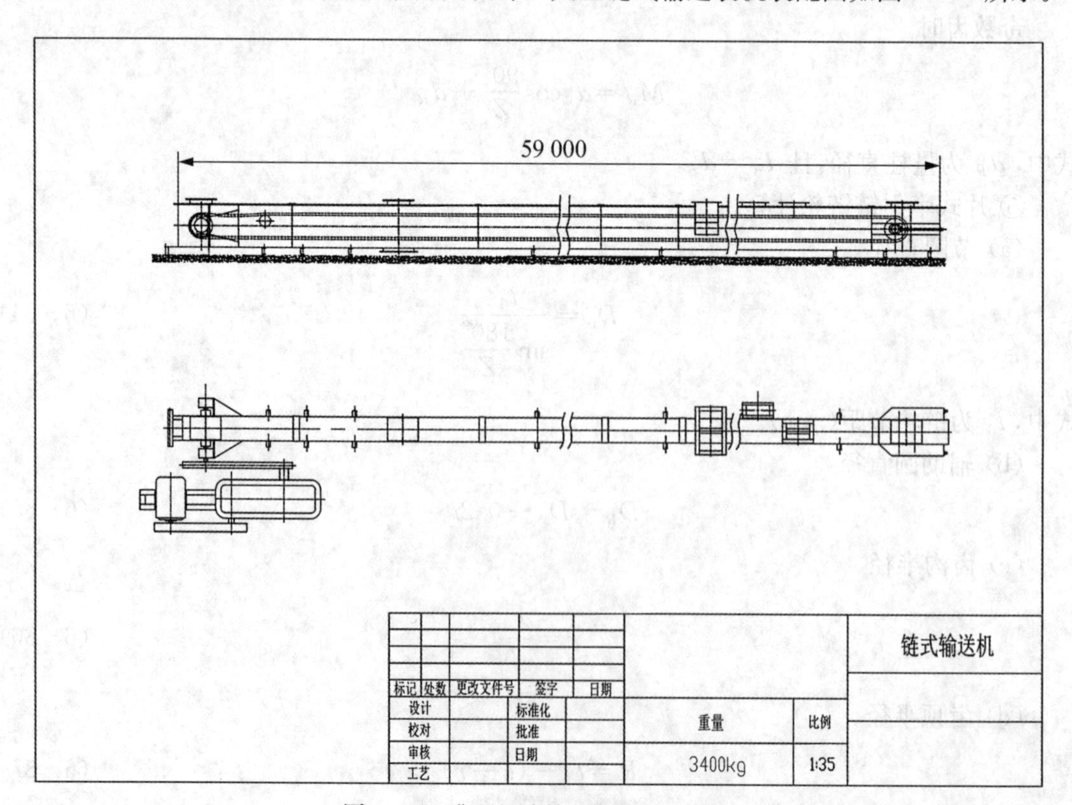

图 6-59 典型链式输送机装配示意图

6.3.2.4 电气控制系统设计

链式输送机可以选用普通交流电机，其电气控制系统如图 6-17 所示。电气控制系统可以应用电气系统设计软件进行设计。

参考文献

[1] 成大先. 机械设计手册[M]. 5 版. 北京：化学工业出版社，2007.

[2] 常德功，樊志敏，孟伟明. 带传动和链传动设计手册[M]. 北京：化学工业出版社，2010.

[3] 王义行，等. 输送链与特种链工程应用手册[M]. 北京：机械工业出版社，2000.

思考与练习

1. 试设计一个槽轮转位机构，其设计技术指标为：

(1)回转台工位数(分度数) $S=6$；(2)每工位驱动时间：1/3 s；定位时间：2/3 s；(3)输入轴槽轮轴转速：$N=60\,\mathrm{r/min}$；(4)回转盘的尺寸：$\phi 600\,\mathrm{mm}\times 15\,\mathrm{mm}$；(5)夹具的重量：3 kg/组；(6)工件的重量：0.5 kg/组；(7)槽轮槽数 $m=6$；(8)中心距 $C=150\,\mathrm{mm}$；(9)拨销半径 $R_T=2\,\mathrm{mm}$；(10)销与槽底间隙 $\delta=3$；(11)槽齿宽 $b=5$。

设计内容：

(1)确定电机额定功率和转速，并确定减速电机的型号；(2)完成槽轮机构主要参数计算；(3)完成 PLC 选型；(4)完成电气控制系统原理图设计。

2. 试设计一个不完全齿轮转位机构，其设计技术指标为：

(1)回转台工位数(分度数) $S=6$；(2)每工位驱动时间：1/3 s；定位时间：2/3 s；(3)输入轴转速：$N=30\,\mathrm{r/min}$；(4)回转盘的尺寸：$\phi 500\,\mathrm{mm}\times 15\,\mathrm{mm}$；(5)夹具的重量：3 kg/组；(6)工件的重量：0.5 kg/组；(7)中心距 $C=180\,\mathrm{mm}$。

设计内容：

(1)确定电机额定功率和转速，并确定减速电机的型号；(2)选择并确定槽轮机构的结构形式；(3)确定槽轮机构的运动参数；(4)计算工作台的摩擦力矩及惯性力矩的大小；(5)对槽轮进行运动学分析，列出槽轮的角位移、角速度和角加速度的方程，并做出相应的曲线图；(6)完成 PLC 选型；(7)完成电气控制系统原理图设计。

3. 试设计蜗轮-蜗杆转位机构，其设计技术指标为：

(1)回转台工位数(分度数) $S=6$；(2)每工位驱动时间：1/3 s；定位时间：2/3 s；(3)输入轴转速：$N=50\,\mathrm{r/min}$；(4)回转盘的尺寸：$\phi 500\,\mathrm{mm}\times 15\,\mathrm{mm}$；(5)夹具的重量：3 kg/组；(6)工件的重量：0.5 kg/组；(7)中心距 $C=150\,\mathrm{mm}$。

设计内容：

(1)确定步进电机/伺服电机的额定转速和转矩，并确定步进电机/伺服电机的型号及驱动器型号；确定减速电机的型号；(2)完成槽轮机构主要参数计算；(3)完成 PLC 选型；(4)完成电气控制系统原理图设计。

4. 试设计一个如图 6-60 所示圆柱凸轮转位机构，采用“电机＋蜗轮蜗杆减速器＋圆柱分度凸轮”传动的方式。

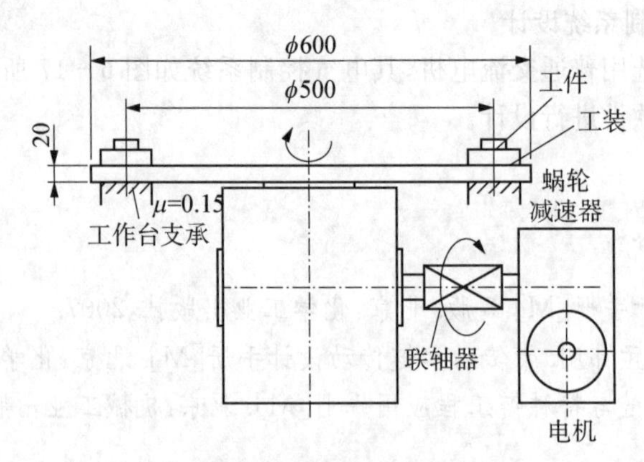

(a) 圆柱凸轮转位机构传动方案

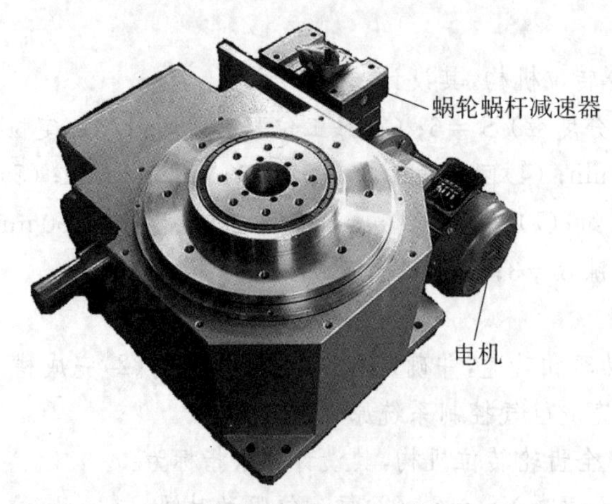

(b) 圆柱凸轮转位机构

图 6-60　圆柱凸轮转位机构

设计指标：

(1)回转台工位数(分度数) $S=6$；(2)每工位驱动时间：1/3 s；定位时间：2/3 s；(3)输入轴凸轮轴转速：$N=60$ r/min；(4)凸轮曲线：变形等速曲线 MCV；(5)回转盘的尺寸：$\phi 600$ mm × 20 mm；(6)夹具的重量：3 kg/组；(7)工件的重量：1 kg/组；(8)转盘依靠其底部的滑动面支持本身重量负荷，有效半径：$R_1=250$ mm；(9)驱动角：$\theta=360°\times$(驱动时间)/(驱动时间＋定位时间)＝120°。

设计内容：

(1)确定电机额定功率和转速，并确定减速电机的型号；(2)完成凸轮机构主要参数计算；(3)完成 PLC 选型；(4)完成电气控制系统原理图设计。

5. 某一机器人激光切割作业需要采用同步带传动传输工件。根据生产线的作业需求，输送机应满足的要求包括：

(1)带速：2.5 m/s；(2)输送量：2 个/min；(3)输送机长度：10 m。

设计内容：

(1)确定电机额定功率和转速，并确定减速电机的型号；(2)完成同步带传动设计：包括同步带选型、同步带轮选型；(3)完成 PLC 选型；(4)完成电气控制系统原理图设计。

6. 某一机器人焊接需要传输焊接件，拟采用链板式输送方式，传动方案如图 6－55 所示，拟采用 PLC 控制。根据生产线的作业需求，输送机应满足的要求包括：

(1)工件尺寸：长 × 宽 × 高 ＝ 400 mm × 300 mm × 100 mm；(2)输送机输送速度 v ＝ 400 mm/min；(3)输送带每分钟输送数量：3 个；(4)输送机上的缓冲时间为 t ＝10 min。

设计内容：

(1)确定电机额定功率和转速，并确定减速电机的型号；(2)完成链轮张力计算；(3)完成牵引链的计算和选型；(4)完成链轮计算；(5)完成 PLC 选型；(6)完成电气控制系统原理图设计。

常用机械手爪结构

附图 1 齿轮齿条传动机械手爪

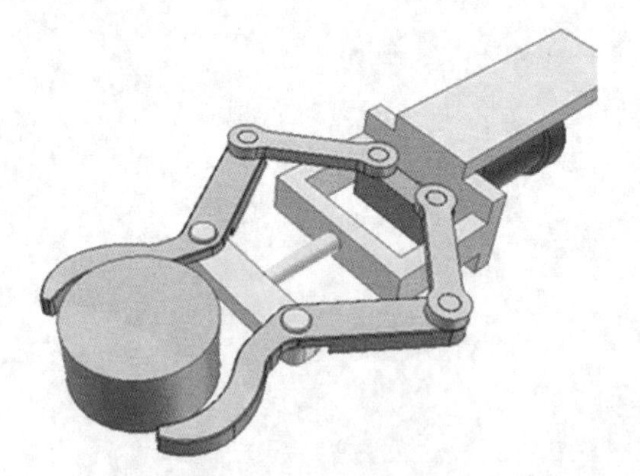

附图 2 滑块摇杆机构机械手爪

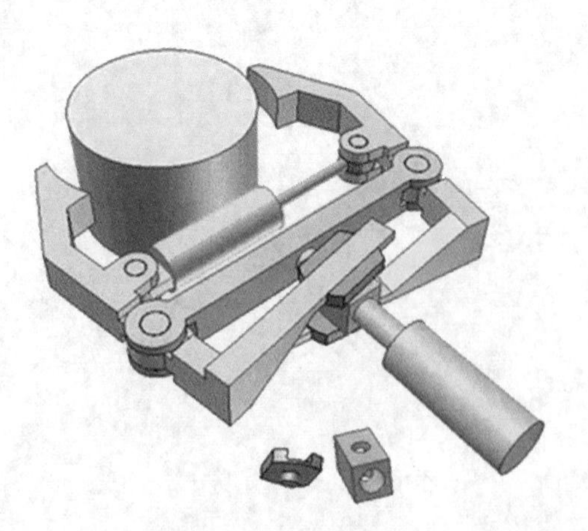

附图 3 导杆机构机械手爪

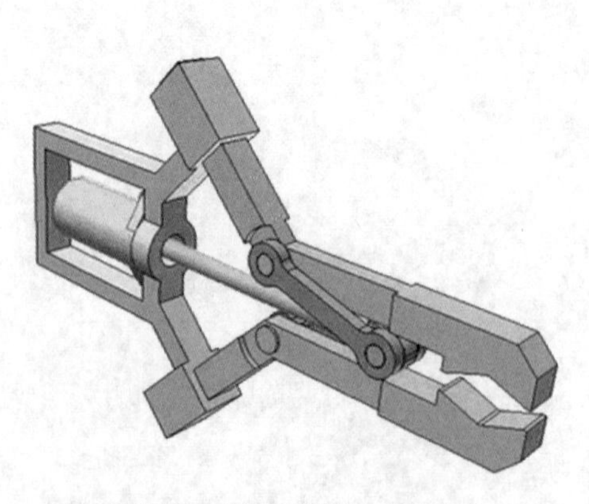

附图 4 椭圆形机构机械手爪

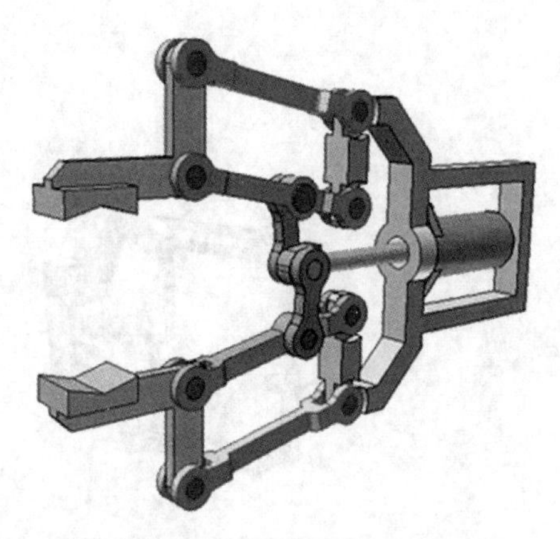

附图 5 平行四边形机构机械手爪

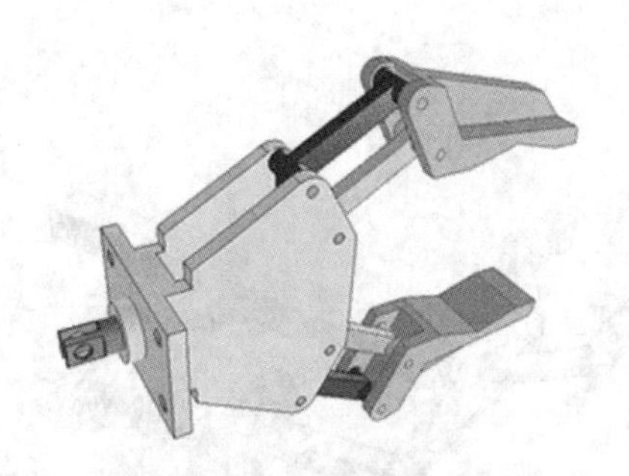

附图 6 滑块摇杆-平行四边形组合机构机械手爪

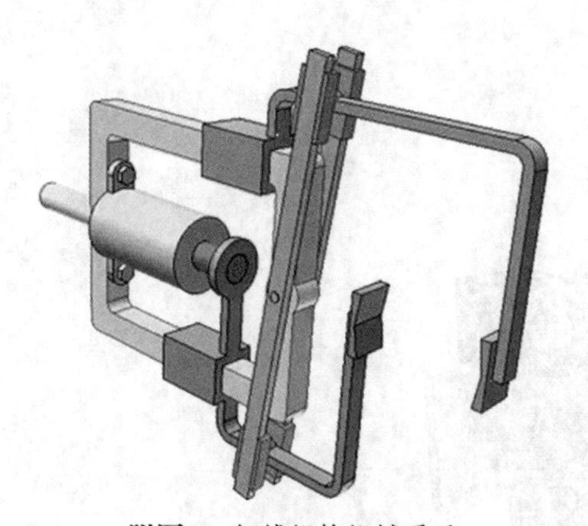

附图 7 切线机构机械手爪

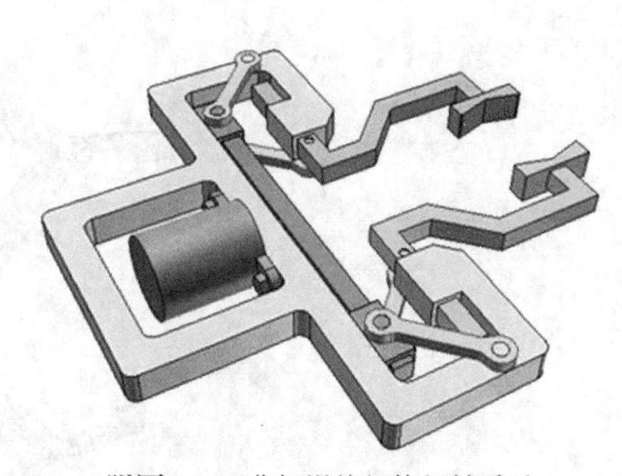

附图 8 双曲柄滑块机构机械手爪

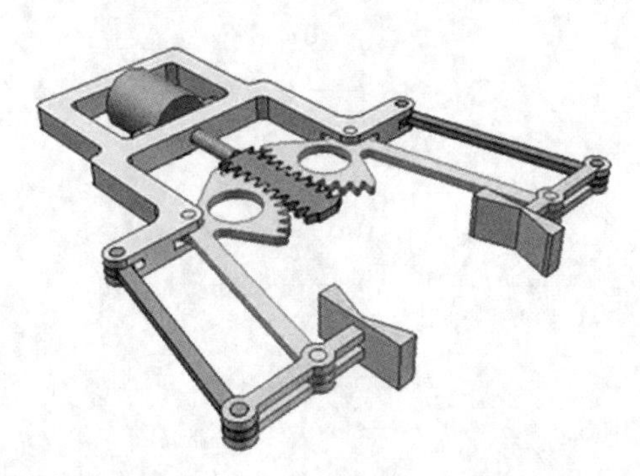

附图 9 齿轮齿条-平行四边形组合机构机械手爪

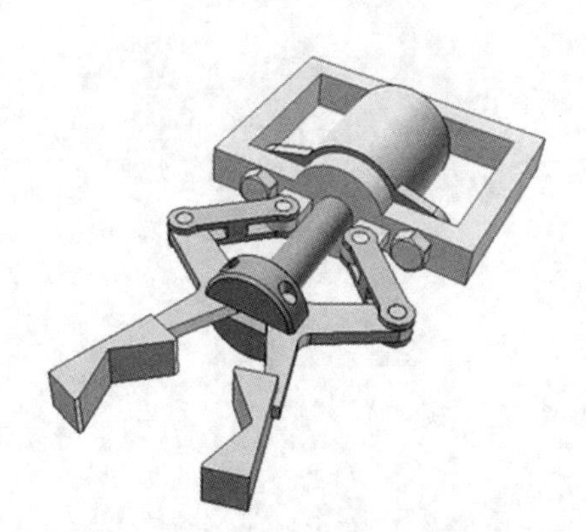

附图 10 滑块摇杆并联结构机械手爪

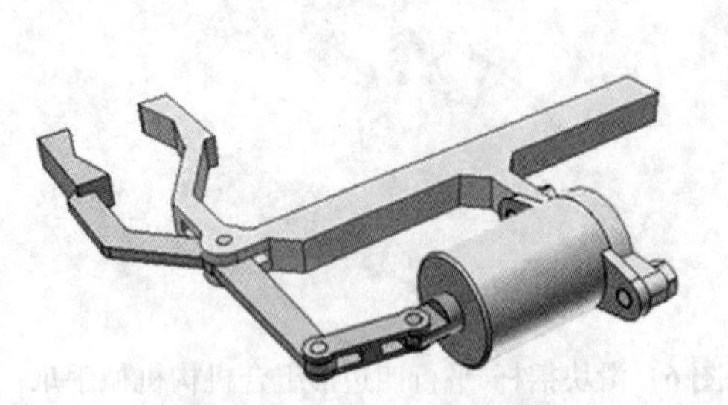

附图 11 曲柄摇杆机构机械手爪

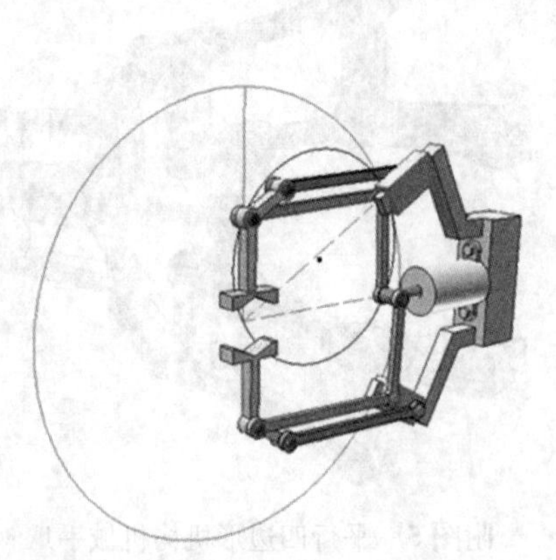

附图 12 双平行四边形机构并联机械手爪

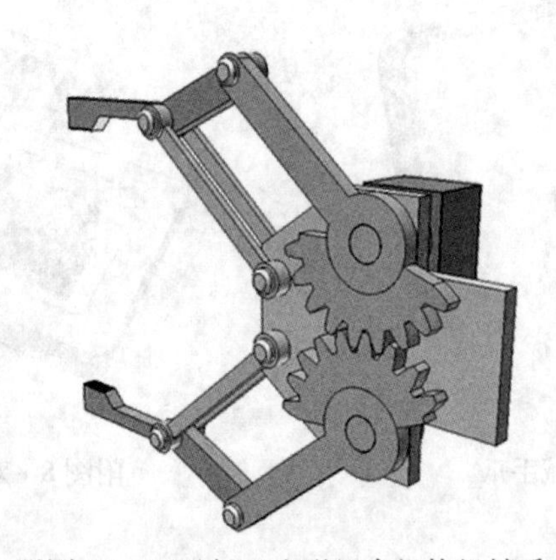

附图 13 双平行四边形组合机构机械手爪